입자이론의 역사

입자이론의 역사

다윈과 셰익스피어 사이에서

초판 1쇄 찍은날 2021년 12월 20일
초판 1쇄 펴낸날 2021년 12월 28일
지은이   폴 프램튼·김진의
옮긴이   최기영
펴낸이   한성봉
편집   최창문·이종석·조연주·김학제·신소윤·이은지·이동현
콘텐츠제작   안상준
디자인   정명희
마케팅   박신용·오주형·강은혜·박민지
경영지원   국지연·강지선
펴낸곳   도서출판 동아시아
등록   1998년 3월 5일 제1998-000243호
주소   서울시 중구 퇴계로30길 15-8 필동1가 26 2층
페이스북   www.facebook.com/dongasiabooks
인스타그램   www.instagram.com/dongasiabook
블로그   blog.naver.com/dongasiabook
전자우편   dongasiabook@naver.com
전화   02) 757-9724, 5
팩스   02) 757-9726

ISBN   978-89-6262-414-4 (93420)

※ 잘못된 책은 구입하신 서점에서 바꿔드립니다.

만든 사람들

편집   김서윤
크로스교열   안상준
표지디자인   최세정
본문디자인   김경주

입 자
이론의
역 사

폴 프램튼, 김진의 지음
최기영 옮김

다 원 과 셰 익 스 피 어 사 이 에 서

동아시아

CONTENTS

이 책은 물질을 이루고 있는 가장 작은 입자를 연구하는 입자물리의 역사에 관한 대중과학서이다.

　먼저 이 책의 부제 '다윈과 셰익스피어 사이에서'에 관해 설명할 필요가 있다. 첫눈에는 입자물리와 전혀 관련이 없는 문장으로 보이겠지만, 이전에 사용된 적이 없으면서 사람들의 마음을 끌 수 있는 부제를 짓고 싶었다.

　부제의 두 주인공 중 한 명인 다윈(1809~1882)은 1859년 《종의 기원》을 출간해 불후의 명성을 얻었다. 《종의 기원》은 자연선택과 진화를 설득력 있게 주장해 이론 생물학의 주제를 바꾸어 놓았다. 이 대중과학서에서 우리는 21세기까지 입자물리학의 진화를 생물학에서 다윈의 진화론에 비유해 묘사하고자 한다. 실험에 기반하여 이론들 사이에서 일종의 자연선택이 일어나기 때문이다. 이는 진화론에서의 적자생존과 비슷하다.

　다윈은 영국 슈롭셔주의 중서부 도시인 슈루즈버리에서 태어났다.

이 책의 저자들 중 한 명인 프램튼이 태어난 키더민스터에서 35마일밖에 떨어지지 않은 곳이다. 다윈은 중산층 교육을 받았으며, 어린 시절부터 벌을 수집하고 분류하는 일에 흥미를 보였다. 실제로, 그는 자라면서 벌레, 새, 동물, 물고기, 식물 같은 생물학적인 모든 것을 수집하고 분류하는 데 재능을 나타냈다. 특히 오랜 시간 동안 깊이 생각하는 특별한 능력을 가졌는데, 어떤 경우에는 연구하고 있는 주제에 대해 몇 년 동안 생각하기도 했다.

부제의 두 번째 주인공인 셰익스피어에 대해서는 마지막 장인 10장에서만 이야기할 것이다. 하지만 그가 태어난 곳이 스트랫퍼드 어폰 에이본이라는 것은 여기서 언급할 필요가 있다. 이곳은 키더민스터에서 슈루즈버리와 반대 방향으로 35마일 떨어져 있다. 즉, 프램튼은 다윈과 셰익스피어의 중간 지점에서 태어난 셈이다. 이는 이 책의 부제를 짓게 된 한 계기가 되었다. 2019년 9월 우리 두 저자는 에든버러 공작이 태어난 그리스 코르푸섬의 몬레포스 궁전에서 열린 학회 도중에 이 부제를 떠올렸고, 우리 둘 다 곧장 마음에 들어 했다. 저자 김진의는 한국의 구례에서 태어났다. 영국에서 멀리 떨어져 있지만 같은 유라시아 대륙의 동쪽 끝에 있는 곳이다. 부제를 이렇게 붙여놓긴 했지만, 그렇다고 한 저자가 다른 저자보다 더 많은 기여를 했다는 의미는 아니다.

이 책을 소개하자면, 먼저 3,000년 전 고대 그리스에서 원자를 처음 소개한 데모크리토스와 그리스의 선두적인 수학자 아르키메데스로부터 시작한다(1장). 그 이후 르네상스 전까지 종교는 과학적 사고의 발전에 중요한 역할을 했으며(2장), 갈릴레이와 가톨릭교회의 대립으로 이어진다.

르네상스 시기(3장)에는 과학의 여러 거인이 나타나 그리스 전통을 벗어버리고 이론은 실험 및 관측 데이터와 맞아야 한다는 과학적 방법을 진화시키게 된다. 여기서 뉴턴(4장)은 1687년 출간된 걸작 《프린키피아》와 함께 이론물리학을 체계적으로 만드는 독보적인 역할을 했다. 그의 만유인력 법칙은 지상뿐 아니라 천상에서의 물체의 운동도 잘 설명하는 수학적 방법을 보여주어 모든 것을 바꾸어 놓았다.

5장에서는 볼츠만이 만들어 낸 19세기의 발전에 대해 알아본다. 그는 열역학 제2법칙과 관련한 작업에서 원자의 존재를 가정했다. 또한 맥스웰과 전기와 자기의 고전적인 이론도 살펴본다. 20세기 초반에 양자 혁명이 일어났지만, 1930년대 중반까지도 기본입자로 포함된 것은 양성자, 중성자, 전자, 광자뿐이었으며 중성미자는 아이디어만 제시된 정도였다.

여기서부터 현대 입자물리학은 매우 빠르게 진화한다. 제2차 세계대전 이후, 양자전기역학이 성공적으로 완성되고(6장) 전례가 없는 정도로 실험과 잘 일치하는 성과를 보게 되었다. 양자전기역학을 넘어서는 결정적인 두 가지 진전이 양전닝에 의해 이루어지는데, 이는 양밀스이론Yang-MIlls theory 또는 게이지장이론을 만든 것과 패리티 붕괴의 발견이었다. 같은 시기, 실험가들은 강한상호작용을 하는 수많은 입자를 발견했다.

이러한 혼돈의 상황(7장)은 겔만에 의해 정리되었다. 그는 SU(3) 분류법을 이용해 Ω입자를 성공적으로 예견했고, 쿼크라는 아이디어에 이르렀다. 양자전기역학과 약한상호작용을 합한 전기약력이론의 통일(8장)

은 글래쇼에 의해 시작되었으며, 와인버그와 살람에 의해 BEH 메커니즘과 합해졌고, 마침내 글래쇼, 일리오풀로스, 마이아미에 의해 완성되었다. 양자색역학(QCD)에서 색을 게이지해 강한상호작용을 설명하는 성공적 이론이 나왔고, 드디어 표준모형이 완성되었다.

이러한 모든 놀라운 발전에도 불구하고 여전히 답하지 못하는 질문들이 존재한다(9장). 그중에는 표준모형에 여전히 남아 있는 많은 변수의 문제, 그리고 우주를 구성하는 에너지의 5%만이 보통 물질이며 나머지는 알지 못하는 암흑물질과 암흑에너지라는 문제도 포함되어 있다.

이 책은 1장에서 9장까지와는 아무런 관련이 없어 보이는 10장으로 끝난다. 여기서는 입자물리학에 관한 질문들과 생각들을 셰익스피어의 작품들에서 가져온 인용구들을 통해 알아본다. 아마도 셰익스피어는 오늘날 영문학 분야에서 과학 분야의 다윈과 뉴턴에 필적할 만한 지성으로 평가받는 영국인일 것이다.

그렇다면 저자인 우리의 자격은 무엇일까? 우리는 합쳐서 입자물리학에 관한 논문을 출간한 100여 년의 경험이 있고, 게이지이론이 시작된 후부터 그 혁명을 거치며 연구해왔다. 이제는 한발 물러나 지난 50년간의 입자물리학의 발전을 개인적 관점에서 바라볼 기회를 가지게 되었다. 하지만 이 역사책에서는 3,000년 전부터 시작할 것이다.

최근 입자물리학에 관한 대중서로는 다음과 같은 것들이 있다. 클로스의 《무한대의 퍼즐The Infinity Puzzle》(베이식북스, 2013), 일리오풀로스의 《질량의 기원The Origin of Mass》(옥스퍼드, 2017), 데 루줄라의 《우리의 우주를 즐기라Enjoy Our Universe》(옥스퍼드, 2018). 이 책들을 모두 추천한다. 우리 책은 이

것들과는 다르면서도 상보적이며, 이 흥미로운 분야에 대해 우리 자신
만의 역사적 견해도 포함하고 있다.

우리가 염두에 둔 독자는 학식이 있는 일반인과 과학자, 그리고 특
별히 과학 연구를 장래 직업으로 생각하고 있거나 입자물리학에 관심이
있는 젊은이들이다.

2020년 1월 이집트 룩소르에서
폴 프램튼, 김진의

이 책은 2019년 여름 코르푸섬의 악타이온 카페에서 코르푸섬을 바라보며 시작되었다. 그 당시는 '근본적인 물리학의 통찰력들을 연결하며: 표준모형과 그 너머'라는 학회의 리셉션 중이었다. 우리는 현재의 원자론에 관한 학회를 조직한 요르고스 주오파노스에게 큰 감사를 드린다. 그는 학회의 개막식에서 고대 그리스 철학자들에 대한 이야기를 들려주었다. 특히 트로이 전쟁 후의 오디세이에 관해서도 언급했다. 오디세이는 아내 페넬로페에게 다시 돌아가기 전 10년 동안 이곳 코르푸섬의 카노니에서 살았다.

프램튼은 지난 50년간의 입자물리학 연구에 도움을 준 모든 동료와 학생에게 감사를 드린다. 물리학을 공부할 때 사이먼 알트만은 옥스퍼드대학 브레이지노스 칼리지 학부생 시절 튜터였고, 존 클레이턴 테일러는 옥스퍼드대학 대학원 시절 지도교수였으며, 난부 요이치로는 시카고대학에서 첫 번째 박사후연구원 시절 멘토였다. 이 모든 분으로부터 물리학에 관해 많은 것을 배울 수 있었다. 셸던 글래쇼와 20년 넘게 같이 일하면서 13편의 논문을 쓴 것은 특별한 기회였다. 또한 헤라르뒤스 엇호프트, 라스 브링크, 피터 고다드, 세실리아 잘스코그, 톰 케파트, 피터 민코프스키, 홀게르 닐센으로부터 많은 가르침을 받았다. 같이 일해왔음에도 여기에 언급하지 못한 많은 분께 사과의 말씀을 드린다.

김진의는 대한민국학술원의 그리스 철학 분야 학술원 회원인 박종현 박사님께 깊이 감사드린다. 박사님은 플라톤이 그리스어로 쓴《대화》를 모두 번역했으며, 고대 그리스 사회에 관해 생동감 있게 알려주었다. 이 책에서 그리스 시대에 관한 설명은 그리스인 동료 에마뉘엘 파스코스가 신중한 견해를 전해주었다. 아마도 그는 그리스와 암흑시대의 고대 이야기를 가장 잘 아는 물리학자일 것이다. 가톨릭에 관련해서는《현대 물리학과 고대의 믿음Modern Physics and Ancient Faith》의 저자인 우리의 친구 스티븐 바가 암흑시대의 첫 부분에 관해 세심한 의견을 주었다. 김진의는 부처의 가르침을 열심히 설명해 주신 한국의 약천사 주지 김성구 박사님께 감사를 드린다. 또한 우리 저자들은 여러 가지 제안을 주신 최무영, 카르포브, 김영덕, 신서동, 이기태, 야니스 리조스, 호세 바이예, 존 베르가도스에게 감사를 드린다. 김진의는 여러 가지 조언을 해준 효희 님과 아름다운 그림을 그려준 샘에게 깊은 감사를 드린다.

수만 년 전, 깜깜한 밤에 느꼈던 그 두려움은 우리 선조들이 여러 종교를 발전시키는 계기가 되었다. 여기에 기원을 둔 신은 현대 과학 사회에서도 여전히 존경받고 있다. 가장 발전한 원자론에서도 신의 설계라는 말을 사용하고 있다. 원자론과 신은 대립한다. 우리는 이것을 셰익스피어의 구절에 나타난 감성으로 이야기할 것이다.

한 종교 집단의 크기는 눈에 보이는 것을 서로 공유하고 있는 그 사회의 크기에 따라 결정된다. 아주 인상적인 나무가 있는 마을 사람들은 그 나무를 신이라고 믿었다. 매우 기억에 남는 산 주위에 사는 사람들은 그 산을 신으로 받들었다. 공통된 역사적 배경을 가진 큰 사회는 사회 전체가 같은 것들을 믿었다.

한국에는 마을 어귀나 고갯마루에 성황당(또는 서낭당)이 있고, 수호신으로 믿는 나무가 한 그루 또는 여러 그루가 있었다. 그곳에는 원뿔 모양으로 쌓아놓은 돌무더기도 있었다. 마을에 온 사람들은 돌무더기, 나무, 오색천을 지나쳐야 했으며, 마을 주민들은 서낭신이 마을을 지켜준다고 믿었다.

　고대에 지중해 주변 사람들은 이집트, 그리스, 로마의 신들에서 알 수 있듯이 다양한 신을 믿었다. 이렇게 다양한 신들은 그들의 환경 또는 이전 역사의 잔재이다. 지중해는 때로는 거칠고 때로는 잔잔한데, 이는 포세이돈의 활동으로 여겨졌다. 그곳에서는 포도주가 사랑받았으며, 그래서 포도주의 신 디오니소스가 필요했다. 시나이산과 베수비오화산, 번개, 천둥을 제우스의 행동이라고 믿었다.

　프로이트의 책《토템과 터부》[01]에 따르면, 고대 그리스의 많은 신이 유인원 시대로부터 진화한 것이라고 한다. 원숭이나 유인원 무리에는 우두머리 수컷이 있고 그 유전자가 후손에게 전달되었다. 어린 수컷은 커서 우두머리가 되려는 꿈을 가졌다. 청년기에 이르러 힘이 강해지면 수컷은 아버지를 죽이고 우두머리의 자리를 빼앗았다. 초기 인류는 과거의 이러한 기억 때문에 아버지에게 미안함을 느꼈으며, 1년 동안 깨끗하게 키운 신성한 양을 제물로 바치고 아버지를 숭상하는 기념식(카니발)을 매년 가졌다. 실제로 이렇게 축제 같은 행사가 모세의 시기까지 이어졌고, 가톨릭교회의 성찬식으로 여전히 남아 있다. 고대 이집트의 다신교에 나오는 동물신들은 이러한 초기 인간 역사로부터 나왔을 것이다. 역할을 부여받은 더 많은 동물들과 함께 말이다.

　고대 이집트에서 유일신 아톤은 이집트 제18왕조의 파라오 아크나톤(B.C.1354?~B.C.1336)이 도입했다. 원래 이름은 아멘호테프 4세였는데,

---

01　프로이트, 토템과 터부, 재발행본(도버 출판사, 2018)

그림1 미켈란젤로의 〈아담의 창조〉, 바티칸의 시스티나 성당

아톤을 도입한 이후 자신의 이름을 아크나톤으로 바꾸었다. 아크나톤의 부인 네페르티티의 두상이 베를린의 이집트 박물관에 전시되어 있다.

모세의 여호와는 우주의 유일신으로서 아마도 아크나톤의 아톤으로부터 영향을 받은 듯하다. 그러나 가장 중요한 역할에 있어서 여호와는 아텐과 다르다. 창세기 첫 장에는 여호와가 6일 만에 천지를 창조했다고 나와 있다. 창조에 대한 기독교의 생각은 바티칸의 시스티나 성당에 있는 미켈란젤로의 작품(그림1)에 아주 잘 나와 있다. 천지창조는 여호와 하느님에 대한 매우 강한 주장이다.

한 그리스도인이 식탁을 보면서 이러한 질문을 한다.

그리스도인: 누가 이 식탁을 만들었나요?

구경꾼: 목수요.

그리스도인: 그 식탁은 목수 없이 존재할 수 있을까요?

구경꾼: 아니요.

그리스도인: 누가 당신을 만들었나요?

구경꾼: 저는 모릅니다.

그리스도인: 식탁과 마찬가지로, 당신도 창조주께서 만드셨습니다.

이것이 이 책의 주제 중 하나이다. 신에 의한 우주의 설계.

몇몇 종교와 원자론에서 우주의 시작은 미스터리이다. 여기서 그 차이점은, 종교는 믿음의 영역에 있고 현대 원자론은 증거를 토대로 만들어졌다는 것이다. 모든 과학 분야와 종교가 우주의 시작에 관한 질문을 건네는 것은 아니다. 한 예로, 정적상태의 우주라고 불리는 과학 이론이 있다. 그리고 동양의 종교인 불교는 우주의 창조를 인정하지 않는다. 이슬람과 기독교는 암흑시대를 거친 후 내세에 대해 말하지만, 그리스나 로마의 신들은 그러지 않았다. 종교는 믿음과 그 믿음을 이행하기 위해 추종자들이 가장 효과적으로 따라야 할 교리들에 바탕을 두고 있다.

고대 그리스와 로마 시대에는 자연이 작동하는 방식을 찾기 위해 자연철학을 연구했다. 우리의 원자론은 고대 그리스 시대의 자연철학에, 그리고 아마도 불교에 뿌리를 두고 있을 것이다. 동서양 사이에는 교류가 있었기 때문이다. 특히 알렉산더 시기에 가장 두드러졌다. 불교 철학은 그리스의 원자론과 비슷하게 들리지만 우주 창조 같은 주제에서는 서로 다르다.

종교가 아닌 자연철학으로서 우리는 신에 의한 설계를 과학 이론의 한 원리로 사용한다. 창조에 대해서는 매우 다른 원리가 있다. 바로 찰스 다윈과 알프레드 월리스의 자연선택론이다.

우리 분야인 물상과학physical science에서는 진화론을 강하게 믿고 있으며, 공룡이 멸망한 시기를 운석 충돌에 기반해 6,500만 년 전으로 잡는다. 이는 1908년 루이스 앨버레즈와 그의 아들 월터 앨버레즈 과학자 팀이 처음으로 제시했다. 지질학자인 월터는 이탈리아 중부에서 지질조사를 하고 있었는데, 협곡의 돌출부에 있는 백악기–팔레오기 경계의 석회암층이 띠를 포함하고 있는 것을 발견했다. 정확히 바로 그 경계에 있는 얇은 점토층은 보통보다 더 많은 이리듐을 포함하고 있었다. 그래서 그는 핵물리학자인 아버지의 도움으로 이 점토층이 운석의 먼지로 인해 생긴 것이라는 가정을 하게 된다. 그리고 멕시코만의 유카타반도에서 한 분화구가 발견되었다. 공룡의 멸망은 포유동물 시대의 시작이 되었으며

그림2 인류의 진화

마침내 인류가 나타나게 된다.

입자물리학은 원자론의 손자뻘로, 우주의 궁극적인 법칙을 찾고자 한다. 그러나 수십 년의 노력에도 불구하고 만족할 만한 길은 아직 찾지 못했다. 많은 유명한 물리학자가 인류원리에 기대어 이러한 견해를 가지고 있다. 우주의 시작이 될 수 있는 거의 무한한 가능성 중에서, 우리가 현재 살고 있는 우주로 진화할 수 있는 조건을 만족하는 하나의 우주에 살고 있다는 것이다. 이는 진화의 원리에 속한다. 그림2는 유인원으로부터 현재의 원자학자로 진화해 우주의 시작에 대해 질문하고 있다.

르네상스 이전의 암흑시대에 기독교는 플라톤과 아리스토텔레스를 받아들였지만 에피쿠로스는 배척했다. 기독교의 기원은 이집트 제18왕조의 파라오 아크나톤으로부터 유래한 유일신교를 채택한 모세에게 있다. 우리는 결정론을 유일신교와 셰익스피어의 속성에 비유할 것이다. 셰익스피어 희곡의 첫 줄은 연극의 줄거리를 결정하는 결정론적 구성을 가지고 있기 때문이다.

1장

고대 그리스인

빨간 책 교과서 《파인만의 물리학 강의》의 시작 부분에는 다음과 같은
말이 있다.

만약 재앙이 일어나 모든 과학 지식이 파괴되고 다음 세대의 생명체에
게 단 한 문장만 전달하라고 한다면, 어떤 문장이 가장 적은 단어로 가
장 많은 정보를 담을 수 있을까? 나는 원자 가설에 대한 문장일 거라고
믿는다. 약간의 상상과 생각만 더한다면, 그 한 문장에 이 세상에 대한
엄청난 양의 정보가 포함되어 있다는 사실을 알아낼 수 있을 것이다.

미국의 위대한 물리학자 리처드 파인먼은 인류의 지식 가운데 가장
중요한 과학적 성과가 원자론이라고 여겼다(그림1).
150년 전인 1869년에 만들어진 멘델레예프의 주기율표에서 알 수
있듯이, 현대의 물상과학(물리, 화학, 지구과학, 천문학 등을 포함)은 원자론의 후

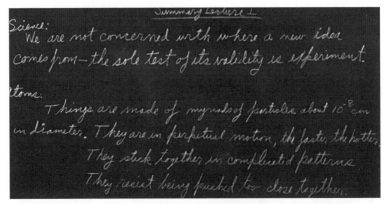

그림1 파인먼의 칠판

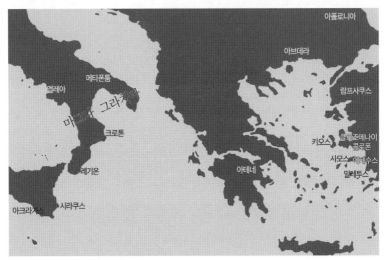

그림2 고대 그리스 도시 국가의 지도. 마그나 그라치아는 이탈리아 남부의 해안 지역이며, 이오니아는 키오스섬과 사모스섬, 그리고 인근 4개의 도시를 포함했다.

손이며 현재의 입자물리학으로 이어진다. 이 책은 고대 그리스 시대의 자연철학에 뿌리를 두고 있는 입자물리학의 현재 상황에 대해 이야기할 것이다. 책의 전반부는 그리스 시대부터 제2차 세계대전까지를, 후반부는 지난 70년 동안 입자물리학이 정착해 온 과정을 담고 있다.

먼저 이 책의 주제와 관련해 중요한 인물인 데모크리토스부터 시작하려고 한다. 그런 다음에, 그와 반대되는 견해를 다룰 것이다. 그 반대편에 있는 인물이 플라톤이다. 데모크리토스와 플라톤은 이 책의 제목에서 언급한 다윈과 셰익스피어에 대응되는 고대 그리스 사람들이다. 하지만 그들은 물질세상에 대한 합리적인 설명이 있을 것이라는 원칙에 따라 이 주제를 연구한 그들 이전의 철학자들로부터 영향을 받았다. 이 주제와 연관된 (이오니아, 아테네, 마그나 그라치아, 알렉산드리아의) 여러 학파들에 대해서도 짧게 소개할 것이다(그림2).

원자론의 기원을 거슬러가면 트라키아의 아브데라 출신이며 유명한 그리스 자연철학자인 데모크리토스(B.C.460~B.C.370)에게 닿는다. 아테네의 아폴로도로스에 따르면, 그는 제80회 올림피아드(B.C.460~B.C.457) 기간에 태어나 첫 번째 그리스 고전기에 살았다. 그리스 철학은 기원전 585년 탈레스가 일식을 예언했을 때 시작되어, 서기 529년 동로마 황제 유스티니아누스가 재정지원을 멈추어 아테네 학술원이 문을 닫았을 때 끝났다고 여겨진다. 데모크리토스가 활동하던 2,500년 전은 철학의 첫 번째 문제에 직면한 시기였다. 최초의 철학자들은 단어의 개념을 정의하는 문제부터 봉착했다. 이때 정의한 그리스어는 라틴어나 영어에 비해 이 점에서 명확했다. 오늘날 과학에는 전문적으로 사용되는 특별한 용어가 있다. 예를 들어, 입자물리학에서는 기본입자의 특성을 나타내는 표현으로 '맛'과 '색'이라는 단어가 쓰인다. 일반적인 의미의 맛과 색과는 관계가 없다. 단지 이름을 붙이기 위해 사용되는 것뿐이다.

최초의 철학자들이 정의한 단어들은 이후에도 비슷한 의미로 사용되고 있다. '코스모스kosmos'라는 명사는 '순서를 정하다', '배열하다', '정렬하다'를 뜻하는 동사에서 유래했다. 따라서 최초의 그리스 철학자들이 의미한 코스모스는 질서정연한 배열을 의미한다. 우리가 코스모스cosmos라고 할 때 그것은 사물의 총체인 우주universe이지만, 질서가 있는 세계인 우주를 의미하기도 한다. '피직스physics'라는 단어는 '성장하다'라는 동사에서 유래했다. 자라는 것, 식물, 동물, 움직이는 행성은 정지해 있는 돌과는 다르다. 따라서 '피직스physics'는 인위적인 것과는 대비되는 자연에 대한 연구를 의미했고, 오늘날의 과학을 가리키는 말이 되었다. 움직임에는 원인이 필요하다. '아르케arche'라는 단어는 '시작하다', '개시하다', '지배하다', '통치하다'를 뜻하는 동사에서 기원했다. 초기 그리스 철학을 다룬 저자들은 '아르케'를 원리라는 의미로 사용했는데, 이 의미는 현재 우리가 이해하는 것과 다르지 않다. '아르케'를 처음 사용한 사람은 아낙시만드로스라고 전해진다. 이러한 의미에서 우리가 말하는 자연은 성장의 원리이자 근원이다.

고타마 붓다(B.C.624~B.C.544)는 깨달음을 얻은 스승이었다. 부처의 정확한 사망일에 대해서는 논쟁이 있었지만, 1956년 제6차 세계불교도회의에서 그해를 부처 서거 2,500년으로 공식 선언하게 된다. 부처의 가르침에 따르면, 모든 존재는 그것이 나타나게 된 원인과 조건에 따라 존재하거나 소멸하게 된다. 다시 말해, 상호의존적인 관계를 통해서만 나타나거나 소멸한다. 약천사 주지인 김성구 스님(한때 양자장이론 연구자였다)은 관계의 법칙이나 연결의 이론(연기법)이 불교철학의 제1원리라고 말한다. 불교에서는 창조라는 단어를 사용하지 않으며, 어떤 것도 홀로 독립적으로 존재할 수 없다고 한다(갈대 숲이 서 있는 것도 옆에 갈대가 있기 때문이다). 부처의 가르침은 브라만(산스크리트어로 '우주의 모든 것')과 아트만(브라만을 소유하는 실체)으로 시작한다. 최초의 그리스 철학자(예를 들어, 탈레스(B.C.624/623~B.C.548/545))가 코스모스 같은 단어들의 정의를 고민하던 것과 거의 같은 시기, 부처는 느낌, 이해, 의지와 인식의 능력을 소유한 자아인 브라만과 아트만이라는 개념으로 자신의 깨달음을 제자들에게 가르쳤다. 플라톤의 4대 원소와는 달리, 불교는 브라만에서 아트만을 창조하는 것을 허용하지 않는다. 즉, 창조를 묻지 않는다. 오직 아트만 사이의 연결들이 있을 뿐이다.

《원자론》이 쓰인 2,500년 전에 파피루스 문서로 기록된 원문들은 현재 남아 있지 않다. 대개 기후와 해충 때문이다. 가장 오래된 파피루스 문서는 4,500년 된 기록일기이다. 쿠푸왕의 피라미드를 만들기 위해 에티오피아 투라에서 기자로 석재를 운반한 내용이 적혀 있다. 이 파피루스는 2013년 고고학자 피에르 탈레가 건조한 홍해 연안의 와디 알-자르프 동굴에서 발견했다. 하지만 대부분의 파피루스 문서는 살아남지 못했다. 고전고대의 책들은 설사 화재나 도서관 천장에서 떨어지는 빗방울, 과도한 독서로 인한 손상 같은 위험에서 살아남는다 해도 은백색으로 빛나는 책벌레로부터 벗어날 수는 없었다. 아리스토텔레스는 분명히 자그마한 책벌레가 존재한다고 추측했는데, 1655년 로버트 훅이 현미경을 통해 마침내 그 존재를 보고 확실히 알게 되었다. 스티븐 그린블랫의 《1417년, 근대의 탄생》에서는 이 벌레들을 '시간의 이빨'이라고 부른다. 고전고대에는 파피루스에 글을 적었는데, 이 종이는 40센티미터의 파피루스 풀 줄기를 나일강에 적셔 만든 것이었다. '시간의 이빨'이라는 곤충은 파피루스를 발견하면 개미가 나무를 먹듯 갉아 먹어, 시간이 지남에 따라 책이 파괴되어 버린다. 그래서 최초의 철학자들에게는 다음 세대를 위해 글을 베껴두는 것이 중요한 일이었다. 필경사가 사본을 만드는 과정에서 오류가 생기기도 하고 의도적으로 내용이 바뀌기도 했을 것이다.

고전고대와 현대 사이의 시칠리아의 위대한 작가 심플리키오스(490?~560)는 아리스토텔레스를 비롯해 여러 사람의 작업에 대해 광범위하게 논했다. 최초의 철학자들에 대해 우리가 알고 있는 정보는 대부분 심플리키오스의 기록에서 나왔다. 그는 아리스토텔레스의 여러 사본 중에서 루크레티우스가 베낀 사본을 또 베낀 사본, 그것을 또다시 베낀 사본을 본 것이 분명하다. 아리스토텔레스와 여러 철학자가 초기 철학자들의 사상에 대해 논하며 남긴 기록을 조각 글이라고 일컫는다. 이를 통해 우리는 최초의 철학자들이 했던 작업을 이해할 수 있다. 아리스토텔레스의 조각 글, 심플리키오스의 번역, 기독교 지배하의 암흑시대에 고립된 수도원에서 반복적으로 행해진 필경사들의 복사, 그리고 포지오가 발견한 루크레티우스의 시를 거쳐 고전고대의 원자론이 우리에게 도착하게 된 것이다.[01]

두려움이 인간을 사로잡고 있다.

단지 땅과 하늘에서 보기 때문에

---

01 카루스, 사물의 본성에 관하여(영어판) (Enhanced EBooks publishing, USA, 2015), Book I

그것들의 작용 원인을 알 수 없고,

…

하지만 온갖 열매가 모든 줄기와 나뭇가지에서

우연히 자라고 변한다. 진정, 각각의 것에 대하여

그것을 낳아주는 원자가 없다면,

…

그러나 모든 것이 물체에 의하여 가득 차 있거나

둘러싸여 있는 것은 아니다. 사물들 안에는 공간이 있다.

…

그러므로 초기의 물체들은 단단하며 공간이 없다.

　　루크레티우스는 우주의 물질은 빈 공간void space에서 무작위로 움직이는 무한한 수의 원자들이라고 적었다. 현재 대부분의 문헌에서 데모크리토스를 최초의 원자론자라고 말한다. 하지만 내용을 살펴보면 그의 스승으로 여겨지는 레우키포스가 함께 언급되어 있는 경우가 많아서, 두 사람의 기여도를 정확히 나누기는 어렵다. 데모크리토스의 글은 하나도 남아 있지 않다. 그의 방대한 작업들 중에서 오직 일부 조각 글만이 알려져 있다. 원자론의 창시자인 레우키포스는 데모크리토스에게 가장 큰 영향을 끼쳤다. 그와 데모크리토스는 아낙사고라스를 찬양했다. 기록에 따르면, 데모크리토스는 레우키포스가 남긴 전통을 따랐으며 그들은 밀레토스 학파와 관련된 과학적 합리주의 철학을 이어갔다고 한다. 두 사람은 유물론자로서 모든 것이 자연법칙의 결과라고 믿었다. 아리스토텔레스나 플라톤과는 달리, 원자론자들은 원자가 움직이려는 목적, 원동력,[02] 또는 원자를 움직이게 하는 사람에 대해 추론하지 않고서 세상을 설명하고자 했다. 물리학에 대해 원자론자들이 품은 질문은 순수하게 기계적 질문인 "이전의 어떤 환경이 그 사건을 일으켰는가?"와 함께 답해야 한다. 반면, 그 반대자들은 물질적이고 기계적인 질문 외에도 '설명(로고스)'을 찾고자 했다(그림3).

원자론에서 빈 공간에 대한 가설은 제논의 역설에 대한 답변이 그 시작이었다. 엘레아의 제논과 그의 스승 파르메니데스는 형이상학적 논리의 창시자로, 답하기 어려운 논증들을 제기했다. 데모크리토스의 원자론에서 움직임이 있을 수 없다는 결론을 이끌어 내기 위해, 파르메니데스와 제논은 모든 움직임은 '아무것도 아닌 것'인 빈 공간을 필요로 하지만 '아무것도 아닌 것'은 존재할 수가 없다고 주장했다. 엘레아 학파의 논지는 이러했다. "빈 공간이 있다고 말하는 것은, 빈 공간이 '아무것도 아닌 것'이 아니라는 것이다. 그러므로 빈 공간이란 존재하지 않는다."

원자론자들도 움직임에는 빈 공간이 필요하다는 것에는 동의했지만, 움직임은 관찰이 가능한 사실이라는 점을 들어 엘레아 학파의 주장을 무시했다. 이에 따르면, 빈 공간은 반드시 존재한다. 이 생각이 개선된 형태로 살아남은 것이 뉴턴 이론의 절대공간이다. 이는 존재하지 않는 것에 실체를 부여하는 논리적 요건들을 만족했다. 아인슈타인의 상

---

02 아리스토탈레스는 원동력을 정확하게 정의하지 않았으며, 행성이나 우주가 운동하도록 하는 힘에 대한 일반적인 개념으로 생각했다.

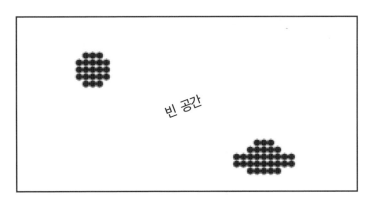

빈 공간

그림3 개개의 원자에 대한 데모크리토스의 생각

대성이론은 파르메니데스와 제논에 대한 새로운 해답을 제공했다. 공간 그 자체는 상대적이며, 휘어진 시공간의 일부로서 시간과 분리될 수 없다는 시각이다. 결과적으로, 뉴턴이 이룬 개선은 이제 더 이상 필요하지 않은 것이 되었다.

아테네 학파는 소크라테스(B.C.470~B.C.399)에 의해 시작되어 플라톤 (B.C. 430~B.C.348/347)과 아리스토텔레스(B.C.384~B.C.322)로 계승되었다. 소크라테스의 철학은 대부분 플라톤의《대화》를 통해 알려져 있다. 플라톤은 철학학교를 설립해 제자들을 가르치고 토론회를 열었다. 또한 서양에서 최초로 고등학문기관인 아카데메이아를 설립했다. 고대 문헌을 바탕으로, 오늘날 대부분의 학자들은 펠로폰네소스 전쟁이 시작된 지 얼마 되지 않은 기원전 429년에서 기원전 423년 사이에 아테네 혹은 에기나에서 플라톤이 태어났다고 믿고 있다. 시지쿠스의 네안테스에 따르면, 플라톤은 기원전 436년에 태어난 정치가 이소크라테스보다 여섯 살 적었다고 한다. 그는 스승인 소크라테스 그리고 가장 유명한 제자 아리스토텔레스와 함께 고대 그리스와 서양 철학사에서 중추적인 인물로 널리 인정받았다. 또한 서양 종교와 영성의 창시자 중 한 명으로 자주 일컬어지곤 했다. 플로티노스와 포르피리오스 같은 철학자들이 내세운 소위 신플라톤주의는 성 아우구스티누스와 기독교에 영향을 미쳤다. 알프레드 노스 화이트헤드는 이렇게 언급했다. "유럽의 철학적 전통을 가장 확실하게 일반적으로 특징짓는다면, 그것은 플라톤에 대한 일련의 각주로 이루어져 있다는 것이다." 플라톤은 자신과 대립되는 철학의 창시자인 데모크리토스를 너무도 싫어해서 그의 책이 모두 타버렸으면 하고 바라기까지 했다. 그럼에도 불구하고 그리스 북부 태생으로 플라톤과 한편인 철학자 아리스토텔레스는 데모크리토스에 대해 잘 알고 있었다.

피타고라스의 가르침을 따르는 추종자로서 플라톤은 자연에 대한 수학적 추론을 좋아했다. 그래서 네 가지 고전적인 요소들(불, 공기, 흙, 물)이 각각의 모양에 따라 정다면체(정사면체, 정팔면체, 정육면체, 정이십면체)의 형상을 하고 있다고 보았다. 이 정다면체들을 플라톤의 다면체라고 한다. 또한 플라톤은 이 요소들의 움직임을 숫자의 황금비와 연관시키고자 했다. 이에 따라 다섯 번째 정다면체인 정십이면체를 시간을 도입하는 데 연관시켰다. 초기 문명의 농부들은 농작물을 심기 위해 정확한 시간을 알 필요가 있었다. 그래서 인류는 고정된 한 점을 기준으로 태양의 운동을 관찰하기 시작했으며, 그 결과로 계절을 구분하게 되었다. 또한 태양의 운동은 곧 시간이므로 천체는 시간과 관련이 있다고 생각했다. 규칙적인 정다면체의 표면은 기본 면이 정삼각형, 정사각형, 그리고 정오각형이다. 심지어 베르너 하이젠베르크[03]는 플라톤이 제시한 이 기하학적 물체들의 아름다움(또는 대칭)에 대해 이렇게 말했다. "플라톤의《티마이오스》에서 결국 기본적인 입자들은 형태가 없는 것이 아니라 수학적 물체이다."

플라톤의 《대화》에서 소크라테스와 그의 논쟁자들은 형이상학의 여러 측면을 비롯해 많은 주제를 논한다. 종교와 과학, 인간의 본성, 사랑, 그리고 성도 다루어진다. 그들이 나누는 대화의 여러 부분에서 인식과 현실, 자연과 관습, 그리고 몸과 영혼이 대비를 이룬다.《티마이오스》 (대화의 참가자는 티마이오스, 소크라테스, 헤르모크라테스, 크리티아스이다)에서 우리는 플라톤의 '선(그리스어로 아가돈agathon)'이 우주 창조의 원리가 된다는 것을 알 수 있다. 그리스어로 '코스모스Kosmos'는 '좋은 그리고 아름다운 질서'를 의미한다. 플라톤은 창조자에게 데미우르고스라는 이름을 붙였다. 공예가 같은 목수를 의미하는 이름이다. 목수가 탁자를 만드는 데 최선을 다하듯, 데미우르고스도 최선을 다해 우주를 창조하는 과정에서 아가돈을 깨닫는다.《티마이오스》에서 데미우르고스는 플라톤의 선과 지성을 신격화한 표현이다. 따라서 플라톤의 창작은 형이상학적이기도 하고 기술적이기도 하다. 기원전 45년경 마르쿠스 툴리우스 키케로가《티마이오스》를 라틴어로 처음 번역했고, 이후 4세기에 칼키디우스가 다시 번역했다. 키케로의 단편적인 번역은 고대 말기(로마 시대)에 큰 영향을 미쳤다. 그리스어 원문에 접근할 수 없는, 특히 성 아우구스티누스같이 라

---

03 하이젠베르크, 물리학과 철학: 현대과학에서의 혁명 (펭귄북스, 뉴욕, 1962), 71쪽

틴어를 사용하는 성직자들에게 영향을 준 것으로 보인다. 이 책에서 우리는 한국의 전문가들이 그리스어 원문을 한국어로 옮긴《대화》를 바탕으로 하고 있다.[04]

티마이오스는 데미우르고스가 선과 지성의 원리를 바탕으로 우주를 창조했다는 이야기를 들려준다. 처음에 네 가지 요소(불, 공기, 흙, 물)는 모양이 없는 흔적들로서 공간(코라chora)에서 섞여 일정한 운동을 하고 있었다. 관찰을 통해 현실과 연결시키기 위해 플라톤은 불이 없으면 아무것도 볼 수 없다고 추론했다. 따라서 불은 첫 번째 요소이다. 흙이 없으면 고체를 만들 수 없다. 그러므로 땅덩이를 이루기 위해 흙은 두 번째 요소가 된다. 불과 흙을 연결하려면 유연한 물질, 즉 공기와 물이 필요하다. 공기와 물은 땅덩이 주위에 존재한다. 그림4를 보면 공기와 물이 흙 옆에 배치되어 있다. 그림4에서 네 가지 정다면체 안에는 각 원소에서 움직이는 피조물들이 들어 있다. 그런 다음, 데미우르고스는 시간을 측정하는 데 필요한 모양과 움직임을 바탕으로 운동에 대해 생각했다. 플라톤은 시간을 천상의 물체들, 태양, 달, 행성, 별과 관련지었다. 형태가 없는 이러한 요소들로부터 데미우르고스는 질서와 명료성을 도출했다. (목수가 설계도를 따르듯) 변하지 않는 영원한 모형(이데아 또는 파라데이그마)을 모방한 것이었다. 티마이오스는 이집트로 여행을 가서 모세에 대한 이야기를 들었을 수도 있다. 하지만 박종현에 따르면, 플라톤의 '형태가 없는 것'과 창세기의 첫 문장, 즉 "하느님이 태초에 천지를 창조하셨을 때 땅

---

04 박종현, 김영균, 플라톤의 티마이오스 한국어판 (서광출판사, 서울, 한국, 2000)

그림4 플라톤의 다섯 가지 정다면체와 각각에 해당하는 원소들

이 길들여지지 않고 형체도 없었다. 하느님이 이르시되 빛이 있으라 하셨다!"는 서로 다르다. 창세기에서는 무에서의 창조(기독교 철학자와 성직자들이 소개한 라틴어로는 크레아토 엑스 니힐로^{creatio ex nihilo})를 의미하는 데 비해, 그리스에서 창조란 "무에서는 아무것도 만들어질 수 없다(라틴어로 엑스 니힐로 니힐로 피트^{ex nihilo nihilo fit})"라는 것이었다. 즉, 데미우르고스의 창조는 이미 존재하는 재료를 이용해, 구체적으로는 에이데(다각형)와 아리트모이(숫자)를 가지고 모양을 만드는 것인 셈이다. 목수로서 데미우르고스는 목적을 가지고 있었으며 가장 이상적인 것을 바탕으로 자신의 모조품을 설계했다. 천상의 물체들은 정십이면체[05]에 넣었다. 지구 다음으로 중요하며 지구 주위를 돌고 있는 태양도, 태양을 따르거나 한 점에 머물러 있는 다른 천체들도 포함되어 있었다. 이 모습을 표현한 것이 그림5이다. 완성된 모양은 최대한 아름다운(즉, 대칭성이 있는) 것이어야 하며, 이는 결국 그림4에서 볼 수 있는 다섯 가지 정다면체에 이르게 된다.

- **신의 설계:** 플라톤의 창조는 원리(그리스어로 이데아^{idea} 또는 파라데이그마^{parA.D.eigma})를 따르는 목수의 작품이었다. 모세의 창조는 아무것도

---

[05] 12는 천상의 숫자로 여겨진다

그림5 정십이면체 안의 우주에 관한 플라톤의 생각

없는 것에서 나온다. 현대의 입자이론에서는 아름다움 내지 단순성
이 자주 언급되는데, 아마도 플라톤의 원리에 둘 수 있을 것이다. 그
래서 우리는 셰익스피어가 희곡을 천재적으로 설계한 것을 신의 설
계에 두려 한다.

- **다원주의:** 우주는 자연법칙에 따라 진화하지만, 그 재료(입자)들은 특
  정한 초기 조건을 가진 뜨거운 죽과 같은 상태에 놓여 있었다. 여기
  서는 이 책 '들어가며'의 그림1에 있는 신의 손이 필요하지 않다. 그
  초기 조건조차도 자연법칙에 의해 주어지는 것이 더 나은 것이다. 이
  런 의미에서 아인슈타인의 신은 다원주의를 통한 창조를 의미한다.

플라톤의 제자 아리스토텔레스는 기원전 335년 리케이온에서 시작된 소요학파의 창시자로 여겨진다. 스승 플라톤과 함께 그는 '서양 철학의 아버지'로 불려왔다. 박종현에 따르면, 아리스토텔레스는 플라톤의 영향력에서 벗어나려 노력했다. 《자연에 관하여 Peri Physeos》에는 물상과학에 대한 아리스토텔레스의 견해가 쓰여 있는데, 이로부터 중세 학문의 형태가 갖추어지게 되었다. 그 영향은 고대 말기와 중세 초기부터 르네상스까지 확대되었고, 계몽주의 시대가 되어 고전역학 같은 이론들이 나오기 전까지는 체계적으로 대체되지 않았다. 아리스토텔레스는 플라톤의 네 가지 요소에 덧붙여 한 가지 원소를 추가했다. 바로 에테르이다. 그리스어로는 다섯 번째 물질을 뜻하는 펨투시아 pemtousia라고 한다.

19세기의 역사가들은 플라톤의 전통에 해당되는 '신플라톤주의'라는 말을 만들었다. 이 정의에 따르면 최초의 신플라톤주의자는 헬레니즘 로마 이집트의 플로티노스(204/205~270)이다. 그의 저술 《엔네아데스》는 수세기 동안 이교도, 유대인, 기독교, 영지주의, 그리고 이슬람의 형이상학자와 신비주의자들에게 영감을 주었다.

플라톤이 사모스섬에서 눈을 감은 지 7년 후 아테네인 부모 사이에서 태어난 에피쿠로스(B.C.341~B.C.270)는 원자론을 일상생활에 적용했다. 그는 당시의 플라톤주의에 반대해 아테네에 자신만의 학교를 세웠다. 이 학교는 '정원'이라고 불렸다. 그가 철학을 하는 목적은 행복하고 평온한 삶을 이루는 것이었다. 이는 아타락시아(공포로부터 해방된 평화와 자유)와 아포니아(고통의 부재) 그리고 친구들에게 둘러싸여 자급자족하는 삶으로 특징지을 수 있다. 그는 여성의 '정원' 입학을 공개적으로 허용하는 정책을 폈다. 에피쿠로스와 그의 제자들은 간단한 식사를 하고 다양한 철학적 주제에 대해 토론을 나누는 것으로 알려져 있었다.

하지만 에피쿠로스의 가르침은 대부분 그리스어 원문이 아니라 나중에 기록된 라틴어 문서로 전해지고 있다. 흔히 루크레티우스라고 불리는 로마 시인 티투스 루크레티우스 카루스, 전기 작가 디오게네스 라에르티우스, 정치인 키케로, 철학자 필로데무스와 섹스투스 엠피리쿠스가 쓴 것들이다. 에피쿠로스는 죽음은 몸과 영혼 모두의 끝이며, 따라서 두려워해서는 안 된다고 가르쳤다. 같은 맥락에서, 신들은 존재하지만 인간의 일에 관여하지 않으며, 인간의 행동에 따라 처벌을 내리거나 보상을 주지도 않는다고 가르쳤다. 그럼에도 불구하고, 플라톤이 말한 '선' 때문이 아니라 아타락시아에 이르는 것을 방해하는 죄책감 때문에 인간은 여전히 윤리적으로 행동해야 한다는 것이 그의 주장이었다.

에피쿠로스의 가르침인 '행복의 추구'는 대중에게 큰 호응을 얻었지만, 플라톤의 도시인 아테네에서는 처음부터 논란이 되었다. 에피쿠로스 철학은 서로마 공화국 말기에 그 인기가 최고조에 달했다가, 경쟁 관계인 스토아 학파가 부상하면서 쇠퇴했다. 그리고 529년 유스티니아누스가 플라톤이 세운 아카데메이아 폐쇄를 공표한 이후 초기 기독교가 태동하면서, 에피쿠로스 철학은 고대 말기에 마침내 소멸했다.

물론 초기 고전시대에 많은 철학자가 원자론과 플라톤의 우주론에 영향을 주었다. 세계와 우주를 설명하기 위해 신화를 동원하는 것에서 벗어나 깊이 탐구한 첫 번째 사람은 고대 그리스 이오니아의 도시국가 밀레토스의 탈레스(B.C.624/623~B.C.548/545)였다. 그는 서구 문명에서 최초로 과학철학을 즐기고 몰두한 사람으로 알려져 있다. 더욱 인상적인 사실은, 인류가 인지능력을 가진 이후로 최초일지도 모른다는 것이다. 그는 그리스의 7현인 중 한 명이었다. 나머지 현인들은 정치가인 레스보스의 피타코스, 프리에네의 비아스, 아테네의 솔론, 린도스의 클레오브로스, 코린토스의 페리안드로스, 스파르타의 킬론이다(어떤 이들은 클레오불로스와 페리안드로스 대신 케나이의 뮤손과 스키티아의 아나카르시스를 넣기도 한다). 탈레스 역시 정치가였지만 이오니아 학파의 설립자로 더 잘 알려져 있다. 그는 자연의 원리와 물질의 본질은 한 종류의 재료로 되어 있으며 그것은 바로 '물'이라고 선언했다. 아낙시만드로스(B.C.610~B.C.546)는 탈레스의 뒤를 이어 이오니아 학파의 두 번째 대표가 되었다. 피타고라스는 그의 제자 중 한 명이었음이 분명하다. 앞서 언급했듯이, 아낙시만드로스는 아케라는 단어를 정의했으며 과학이라는 분야를 개척한 초기의 제창자로 꼽힌다. 또한 자연이 법칙에 의해 지배된다고 주장하면서, 그 기원에 특별한 관심을 가지고 우주의 다양한 측면을 관찰하며 설명하려 노력했다.

철학자들에게 영향을 끼친 또 다른 고대 이오니아 철학자는 피타고라스로, 그의 이름을 딴 피타고라스 철학의 창시자이다. 정치와 종교에 대한 그의 가르침은 마그나 그라이키아에 잘 알려져 있었으며, 플라톤과 아리스토텔레스에게 영향을 미치고 그들을 통해 서구 철학에까지 영향을 미쳤다. 피타고라스는 수학과 과학에서 많은 발견을 한 것으로 인정받고 있다. 피타고라스 정리, 피타고라스 음률, 그리고 플라톤이 동경했던 다섯 가지 정다면체가 대표적인 예이다. 그는 스스로를 철학자(지혜를 사랑하는 자)라고 명명한 최초의 사람이라고 한다. 수학적 완벽함에 대한 피타고라스의 생각은 고대 그리스 예술에도 영향을 주었다. 피타고라스는 중세 내내 위대한 철학자로 여겨졌고 그의 철학은 니콜라우스 코페르니쿠스, 요하네스 케플러, 아이작 뉴턴 같은 과학자들에게 큰 영향을 미쳤다.

디오게네스 라에르티오스(3세기)가 말하길, 피타고라스는 "사랑의 쾌락에 빠지지 않았으며", "당신이 자신보다 기꺼이 약해지려고 한다면" 그때만 섹스를 하도록 다른 사람들에게 주의를 주었다고 한다.

파르메니데스와 제논은 엘레아에서 태어났다(B.C.560~B.C.510?). 파르메니데스는 형이상학이나 존재론의 창시자로 여겨지고 있으며, 서구 철학의 전 역사에 영향을 미쳤다. 그는 엘레아 학파의 창시자이기도 했다. 제논과 사모스의 멜리소스도 이 학파에 포함된다. 제논의 역설은 아마도 귀류법^{reductio A.D. absurdum}이라고 불리는 증명 방법에 대한 최초의 예일 것이다. 귀류법은 글자 그대로 '불합리함을 증명하다'라는 뜻이다. 운동에 관한 제논의 역설은 파르메니데스의 견해를 지지하기 위해 나온 것이었다. 파르메니데스의 저작들 중 유일하게 알려진 것은《자연에 관하여》라는 시이다. 일부분만 남아 있긴 하지만, 철학 역사상 최초로 일관된 주장을 담고 있다. 이 시에서 파르메니데스는 현실에 대한 두 가지 관점을 규정한다. '진리의 길'(시의 한 부분)에서 그는 실재하는 모든 것은 하나이고 변화는 불가능하며, 존재는 영원하고 일정하며 필요하다고 설명한다. '의견의 길'에서는 눈으로 보이는 세상을 설명하며, 인간의 감각 능력이 잘못되고 기만적인 이해에 이른다고 말한다. 그러면서도 그는 우주론도 제시한다. 파르메니데스의 철학은 "있는 것은 무엇이든 있고, 없는 것은 없다"라는 구호로 설명되어 왔다. 데미우르고스의 창조에 대한 언급인 "엑스 니힐로 니힐로 피트ex nihilo nihilo fit(무에서는 아무것도 나오지 않는다)"라는 문구도 유명하다.

데모크리토스 이전에, 에페수스의 헤라클레이토스(B.C.535~B.C.475)는 《자연에 관하여》에서 세상에 대해 논했는데, 몇몇 단어를 어디에 두어야 할지 확신하지 못했다. 그래서 그는 '모호한 자' 또는 '수수께끼 내는 자'라는 별명을 가지고 있다. 아리스토텔레스는 《레토릭》에서 그의 문체를 이렇게 묘사했다. "헤라클레이토스의 글은 어떤 단어가 뒤에 오는지 앞에 오는지 불분명하기 때문에 구두점을 찍기가 어렵다. 예를 들어, 글의 첫머리에서 그는 다음과 같이 말한다. '(영원히) 간직하고 있는 것 때문에 인간은 (영원히) 이해하지 못하는 것이 증명된다.' 이 문장에서 '영원히'와 함께하는 단어가 무엇인지 모호하다." 헤라클레이토스는 고대 세계 7대 불가사의 중 하나인 아르테미스의 거대한 신전에 바쳐진 《자연에 관하여》의 저자였다. 디오게네스 라에르티오스는 《철학자들의 삶》에서 이렇게 적었다. "유리피데스는 (소크라테스에게) 헤라클레이토스의 책 사본을 주면서 어떻게 생각하는지 물었다. 그의 대답은 이러했다. '내가 이해하고 있는 것은 멋집니다. 그리고 나는 내가 이해하지 못하는 것 또한 멋지다고 생각합니다. 하지만 그 바닥에 도달하려면 델로스섬의 잠수부가 필요합니다.'" 히폴리토스는 헤라클레이토스의 주요 사상에 대한 요약을 《모든 이단들에 대한 반박》에서 제시하고 있다. "헤라클레이토스가 말하기를, 우주는 나눌 수 있기도 하고 나눌 수 없기도 하고, 만들어지기도 하고 만들어지지 않기도 하고, 죽기도 하고 불멸이기도 하고, 단어와 영원, 아버지와 아들, 신과 정의이다."

심플리키오스는 《물리에 대한 주석》에서 이렇게 쓰고 있다.

《물리에 대한 주석》의 첫 번째 책에서 아낙사고라스가 말하기를, 균일한 혼합물은 양에 있어서 헤아릴 수 없으며, 한 가지 혼합물로부터 분리되어 나왔으며, 모든 것에 모든 것이 존재하고, 각각의 것은 그 안에서 가장 우위를 차지하는 것에 의해 특징지어진다고 한다. 그는 《물리에 대한 주석》의 첫 번째 책에서 이 점을 명확히 했으며, 책의 시작 부분에서 이렇게 말하고 있다. "모든 것이 함께 있었고, 그 수와 크기의 작음에 있어서 한계가 없다."

클라조메나이에서 태어나 아테네에서 자란 아낙사고라스(B.C.510~B.C.428)는 세상을 기본적이고 불멸인 요소들의 혼합물로 묘사했다. 여기서 물질의 변화가 일어나는 것은 어떤 특별한 요소가 절대적으로 존재하기 때문이 아니라, 어떤 요소들이 다른 요소들보다 상대적으로 우세하기 때문이다. 그는 이렇게 표현했다. "각각은 (…) 그 속에 가장 많이 들어 있는 성분이 되는 것이 명백하다." 이는 멘델레예프의 표에 나와 있는 화학 원소들에 대해 우리가 이해하는 바와 매우 유사하다. 하지만 아낙사고라스는 지시하는 힘으로 누스Nous(우주의 정신)라는 개념을 도입한다는 점에서 데모크리토스의 원자론과는 차이가 있다. 이 힘은 균일하거나 또는 거의 균일한 본래의 혼합물로부터 이동하고 분리되었다. 그는 데모크리토스보다 두 세대 정도 앞서는데, 아마도 데모크리토스에게 영향을 미쳤을 것이다. 데모크리토스보다 한 세대 전, 시칠리아의 아크라가스의 시민인 엠페도클레스(B.C.490?~B.C.430)는 4원소(루크레티우스의 시《데 레룸 나투라De Rerun Natura》에 적힌 불, 흙, 숨, 비)는 변하지 않는 근본적인 실체라는 견해를 가지고 있었다. 플라톤도 엠페도클레스와 똑같이 네 가지 요소를 제시했는데, 숨은 공기로, 비는 물로 바꾸었다. 피타고라스(B.C.495? 사망)와 그의 학파로부터 영향을 받은 엠페도클레스는 동물을 희생시키고 동물을 도축해 먹는 관습에 이의를 제기했다. 독특한 환생 교리를 발전시키기도 했다. 그는 과학 사상가이자 물리학의 선구자일 뿐 아니라, 오르페우스의 신비를 확고히 믿는 신봉자였다. 아리스토텔레스는 이오니아 철학자들 중에서도 엠페도클레스를 언급하며, 그를 원자주의 철학자들 및 아낙사고라스와 매우 가까운 위치에 두었다.

소크라테스(B.C.470~B.C.399) 이전의 철학자들, 즉 고대 초기의 최초의 철학자들은 관례상 소크라테스 이전으로 언급된다. 소크라테스는 아테네의 철학자로, 서구 철학의 창시자 중 한 사람이자 서구 윤리사상의 첫 번째 도덕철학자로 인정받고 있다. 그는 수수께끼 같은 인물이었다. 글을 전혀 쓰지 않은 터라 그의 사후에 고대 저자들, 특히 그의 제자 플라톤과 크세노폰이 남긴 기록을 통해 주로 알려져 있다. 플라톤의《대화》를 보면 소크라테스에 관한 가장 폭넓은 이야기가 고대로부터 살아남아 있음을 알 수 있다. 그 덕분에 소크라테스는 윤리와 인식론 분야에 대한 기여로 명성을 얻었다. 소크라테스식 반어법 그리고 소크라테스식 방법론 내지 문답법이라는 명칭에 그의 이름이 붙은 것도 바로 플라톤이 기록한 소크라테스의 모습에서 유래한 것이다. 하지만 실제 소크라테스와 플라톤이 《대화》에서 묘사한 소크라테스 사이의 차이를 두고 의문이 남아 있긴 하다. 소크라테스는 고대 말기와 현대의 철학자들에게 강한 영향을 주었다. 예술, 문학, 대중문화에서 다루어지면서 그는 서양 철학 역사상 가장 널리 알려진 인물 중 하나가 되었다.

"나는 내가 모른다는 것을 알고 있다"라는 말은 소크라테스가 한 것으로 여겨지고 있다. 플라톤의 《변명》에 나온 설명이 근거가 되었다. 이 말에 대한 전통적인 해석은, 소크라테스의 지혜는 그 자신의 무지를 인식하는 것에 국한된다는 것이다. 소크라테스는 사람들이 잘 살기 위한 최고의 방법은 물질적인 부와 행복의 추구보다 미덕의 추구에 집중하는 것이라고 믿었다. 그는 항상 다른 사람들을 초대해 우정과 진정한 공동체 의식에 더 집중하도록 노력했다. 이것이 대중으로서 사람들이 함께 성장하는 가장 좋은 방법이라고 여겼기 때문이다. 그의 행동은 이 기준에서 벗어난 적이 없었다. 그렇기에 고소인들이 그가 아테네를 떠날 것이라고 생각했을 때 소크라테스는 사형 선고를 받아들였다.

이제 플라톤 이후의 몇몇 수학자들에 대하여 언급하려고 한다. 플라톤 역시 수학자로 간주될 수 있을 것이다. 프톨레마이오스 왕국의 수도 알렉산드리아는 그리스어를 사용하는 곳이었다. 그곳에서 유클리드(B.C.325~B.C.270)는 수학의 모든 분야에 대한 백과사전식 논문을 썼다. 그 이전에 그리스에서 축적된 지혜의 총체를 담은 저술이었다. 그 많은 사람들 중 가장 잘 알려져 있기에 그는 기하학의 아버지로 여겨지곤 한다. 그의 뛰어난 저서 《원론》은 평행선과 닮은꼴 삼각형 그리고 이등변

삼각형을 비롯한 2차원 평면에서의 기하학을 논하기 위해 공리학적으로 논리정연한 틀을 제공했다. 이 책이 2,200년 후인 20세기까지도 사용되면서 유클리드는 고대 그리스 수학자들 중에서 우리에게 가장 오랫동안 영향을 미친 사람이 되었다. 그의 삶에 대해서는 알려진 것이 거의 없다. 《원론》의 내용 중 얼마만큼이 그 자신이 발견한 부분이고 얼마만큼이 다른 사람들의 발견에 기초한 부분인지에 대해서도 역시 거의 알려져 있지 않다.

주목할 만한 점은, 19세기에 이르러서야 휘어진 표면에서의 기하학을 논하게 되었다는 것이다. 예를 들어, 구 표면에서는 평행선이 서로 만나고 삼각형의 세 각의 합이 180도가 되지 않으므로 유클리드의 기하학 공리가 근본적으로 어긋난다. 이러한 사실이 비교적 최근 들어 제시된 것을 보면 유클리드의 기하학이 얼마나 단순하고 설득력 있는지 알 수 있다.

시칠리아 시라쿠사에는 수학자이자 물리학자인 아르키메데스(B.C.287~B.C.212)가 있었다. 고전고대의 선도적인 과학자들 중 한 명으로, 고대 그리스인들 사이에서 가장 위대한 수학자로 꼽혔다. 그는 무한소의 합이라는 개념으로 현대 미적분을 부분적으로 예측했다. 또한 원주율 π를 소수점 아래 두 자리인 3.14까지 정확히 근사했고, 원의 면적은 πR^2, 구의 부피는 $4\pi R^3/3$으로 계산된다는 것을 발견했다.

아르키메데스는 왕관이 순금으로 만들어졌는지 여부를 밝히는 과정에서, 물속에서 물체의 무게는 그 물체가 밀어낸 물의 무게만큼 줄어든다는 원리를 밝혀냈다. 목욕 중에 이 발견을 하고서는 벌거벗은 채 "유레카"를 외치며 거리로 뛰쳐나왔다는 설이 있다. 이 발견으로 그는 왕관 제작자들이 왕을 속였다는 사실을 알아냈다.

아르키메데스는 큰 숫자를 표시하기 위해 지수라는 개념을 발전시켰다. 역학에서는 유체 정역학과 지렛대의 원리를 정립하는 데 큰 기여를 했다. 오늘날에도 여전히 사용되는, 돌아가는 나사식 펌프를 발명했고, 거대한 배인 시라쿠시아를 설계하기도 했다. 시라쿠시아는 당시에 만들어진 배들 중 가장 컸으며, 아르키메데스의 나사식 펌프를 빌지펌프(배 바닥의 오수를 배출하는 펌프)로 사용했다.

한참 시간이 흘러, 갈릴레이는 아르키메데스의 업적을 "초인적이다"라고 표현했다. 수학에서 가장 권위 있는 상인 필즈상의 메달에는 아르키메데스의 얼굴이 새겨졌다.

아르키메데스는 75세의 나이에 로마 군인에게 목숨을 잃었다. 상급자가 그를 보호하라는 명령을 내렸음에도 군인이 착오를 저지른 탓이었다.

이집트 알렉산드리아에는 헤론(A.D.10~70)과 프톨레마이오스(A.D.100~170)가 있었다. 헤론은 공학자이자 수학자로, 기력구(헤론의 엔진)를 발명했다. 이것은 19세기에 열역학 분야를 촉진시킨 증기엔진의 시초였다. 수학에서는 헤론의 공식, 즉 삼각형의 면적을 세 변의 길이로 나타내는 식으로 잘 알려져 있다. 또한 헤론은 제곱근과 세제곱근을 계산하는 방법을 발견했다. 프톨레마이오스는 수학자이자 천문학자이며 지리학자였다. 그가 쓴《알마게스트》는 현재 유일하게 남아 있는 고대 천문학 서적이다. 이 책에는 지구를 중심으로 하는 프톨레마이오스 태양계가 제시되어 있다. 코페르니쿠스 이전까지 1,200년 동안 이 생각은 널리 사실로 받아들여졌다. 프톨레마이오스는 지구가 움직이지 않는다고 확신했다. 가톨릭교회는 이 생각을 확고한 진실로 채택했고, 이로 인해 갈릴레이가 위험을 무릅쓰고 자신의 발견을 주장해야 했다. 프톨레마이오스는 지도 제작에도 크게 기여했다. 그가 만든 유라시아와 아프리카 지도는 런던 왕립지리학회에서도 감탄할 만하다. 만들어진 시기를 고려하면 감탄을 자아내는 훌륭한 지도이다. 하지만 현대 지도와 비교했을 때 우스운 실수도 포함되어 있다는 사실은 그리 놀랍지 않다.

1장을 요약하면, 우리는 원자주의자인 데모크리토스에서 출발해 비범한 지성을 가진 10여 명의 고대 그리스인들이 이룬 업적들을 설명했다. 고대의 주요 업적은 윤리, 도덕, 정치를 포함한 철학에 있었다. 이 사상들은 현대 철학에 여전히 큰 영향을 미치고 있다.

과학과 현대 사상과는 중복되는 부분이 당연히 적을 수밖에 없다. 그 당시에는 필요한 실험을 하기 위한 필요한 기술이 개발되지 않았고, 이용할 수 있는 데이터도 적었기 때문이다. 아마도 그래서 고대 그리스인들은 철학적 추론에 더 의존했을 것이다.

그럼에도 불구하고, 현대 물리학은 그토록 놀라운 선견지명을 보여준 데모크리토스와 그의 학파가 주장한 원자론으로부터 다윈의 방식으로 진화해 왔다. 그리스인들은 데모크리토스를 존경한다. 유로화로 바꾸기 이전에 사용하던 그리스의 10드라크마 동전에는 데모크리토스가 새겨져 있었다. 고대 그리스 수학자들 중 유클리드와 아르키메데스가 찾아낸 주제와 예시들은 모두 이후의 수학적 발견으로 이어졌다.

기원전 600년에서 기원전 100년 사이의 모든 지적 발전을 감안하면, 그다음 1,500년 동안 비교적 작은 발전만 이루어졌다는 것은 다소 실망스러운 사실이다.

2장

신의 계획

고대 그리스인들의 바로 뒤를 이어, 에피쿠로스의 학문적 후계자로 여겨지는 티투스 루크레티우스 카루스(B.C.99~B.C.55)에 대해 이야기할 필요가 있다. 루크레티우스는 율리우스 카이사르(B.C.100~B.C.44) 시대에 활동한 그리스의 쾌락주의자로, 라틴어로 된 장문의 훌륭한 시《데 레룸 나투라 De Rerum Natura》(사물의 본성에 관하여 On the Nature of Things)를 집필했다. "알파벳은 24개의 글자로 수천 개의 단어를 만들 수 있다. 원소들은 알파벳의 글자와 같은 것이다"라는 아름다운 문장을 쓴 것으로 보아, 그는 원자주의자를 존경했음에 틀림없다. 《데 레룸 나투라》의 라틴어 원문은 파피루스에 쓰여 있었다. 여섯 권에 7,400줄의 분량이었다. 파피루스가 놀라울 만큼 긴 세월을 살아남았음에도 불구하고 이 원문은 수십 번이나 복사되었을 것이다. 이 책은 후대에 분실된 것으로 여겨지다가, 1417년 포지오 브라치올리니가 독일 수도원에서 사본을 발견하게 되었다. 6세기 심플리키오스가 만든 사본의 사본들 중 하나였다.

문화적 영웅인 루크레티우스는 그리스 신화의 프로메테우스 같은 존재였다. 20세기에는 오펜하이머가 현대의 프로메테우스라고 불린 바 있다.[01] 로마의 유명한 정치가이자 웅변가 마르쿠스 툴리우스 키케로(B.C.106~B.C.43)가 "루크레티우스의 시는 천재성이 풍부하지만, 또한 매우 예술적이다"라고 《데 레룸 나투라》를 극찬했기에,[02] 카이사르 시대에는 루크레티우스를 숭배하는 사람이 많았을 것이다. 로마의 위대한 시인 베르길리우스(B.C.70~B.C.19)는 루크레티우스가 사망했을 때 약 15세였는데, 젊은 풍의 문장으로 그를 칭송한 것으로 보아 《데 레룸 나투라》를 읽었음이 분명하다. 그 문장은 "사물의 원인을 알아내는 데 성공한 분께 축복이 있기를"이었다.

그 당시 고대 그리스의 영향은 이탈리아 전역에서 찾을 수 있었다. 저자의 친구 고든 세메노프의 해석에 따르면, 나폴리라는 이름도 네아 폴리스Nea Polis(그리스어로 새로운 도시)에서 온 것이다. 이는 그리스가 이 지역에 큰 영향을 미쳤다는 사실을 보여준다. 고고학자들은 폼페이 유적에서도 그리스 철학이 로마에 끼친 영향을 찾아냈다. 비록 그린블랫의 2019년 저서 《1417년, 근대의 탄생》에서는 필로데모스(로마가 그리스 고전주의를 숭배하여 로마로 초대한 그리스인)가 루크레티우스의 시기에 로마에 머물렀다고 언급하고 있지만, 루크레티우스는 에피쿠로스 학파에 속했다. 그래서 에피쿠로스 학파는 그리스 패권기에 자연의 법칙에 전문화된 그리스

---

01 버드, 셔윈, '미국의 프로메테우스. 로버트 오펜하이머의 성공과 비극' (빈티지 북 컴퍼니, 2006)
02 시적으로 쓰는 것은 큰 영향을 미친다. 셰익스피어의 희곡들도 시적으로 쓰여서 영어를 단숨에 세계어로 올려놓았다.

학파인 것으로 보인다.

《데 레룸 나투라》의 라틴어 원문은 고전 시대 로마인들도 감탄했을 것이다. 한 줄에 5~7개의 단어로 이루어진 번역문으로 읽어도 아름답다.

인간들이

땅 위에 비참하게 부서져 놓여 있다

종교 아래 모든 눈들 앞에서

그녀의 머리를 보여주곤 한다

험상궂은 얼굴로 인간에 빛을 비추는 하늘을 따라

처음으로 반대했던 한 그리스인은 감히

공포의 눈을 치켜뜨고 견디어 낸다

신의 명성도 벼락도

불길한 하늘의 위협적인 천둥소리도

그를 위협하지 못한다

오히려 짜증나서 분노한다

그의 무뚝뚝한 마음은 첫 번째로 찢어질 것이며

자연의 문 앞에 있는 가로대는 낡았다

루크레티우스가 에피쿠로스 철학을 어느 정도나 전달하고자 했는지는 알려지지 않았다. 이 시는 6세기의 비범한 이교도 작가 심플리키오스를 거쳐 전해진 것이기 때문이다. 그럼에도 불구하고, 데모크리토스는 에피쿠로스보다 한 세대 더 빨랐다. 이 시는 스티븐 그린블랫이 2011년 출판해 2012년 퓰리처상을 받은 책《1417년, 근대의 탄생》을 통해 큰 주목을 받고 그 중요성을 인정받았다. 그린블랫은 르네상스가 씨를 맺는 데《데 레룸 나투라》가 중요한 역할을 했다고 이야기한다. 그것이 사실이든 아니든 간에, 이 시의 제2권 113~140행은 브라운 운동에 대해 매우 뛰어난 원자론적 설명을 담고 있다. 이 설명은 2,000년 후 볼츠만(1872)과 아인슈타인(1905)에 의해 증명되는데, 루크레티우스는 이를 원자가 존재한다는 증거로 여겼다.

당연하게도, 루크레티우스의 다른 과학적 사고들은 별로 정확하지 못했다. 그는 자연이 무한한 시간 동안 실험을 하고 있다는 생각, 그리고 유기체는 힘과 속력, 지성 면에서 가장 잘 적응할 때 생존 가능성이 가장 높다는 생각을 제시하긴 했지만, 우리가 현재 진화라고 알고 있는 것을 예상하지는 못했다. 그는 인간이 동물보다 우월하다고 인정하지 않았으며, 이는 우주에 대한 신의 계획에서 중요한 동기라고 생각했다.

포지오가《데 레룸 나투라》를 발견한 것은 암흑시대 말기였다. 아니, 이 발견이 암흑시대를 끝냈다고 표현하는 것이 더 맞을지도 모른다. 그 시가 그토록 오랫동안 숨겨졌던 것은 기독교 지도자들이 에피쿠로스 철학을 이교도 사상으로 여겼기 때문이다.《데 레룸 나투라》가 대중에게 알려지기 위해서는 대량으로 복사되어야 했을 것이다.《데 레룸 나투라》를 구입하는 것이 허용되었다면 상인들은 비용이 얼마가 나가든 이익을 얻고자 복사했을 것이다. 그러나 교회 원로들이 금지하는 바람에 암흑시대의 고립된 수도원들에서만 이 책을 복사했다. 이 책의 복사는 고립된 수도원들이 그다지 선호하지 않는 일이었다. 복사 과정에서 오류가 생기거나 필경사가 수정을 가했을 수도 있다. 《1417년, 근대의 탄생》에서 스티븐 그린블랫은 수도원의 기록실에서 있었을 법한 장면을 다음과 같이 상상한다.

수도원은 규율이 엄한 장소였지만 기록실에는 규율 안에 규율이 있었다. 필경사 이외는 어느 누구도 들어갈 수 없었다. 절대적인 침묵이 지배했다. 필경사는 베끼고자 하는 책을 선택할 수 없었다. 자신이 맡은 일을 마무리하기 위해 참고하고 싶은 책을 사서에게 큰 소리로 요청해 죽은 듯한 침묵을 깨는 것도 허용되지 않았다. 허용된 요청을 하기 위해 몸짓 언어가 만들어졌다. 만약 필경사가 시편이 필요하면, 그는 책을 나타내기 위한 일반적인 표시를 해 보였다. 손을 뻗어 책을 넘기는 몸짓을 하고서 손을 겹쳐 왕관 모양으로 만들면, 다윗의 시편을 나타내기 위한 구체적인 표시였다. 만약 이교도의 책이 필요하다면, 책을 나타내는 일반적인 몸짓을 하고서 마치 개가 벼룩을 긁듯 자신의 귀 뒤를 긁기 시작했다. 만약 교회에서 특히 불쾌해하거나 위험한 이교도 사상으로 간주하는 책을 보고 싶다면, 손가락 2개를 입에 넣어 재갈을 물린 것 같은 몸짓을 했다.

오늘날 몇 권 남아 있지 않은 것에서 알 수 있듯이, 암흑시대 중반에 《데 레룸 나투라》를 복사하는 것은 쉽지 않았을 것이다. 고대 로마 제국 초기, 또는 후기 고전이라고도 불리는 시기에는 다신론을 실천하기 위해 '파가니즘'이 주피터, 넵튠, 비너스 등의 신들과 함께 사용되었다. 대도시에서는 기독교 인구가 많은 데 비해 농촌과 지방에서는 다신교를 실천했기 때문에 4세기 초기 주로 농촌에 살던 기독교인들은 다신교를 실천했다. 후기 고전에 기독교인들은 농촌 행사에서 하는 것처럼 희생 의례를 치르는 사람을 이교도로 간주하곤 했다.

암흑시대에 이르게 된 계기를 만든 황제는 콘스탄티누스 대제(272 ~337)로, 313년 2월 경쟁자인 리키니우스 황제(263~325)와 타협해 기독교를 합법화한다고 발표했다. 이것이 밀라노 칙령이다. 이 칙령에는 기독교인들이 로마 제국의 다른 모든 종교나 신앙 숭배 집단과 마찬가지로 억압받지 않고 자신들의 신앙을 따르도록 허용한다고 명시되어 있다. 콘스탄티누스 대제는 그리스의 도시 비잔티움(후에 콘스탄티노폴리스로 이름이 바뀌었다)을 제국의 수도로 정하고 1,000년간 지속된 비잔틴 제국을 열었다. 그 후로 이 도시는 동로마 제국(비잔티움으로 더 잘 알려졌다)과 오스만 제국의 수도였으며, 오늘날에는 이스탄불이라고 불린다. 콘스탄티누스 대제는 수도를 정할 때 모든 후보들 중에서도 그리스를 좋아했음에 틀림없다. 야니스 리조스에 따르면, 그리스어로 이스탄불은 '도시로'라는 의미로, 그의 어머니는 코르푸 시에 나갈 때 항상 '이스탄불'이라고 말했다고 한다. 이스탄불은 비잔틴 제국의 '도시'였다.

밀라노 칙령은 이교도들에게도 기독교인들과 같은 권리를 허용했다. 하지만 기독교인들을 선호하지 않던 리키니우스는 320년 이를 저버렸다고 알려져 있다. 그는 324년의 큰 내전에서 귀족 신분을 박탈당하고 평민이 되었다. 그래서 기독교를 선호하던 콘스탄티누스 대제는 325

년 첫 번째 니케아 공의회를 소집해 니케아 신조와 삼위일체, 그리고 기독교 신앙의 신앙고백을 선언했다. 삼위일체가 공식화된 것과는 대조적으로, 이집트 알렉산드리아의 아리우스(256?~336)가 제안한 비삼위일체주의 교리인 아리우스주의는 이후 이단으로 규정되었다. 그 후로 콘스탄티누스 대제는 기독교 교회를 적극적으로 밀어주었고, 이 교회는 위조된 콘스탄티누스의 기증을 바탕으로 중세 성기에 교황의 세속적 권력을 주장하는 발단이 되었다. 옛 성 베드로 성당은 콘스탄티누스 대제의 명령으로 지어지기 시작해, 완공되는 데 30년이 넘게 걸렸다. 이를 위해 그는 성 베드로의 무덤 위에 성당을 세우고자 온 힘을 쏟았다. 성당의 초기 디자인을 변경하도록 허락하기까지 했다. 리키니우스가 없는 가운데 기독교의 후원자가 된 것이다.

로마 제국 전체의 유일한 황제가 되기도 전부터 콘스탄티누스 대제는 도나투스파에 타격을 주었다. 도나투스파의 교리는 북아프리카의 주교 도나투스(?~355)에서 이름을 따왔다. 4세기와 5세기에 걸쳐 번성했는데, 그 뿌리는 311년 콘스탄티누스가 지배한 로마 아프리카 지역(지금의 알제리와 튀니지)의 기독교 공동체에 있다. 도나투스파는 4세기부터 6세기까지 카르타고 교회의 분열로 이어진 이단이었다. 북아프리카의 로마 총독은 박해 기간 내내 자신이 통치하던 광범위한 기독교 소수집단들을 관대하게 대했다. 신앙을 버리는 표시로 성서를 넘겨받는 것만으로 충분히 만족했다. 하지만 박해가 끝나자, 성서를 넘긴 기독교인들은 비판적인 도나투스파(주로 가난한 계층 출신)들에게 배신자로 불렸다. 도나투스파는 기독교 성직자들이 완전무결해야 그들이 힘을 발휘하고 그들의 기도와 성찬이 정당성을 갖출 수 있다고 주장했다. 이 일파는 원칙주의자로, 교회는 '성인'의 교회여야 하며 '죄인'의 교회가 되어서는 안 된다고 말했다. 도나투스파의 반대편에 있던 카이킬리아누스는 313~316년 당시 부주교를 거쳐 카르타고의 주교가 되었다. 그의 주교 임명은 후기 로마 제국의 도나투스파 논쟁으로 이어지게 된다. 313년부터 316년까지 도나투스가 임명한 기독교 주교들은 카이킬리아누스 편에 있는 주교들과 대립했다. 북아프리카의 주교들은 합의에 이루지 못했고, 도나투스파는 콘스탄티누스 대제에게 이 분쟁에 대한 재판관 역할을 해달라고 요청했다. 3개의 지역 교회 의회에서도, 콘스탄티누스 대제 이전의 또 다른 재판에서도 모두 북아프리카의 도나투스와 도나투스파에 반대하는 판결을 내렸다. 317년 콘스탄티누스 대제는 도나투스파 교회의 재산을 몰수하고 도나투스파 성직자들을 추방하라는 칙령을 내렸다.

니케아 공의회가 열리기 전부터 도나투스파는 콘스탄티누스 대제에게 압박을 당했다. 그래서 니케아 신조는 대부분 기독교 장로교의 아리우스에서 그 이름이 유래된 아리우스파를 주로 다루었다. 아리우스파는 비삼위일체적 기독교 교리로, 예수 그리스도는 어느 시점에 하느님 아버지에게서 태어난 하느님의 아들이며 아버지와 구별되는 존재라고 믿는다. 따라서 하느님 아버지에게 종속되어 있지만 아들 역시 하느님, 즉 성자인 것이다.

또한 콘스탄티누스 대제는 니케아 공의회가 유대교의 유월절 전날에 최후의 만찬을 기념하는 것을 금지하도록 했다. 이 날짜로 기독교는 유대교의 전통에서 확실하게 분리되었다. 그러나 이 법으로 인해 유대인들이 이교도로 간주되지는 않았다. 개종을 원하거나, 기독교로 개종한 다른 유대인을 공격하거나, 기독교인 노예를 소유하거나, 노예에게 할례를 하는 등 기독교인이 유대인에게 영향을 받은 행동을 하는 것은 금지되었지만, 유대인 성직자들도 기독교 성직자들과 똑같은 대우를 받았다.

콘스탄티누스 대제의 강력한 칙령에도 불구하고, 에피쿠로스 철학은 고대 말기 대중에게 깊이 스며들었다. 에피쿠로스 철학의 동기가 행복의 추구에 있기 때문이었다. 따라서 에피쿠로스 철학의 이교도적 믿음을 억누를 필요가 있었다.

콘스탄티누스 대제 이후 3, 4대째인 알렉산드리아의 초기 비잔틴 제국에는 헬레니즘 철학자이자 신플라톤주의 철학자로, 영향력 있고 아름다운 히파티아(350/370?~415)가 있었다. 그녀의 아버지 테온(335년?~405)은 수학자였다. 히파티아는 철학자의 망토인 트리본을 입고 도시에서 전차를 타곤 했다. 살아생전에 위대한 스승이자 현명한 조언자로 이름을 날렸으며, 많은 사람이 플라톤과 아리스토텔레스의 사상을 배우기 위해 히파티아를 찾았다.

최근인 1996년 페르마의 마지막 정리, 즉 '$x^3+y^3=z^3$에는 정수해가 없다'를 와일즈가 증명해 내 큰 뉴스가 되었다. 이 방정식은 히파티아보다 약 반세기 앞서 알렉산드리아의 디오판토스(201/215~285/299)가 쓴《산수론》(아리스메티카^{Arithmetica})에서 논의된 디오판토스 방정식이다. 1637년 피에르 드 페르마는《산수론》복사본의 여백에 쓰기를, 그 마지막 정리에 대한 정말 놀라운 증명을 발견했지만 너무 길어서 여백에 적을 수 없다고 했다. 히파티아는 디오판토스의 열세 권짜리《산수론》에 대한 논평을 쓴 것으로 알려져 있다. 이것만으로도 신플라톤주의자인 히파티아가 영향력 있는 수학자, 천문학자, 철학자였다는 사실을 알 수 있다. 그러나 그녀가 활동하던 당시에 기독교는 신플라톤주의를 배척했다. 니케아 신조 이후 4세대에 걸쳐 알렉산드리아에서 종교 분쟁이 일어나 세라페움(그리스인과 이집트인을 통합하는 수단으로 그리스−이집트에 건립된 주피터 신전)이 파괴되었다. 알렉산드리아 세라페움은 알렉산드리아 박물관에 이어 두 번째로 많은 소장품을 가지고 있었으며, 전성기에는 50만 점의 파피루스 문서를 보유했다. 세라페움이 사라지면서, 글로 기록된 이교도들의 지식도 사라졌다. 이 혼란이 일어나는 동안, 히파티아는 415년 3월 페테르라는 광신자가 이끄는 기독교 무리에게 살해당했다. 히파티아의 죽음은 로마 제국을 충격에 빠뜨렸고, 그녀를 '철학을 위한 순교자'로 바꾸어 놓았다. 이 사건으로 그녀의 아버지의 제자 다마시우스(458?~538 이후)는 기독교를 더 강하게 반대하게 되었다. 시리아 다마스쿠스에서 태어난 그는 아테네 학파의 마지막 학자로, '최후의 신플라톤주의자'로 알려져 있었다. 6세기 초, 유스티니아누스 1세에게 박해받은 이교도 철학자 중 한 명이기도 했다. 다마시우스의 제자들 중에서 가장 중요한 사람은 1장에서 아리스토텔레스에 대한 뛰어난 해설자로 언급한 심플리키오스이다. 오늘날 일부 학자들은 알렉산드리아의 성 카타리나에 관한 전설이 히파티아의 삶과 죽음에 바탕을 둔 것이라고 생각한다. 기독교에서 플라톤주의를 받아들인 이후, 이 전설에서는 기독교인과 이교도의 역할이 서로 바뀌어 등장한다. 그러나 당시 알렉산드리아의 신플라톤주의자들은 이교도였다. 어느 경우에든, 그리스 원자에 대해 우리가 가진 정보는 데모크리토스–에피쿠로스–아리스토텔레스–루크레티우스–히파티아–심플리키오스의 계보로 이어진 것이다.

415년 알렉산드리아 세라페움에 있던 세라피스 동상이 파괴되자 시인 팔라다스는 에피쿠로스 학파의 '정원'에서의 삶은 끝났다고 한탄했다. 지적인 히파티아가 살해당한 것은 모든 이교도 전통에 종말을 고하는 전조였다. 이 전통들은 결국 429년 유스티니아누스 1세에 의해 종지부를 찍게 되었다. 금욕주의와 회의주의를 비롯해 다른 이교도 사상들도 함께 퇴출되었다. 금욕주의는 기원전 3세기 초 아테네에서 키티온의 제논(B.C.334?~B.C.262)에 의해 시작되었고, '덕은 인간에게 유일하게 좋은 것'이며 건강, 부, 즐거움과 같은 외부적인 것은 그 자체로 좋지도 나쁘지도 않다고 가르쳤다. 금욕주의에 따르면, 인간이 행복해지는 길은 쾌락에 대한 욕망이나 고통에 대한 두려움에 의해 지배받지 않도록 스스로를 통제하면서, 순간순간을 그 자체 그대로 받아들이는 데서 찾을 수 있다. 에피쿠로스 철학과는 정반대 방식이다. 신플라톤주의가 퇴출되면서 금욕주의도 퇴출되었다. 금욕주의의 미덕은 플라톤주의와 비슷하며, 금욕주의의 사고방식은 중세 수도원에 자리 잡았다. 회의론은 어떠한 것이 진실인지 또는 유용한지 의심하는 태도이다. 급진적인 형태의 회의론은 지식이나 합리적 믿음이 가능하다는 것을 인정하지 않으며, 논란이 되는 여러 문제 또는 모든 문제에 대해 판단을 유보하라고 말한다. 좀 더 온건한 형태의 회의론은 어떤 것도 확실하게 알 수 없으며, 신이 존재하는지, 사후세계가 있는지와 같은 삶의 큰 질문에 대해 우리는 거의 또는 전혀 알 수 없다고 주장한다. 종교적 회의론은 '불멸, 섭리, 계시 같은 기본적인 종교 원리에 관한 의심'이다. 13세기에 성 토마스 아 퀴나스(1225~1274)는 창세기의 창조에 관해 이렇게 말했다. "세상의 기원 과 관련해, 믿음의 본질을 나타내는 핵심이 한 가지 있다. 세상이 창조에 의해 시작되었음을 아는 것이다." 1566년에 출판된 로마 가톨릭의 교리 문답[03]은 믿음을 첫 번째에 두었다. 회의론은 429년 다른 이교도 사상 들과 함께 퇴출되었다.

　　퇴출된 이교도 사상에는 에피쿠로스주의, 신플라톤주의, 금욕주 의, 회의주의 외에 토테미즘과 애니미즘도 있었다. 애니미즘과 마찬가 지로 토테미즘은 가장 초기의 신앙 형태로, 가족, 씨족, 혈통, 부족 같은 사람들 집단을 상징하는 신성한 물체나 기호를 숭배한다. 라틴어 애니 마anima(숨, 정신, 생명이라는 뜻)에서 그 이름이 유래한 애니미즘은 모든 사물, 장소, 생물이 구별되는 영적 본질을 지니고 있다는 종교적 믿음이다. 토 테미즘과 애니미즘에는 몇 가지 공통된 배경이 있다.

　　5세기 초까지 가장 중요한 것은 고전 그리스 시대의 논리 철학이었 다. 유스티니아누스 1세의 폐쇄령 이후에 퍼진 수도원에서 수도자들은 금욕주의를 실천했다. 따라서 대부분의 경우(천국과 지옥, 태양과 달, 남과 북, 더하기와 빼기, 선과 악, 사랑과 증오, 자유 대 평등, 공화주의 대 민주주의, 입자와 파동)에 서처럼, 그리스 철학에서 온 두 가지 지배적인 이교도가 남게 된다. 에피 쿠로스주의와 신플라톤주의이다. 우리 친구 존 베르가도스가 말했듯이, 전투에 능한 훌륭한 군인인 로마인들은 고대 그리스인들로부터 존경받

03　스티브 바, 현대물리학과 고대의 믿음 (노트르담대학출판사, 노트르담, IN, 2003)

을 수 있는 어떤 철학을 갈구했다.

에피쿠로스주의는 '행복의 추구'를 지향하고 신플라톤주의는 '덕의 추구'를 지향한다. 로마인들은 어떤 것을 선택했을까?

키케로가 쓴 구절 '니힐 에스트 비르투트 풀크리우스nihil est virtute pulchrius (덕보다 아름다운 것은 없다)'는 우리 귀에 도덕적으로 울려 퍼지고, 토마스 제퍼슨이 독립선언문에 삽입한 '행복의 추구'가 거듭해서 생각난다. 둘 중 한쪽을 더 선호하기는 분명 어려웠을 것이다. 기독교인들에게는 둘 다 이교도였다. 그렇기에 그들은 실천 방식을 바꿀 수 있는지 찾아보았다. 에피쿠로스주의자들에게 모든 것은 물질주의적이며 당연히 신은 받아들일 수 없는 것이었다. 그들이 세상을 보는 방식은 신이 존재한다고 해도 인간에게 간섭하지는 않는다는 엠페도클레스의 논리와 거리가 멀었다. 에피쿠로스주의는 기독교인들에게 쓸모가 없었다.

5세기의 위대한 교부 성 아우구스티누스(354~430)는 창세기에 적힌 '6일'(그리스어로 헥사헤메론Hexahemeron) 동안의 창조에 대해 문자 그대로 받아들이지 않고 다른 해석을 제시했다. 시간상 연속적으로 일어난 사건이 아니라, 모든 것이 하느님에 의해 한순간 동시에 생성되었고 그 후 자연스러운 발전 과정을 거쳤다는 해석이었다. 13세기에 성 토마스 아퀴나스가 쓴 철학 역사의 고전 《신학대전》에서는 성 클레멘스(150?~216)와 오리게네스(185?~254)도 같은 견해를 가지고 있었다고 적혀 있다.[04] 이 견

---

04 헥사헤메론에 관한 교부들의 견해는 '성 토마스 아퀴나스의 숨마 테올로기'(아이레와 스포티스우드, 런던, 1967)의 블랙프라이어 판 10권의 부록 7번, 203−204쪽에 설명되어 있다.

해에 따르면, 우주는 어떠한 자연적인 발전 과정을 거쳤다. 그러나 한순간의 헥사헤메론은 루크레티우스가 생각한 원자 생성의 소용돌이와 (조금씩 조금씩) 부합할 수 없다. 《티마이오스》에 적혀 있듯 플라톤에게 창조는 데미우르고스에 의한 것인데, 이는 아우구스티누스의 해석은 아니다. 하지만 신플라톤주의자들은 100% 물질주의자는 아니었기 때문에 생각을 바꿀 여지가 있다. 그들이 말하는 '덕'은 유물론적 행복 대신 신의 뜻으로 해석될 수 있는 개념이다. 그들은 기독교인으로 변할 수도 있다. 그래서 성 아우구스티누스를 통해 교부들은 고대 그리스 철학 중에서 신플라톤주의를 받아들였다.

성 아우구스티누스와는 별도로, 밀라노 대주교인 성 암브로시우스(340~397)는 《헥사헤메론》을 저술했다. 이 책은 카파도키아(오늘날의 터키)에 위치한 카이사리아 마자카의 주교인 성 바실레이오스(329/330~379)의 사순절 미사에서 처음 소개되었다. 성 암브로시우스는 성 바실레이오스와 편지를 주고받았는데, 그로부터 영향을 받은 것이 틀림없다. 또한 성 암브로시우스 자신은 성 아우구스티누스에게 영향을 미친 것으로 잘 알려져 있다. 《헥사헤메론》은 분명 5세기의 큰 이슈였을 것이다.

429년 이후로는 에피쿠로스주의에 대해 논할 만한 자리가 없었다. 에피쿠로스주의는 루크레티우스의 시 《데 레룸 나투라》와 함께 잊혔다.

과학적으로 라틴 숫자는 어떤 숫자의 크기를 제한 없이 나타내는 데 도움이 되지 않는다. 한편으로 암흑시대는 이슬람 시기이기도 했으며 아라비아숫자를 유럽으로 도입하는 데 도움이 되었다. 이슬람 시기는 622년 이슬람 군대가 아라비아, 이집트, 메소포타미아를 정복할 때 시작되었다. 1세기 만에 이슬람은 서쪽으로는 오늘날의 포르투갈, 동쪽으로는 중앙아시아 지역까지 도달했다. 서아시아와 북아프리카로 이슬람이 확산되면서 동남아시아와 중국에 이르기까지 육상과 해상을 통한 무역과 여행이 전례 없이 성장했다. 황금기는 대략 786년에서 1258년(바그다드가 몽골에 함락된 해) 사이로, 정치 구조가 안정되고 무역이 번성했다. 이 황금기에 키블라, 즉 기도할 때 메카를 바라보는 방향을 정하려면 당연히 천문학이 필요했다. 아라비아 상인들은 전 세계의 상품을 인도, 인도네시아, 심지어 극동 지방까지 거래했다. 이 기간 동안 가톨릭 신자인 유럽인들은 아라비아 상인들을 통해 동양의 향신료와 인도의 숫자를 얻었다.

리처드 불리엣, 파멜라 크로슬리, 대니얼 헤드릭, 스티븐 허시, 라이먼 존슨은 이렇게 말했다. "인도 수학자들은 0의 개념을 발명했고, 오늘날 세계 대부분의 지역에서 사용되는 아라비아 숫자와 자릿수 표현 기법을 고안했다."[05] 이렇게 탄생한 숫자는 점진적으로 발전해 현재 사용되는 숫자의 모습을 갖추었다. 세 번째 이슬람 칼리프조인 아바스 왕조(수도 바그다드, 750~1258) 동안 아라비아 상인들은 무역을 위해 아라비아 숫자를 사용했으며, 대부분의 유럽인은 아라비아 숫자를 배우게 되었을 것이다.

1881년 마르단(현재의 파키스탄 페샤와르 인근)의 바크샬리 마을에서 발견된 고대 인도의 수학 문헌에 따르면, 인도 숫자는 385년에서 465년 무

05 불리엣, 크로슬리, 헤드릭, 허시, 존슨, 지구와 사람들: 전체적인 역사, 3판, (휴튼 무플린, 보스톤, 2005), 6장, "인도와 서남아시아", 163쪽, ISBN 0-618-42770-8.

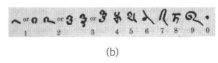

그림1 자작나무 껍질의 바크샬리 원고(a), 인도의 숫자(b)

렵에 사용되었다. 마안 싱이 탄소 연대 측정으로 추정한 것이다.[06] 그림 1(a)의 바크샬리 문서를 보면 아래에서 두 번째 줄에 '위치 기호'(동그라미 표시)가 있다. 그림1(b)에서 '자릿수 기호'는 0으로 쓰여 있다. 여기서 두 가지 사실이 수학에 관련되어 있다. 우선, 아름다운 아라비아 숫자 자체 는 중요하지 않다. 중요한 점은 그것이 하나의 연결된 문자라는 것이다. 그림1(b)에서 보듯이 원래의 인도 숫자 중 몇 개는 지금도 그 형태가 남 아 있지만, 중요한 의미는 그것이 하나의 단위라는 데 있다. 중국 숫자 와 라틴 숫자에서는 그렇지 않다. 또 한 가지 중요한 점은 그림1의 자릿 수 표시(동그라미)이다. 자릿수 표시는 오늘날의 십진법 체계에서 매우 유 용하다. 이진법으로 숫자를 셀 때도, 다른 방식의 숫자 체계에서도 유용 하다. 만약 십이진법을 사용한다면 10과 11에 해당하는 한 단위의 새로 운 문자를 2개 더 만들 것이다. 여기서도 자릿수 기호는 역시 동그라미 로 하면 된다. 오늘날 십진법 체계의 숫자인 1, 2, 3, 4, 5, 6, 7, 8, 9, 0

06 싱, 수반두 (사히타 아카데미, 1993), 9−11쪽, ISBN 81−7201−509−7

은 로마 알파벳보다 더 자주 사용된다. 알 카와리즈미(780?~850)가 820년 무렵에 쓴 책《힌두 숫자를 사용한 계산에 관하여》와 알 킨디(801~873)가 쓴 책《인도 숫자의 사용에 관하여》는 힌두-아라비아 숫자 체계를 중동과 유럽에 전파하는 데 크게 기여했다.

특히 알 킨디는 아랍의 이슬람 철학자로, 그리스 신플라톤주의 영향을 많이 받았다. 그는 이슬람 사람들이 그리스 사상을 받아들이도록 평생에 걸쳐 애썼다. 이 일은 번역과 배움의 기관인 바그다드의 '지혜의 집'에서 아바스 왕조의 후원으로 진행되었다. 심플리키오스처럼 그도 대단한 작가로, 기하학(32권), 의학·철학(각각 22권), 논리학(9권), 물리학(12권) 등에 관해 적어도 260권의 책을 집필했다.

유럽의 기독교인들이 고대 그리스의 지식으로부터 차단된 사이, 알 킨디는 태양계에 대한 그리스의 관점을 전파했다. 이것은 프톨레마이오스로부터 나온 관점으로, 그때까지 알려진 천체들(달, 수성, 금성, 태양, 화성, 목성, 그리고 여러 별들)이 놓인 동심원들이 있고 그 중심에는 지구가 있었다. 이 관점은 암흑 시대 이후 코페르니쿠스에 의해 바뀌게 된다. 알 킨디는 철학과 자연신학의 양립 가능성을 증명하는 데 성 아우구스티누스(354~430)의 영향을 받았다. 또한 아랍어로 글을 쓴 최초의 철학자로서, 아리스토텔레스 철학과 (특히) 신플라톤주의를 이슬람 철학의 틀에 성공적으로 통합했다. 대부분의 중세 이슬람 수학자들은 아랍어로 글을 썼고, 페르시아어로 쓰는 사람들도 있었다.

알 킨디의 견해에 따르면, 형이상학의 목표는 신의 지식이다. 하지만 후에 가장 영향력 있게 등장한 이슬람 철학자 알 파라비(872?~950/951)

는 이 견해를 강하게 부정했다. 그는 형이상학은 실제로 제1원리와 관련이 있으며, 따라서 신의 본질은 순전히 부수적인 것이라고 말했다. 제1원리는 다른 어떤 명제나 가정으로부터 추론될 수 없는 기본적인 명제나 가정이다. 철학에서 제1원리는 아리스토텔레스주의자들이 전한 제1원인에서 나온다. 수학에서 제1원리는 공리 또는 가정이라고 말한다. 물리학에서 경험적인 모형이나 매개변수 적합을 하지 않는 경우, 이론 연구를 제1원리로부터 또는 '처음부터' 한다고 말한다. 알 파라비 이후 수 세기가 지난 뒤, 서양에서는 르네 데카르트가 《철학의 원리》 서문에서 제1원리의 개념을 설명했다. "이제 이 원리들은 두 가지 조건을 가지고 있어야 한다. 우선, 명확하고 명백해야 한다. 그래서 인간의 마음이 그것들을 조심스럽게 생각할 때 그 진실성을 의심하지 않아야 한다. 두 번째로, 다른 것에 대한 지식은 제1원리에 의존해야 한다. 제1원리는 그것에 의존하는 지식들에 관계없이 알려질 수 있지만, 다른 지식들은 제1원리 없이 별개로 알려질 수 없다." 형이상학에 대한 알 킨디의 생각에서 핵심은 신의 절대적인 유일성이다. 그에게 유일성은 오직 신에게만 연관된 속성이었다. 절대적인 유일성에 더해, 알 킨디는 신을 창조주 또는 활동적인 대리인으로 묘사했다. 신의 대리인으로서 다른 모든 중개인들은 신의 뜻에 달려 있다. 여기서 가장 중요한 부분은, 신은 창조된 중개인을 통해 '행동'하고, 그 중개인들은 원인과 결과의 사슬을 통해 서로에게 '행동'하여 원하는 결과를 만들어 낸다는 것이다. 실제로 이 중개인들은 전혀 '행동'하지 않는다. 그들은 단지 신의 행동을 위한 전달자일 뿐이다.

형이상학의 주제는 신이라고 생각한 알 킨디와는 대조적으로, 알

파라비는 형이상학이 신과 관련이 있는 점은 신이 절대적 존재의 한 원리라는 정도에 그친다고 믿었다. 하지만 알 킨디의 견해는 그 당시 바그다드에서 이슬람 지식인들이 그리스 철학에 대해 가진 흔한 오해였다. 이런 이유로 이븐 시나(980~1037)는 알 파라비가 쓴 서문을 읽기 전에는 아리스토텔레스의 형이상학을 제대로 이해하지 못했다고 말했다. 신플라톤주의는 헬레니즘 시대의 로마 이집트에서 플로티노스(204/205?~270)가 플라톤 철학의 전통을 바탕으로 시작했다. 앞서 다룬 히파티아도 신플라톤주의자였다. 플로티노스가 쓴 여섯 권의 책 《엔네아데스》는 270년경 그의 제자 포르피리오스(234?~305)가 편집하고 엮은 것이었다. 초기 기독교 신학자였던 성 아우구스티누스(354~430), 카파도키아 교부들, 디오니시우스 위 아레오파기타(5세기 말에서 6세기 초까지 활동한 기독교 신학자이자 철학자), 그리고 그 이후의 몇몇 기독교와 이슬람 사상가들을 통해 《엔네아데스》는 서구와 근동 지역의 사상에 큰 영향을 미쳤다. 또한 신플라톤주의는 종교 내부에서 주류 신학 개념에 영향을 미쳤다. 예를 들어, 두 형이상학적 상태에서 하나의 이원성에 대한 연구는 예수가 신이자 인간이라는 기독교적 관점의 토대를 마련했고, 이는 기독교 신앙의 기본 신념이 되었다.

알 파라비의 우주론은 기본적으로 다음 세 가지 요소를 기반으로 한다. 인과관계에 대한 아리스토텔레스의 형이상학, 매우 발달된 플로티노스의 우주론, 그리고 프톨레마이오스의 천문학이다. 알 파라비의 우주론에서 우주는 여러 동심원으로 이루어진 모습이다. 가장 바깥쪽 원 또는 '첫 번째 천국', 고정된 별들의 원, 토성, 목성, 화성, 태양, 금성, 수

성, 그리고 마지막으로 달로 구성된다. 달의 궤도 안에 있는 이 동심원들의 중심에는 물질계가 포함되어 있다. 그것은 1장의 그림5에서 더 정교해진 형태이다.

암흑시대에는 기독교 교부과 무슬림 철학자들 모두 신의 역할과 우주의 창조에 대해 우려했고, '이중성'이라는 개념을 받아들였다. 현대의 물리학자들 역시 이 단어를 사용한다. 보어의 양자역학에서의 파동―입자 이중성, 팔정도의 전성기 때 확장된 형태로서 '삼중성', 그리고 끈 이론에서 T―S 이중성과 ADS/CFT 대응이 있다. 이 중 가장 심오한 것은 5장에서 논의할 파동―입자 이중성이다.

이슬람 세계에서는 역학의 기본적인 측면을 연구하기도 했으나, 뉴턴 역학과 만유인력에 비하면 미미한 수준이었다. 6세기에 존 필로포누스(490?~570?)는 아리스토텔레스의 운동관을 거부했다. 하지만 갈릴레이와는 달리, 필로포누스는 불운하게도 재판관 앞에 앉는 위험은 겪지 않았다. 대신 그는 물체는 강한 인상을 주는 동력이 있을 때 움직이는 성향을 갖는다고 주장했다. 더욱 흥미로운 것은 이븐 시나(980~1037)의 주장이다. 움직이는 물체는 '힘'을 가지고 있으며 이는 공기 저항 같은 외부의 요인에 의해 줄어든다는 것이다. 이븐 시나는 '힘'과 '경향'(마일^{mayl})을 구별했다. 또한 물체가 자연적인 운동과 반대일 때 마일을 얻는다고 여겼다. 오늘날의 방식대로 이해하자면, 이븐 시나가 말한 마일은 위치에너지에 해당한다. 그러나 그는 자신의 진술을 증명해 줄 적절한 장치를 발명하지 않았다. 이것이 갈릴레이와 다른 점이었다.

이슬람 세계는 지질학, 천문학, 공학 등 실용적인 분야에서 큰 발전을 이루었다. 앞에서 언급했듯이, 천문학은 이슬람 과학에서 주요 학문이 되었다. 또 다른 주요 학문은 점성술로, 전쟁에 나가거나 도시를 세울 때 최고의 지식을 동원해 사건을 예측했다. 알 바타니(850~922)는 태양년의 길이를 정확하게 측정했다. 또한 천문학자들이 태양, 달, 행성의 움직임을 예측하는 데 사용한 톨레도 표에도 기여했다. 6세기 후, 코페르니쿠스(1473~1543)도 이 천문표를 사용했다. 알 자르칼리(1028~1087)는 더 정확한 아스트롤라베를 개발했는데, 이것은 이후 수세기 동안 이용되었다. 그는 톨레도에서 물시계를 만들었고, 태양의 원지점이 고정된 별들에 비해 천천히 움직인다는 것을 발견했으며, 그 움직임이 변화하는 정도를 통해 태양의 원지점의 궤적을 꽤 정확하게 측정했다. 페르시아의 나시르 알딘 알투시(1201~1274)는 프톨레마이오스의 2세기 천체 모형에 대한 중요한 수정본을 집필했다. 그는 헬레니즘 지역에서 점성가가 되면서 천문대를 제공받았고 중국의 기술과 관측에 접근하게 되었다. 또한 삼각법을 별도의 분야로 발전시켰고, 당시에 이용이 가능한 천문표들 중 가장 정확한 것을 편찬했다.

그러나 과학사학자 버트런드 러셀의 견해에 따르면,[07] 이슬람 과학은 여러 기술적인 면에서는 감탄스럽지만 혁신에 필요한 지적 에너지는 부족했으며, 이슬람 과학의 주된 의의는 고대 지식을 보존하고 중세 유럽으로 전달했다는 점에 있었다. 인도 · 아라비아 숫자를 중세 유럽으로 전해준 것이 이러한 판단의 기초가 될 수 있다. 하지만 아리스토텔레스

---

07 러셀, 서양 철학의 역사 (사이먼과 슈스터, 미국, 1945) 책2, 파트 2, 10장

에 대한 알 파라비의 이해는 근본적으로 지적인 이해였다. 그래서 최근에는 수정된 관점이 제기되었다. 중세에 이슬람의 과학혁명이 일어났다는 견해이다. 이론물리학자이며 노벨상 수상자인 압두스 살람,[08] 조지 살리바,[09] 그리고 존 M 홉슨[10] 등이 이 견해를 가졌다. 도널드 루트리지 힐,[11] 아마드 하산[12] 같은 학자들은 이러한 과학적 업적의 원동력은 이슬람이었다고 주장한다. 여기서 구스타보 브란코의 발언[13]을 인용할 필요가 있다. "최근 몇 년간 지중해 지역의 물리학은 북유럽만큼 진보적이지 않았는데, 이는 자유로운 생각을 금하는 가톨릭의 영향 때문이다." 어떤 면에서 보면, 이슬람 세계에는 자유로운 사고를 금하는 것이 그리 많지 않았다고 힐과 하산은 지적한다.

08 살람, 달라피, 하산 (1994). 이슬람 국가에서 과학의 르네상스 (월드사이언티픽, 싱가포르 1994), 162쪽, ISBN 9971-5-0713-7.

09 살리바, 아랍 천문학의 역사. 이슬람 황금기의 행성이론 (뉴욕대학출판사, 1994), ISBN 978-0-8147-8023-7.

10 홉슨, 서양 문명의 동양 기원 (케임브리지대학출판사, 2004, ISBN 978-0-521-54724-6).

11 힐, 이슬람 과학과 공업 (에든버러대학출판사, 1993), ISBN 978-0-7486-0455-5.

12 하산, 힐, 이슬람의 기술. 삽화가 있는 역사 (케임브리지대학출판사, 1986), 282쪽.

13 코르푸에서의 개인적인 평, 2019년 여름.

3장

르
네
상
스

4장에서 더 자세히 설명하게 될 아이작 뉴턴 경은 과학에서 이탈리아 르네상스의 뒤를 잇는 계몽주의 시대의 거인이었다. 유럽에서 르네상스는 중대한 사건으로, 14세기 후반부터 17세기까지 로마 그리고 특히 피렌체를 중심으로 전개되었다. 이 시기 이전은 중세였으며, 북서쪽에서는 카롤링거 르네상스와 오토 르네상스가 짧게 있었다. 역사적으로 르네상스는 의미가 큰 시기이다. 프톨레마이오스의 우주관에서 코페르니쿠스의 우주관으로 거대한 전환이 이루어졌기 때문이다. 르네상스가 시작된 곳은 이탈리아 반도의 도시국가인 제노바, 피렌체, 밀라노, 나폴리, 로마, 베네치아로 알려져 있다. 포지오가 1417년 서사시 《사물의 본성에 관하여》를 발견했을 때는 르네상스 초기였다. 이 발견으로 암흑시대는 사실상 끝나게 된다. 포지오(1380~1459)는 페트라르카가 세상을 떠난 지 6년 후에 태어났다. 프란체스코 페트라르카(1304~1374)는 1341년 4월 8일 고대 이후 두 번째 계관시인이 되었으며, 이탈리아 르네상스에서 최초의 인문주의자들 중 한 명이었다. 그가 첫 계관시인 키케로의 편지들을 재발견한 것은 고전 라틴 시를 찾는 것에서 시작되었는데, 이는 르네상스의 출발점으로 여겨진다. 페트라르카는 독실한 가톨릭 신자로, 신이 인간에게 지적이고 창조적인 잠재력을 주어 마음껏 발휘하도록 했다고 말했다. 우리 두 저자를 비롯해 현대의 많은 과학자들이 이를 받아들이고 있다. 그러나 《사물의 본성에 관하여》를 보면 우주의 어떤 곳에도 신을 두지 않았다.

과학에서 르네상스의 문을 연 사람은 폴란드의 천문학자 니콜라스 코페르니쿠스(1473~1543)였다. 그는 1543년 사망하기 직전에 《천구의 회전에 관하여》를 출간했는데, 이 책에서 태양이 중심에 있는 태양계를 옹호했다. 1800년 전 사모스의 아리스타르코스(B.C.310?~B.C.230?)는 태양을 가운데 두고 행성들을 정확한 순서로 배열했다. 코페르니쿠스는 이렇게 비슷한 관점이 존재했다는 사실을 알지 못했던 것으로 보인다.

코페르니쿠스의 관점은 우주론의 원리까지도 확장되었고, 한 세대 후에는 신플라톤주의자인 조르다노 브루노(1548~1600)가 이를 받아들였다. 브루노는 코페르니쿠스 원리를 태양계 바깥으로 넓힌 우주 이론가였다. 별들은 우리 태양이 멀리 떨어져 있는 것이고 자기만의 행성들을 가지고 있다. 심지어 그는 우주 다원주의로 알려진 철학적 입장에서 이 행성들이 자기만의 생명을 발전시킬 가능성을 제기했다. 또한 우주는 무한하며 '중심'이 존재하지 않을 수 있다고 주장했다. 이러한 관점들 대부분은 21세기의 우주론자들이 받아들이고 있는 것이다. 하지만 브루노는 종교적 견해 때문에 갈릴레이와는 달리 죽음을 각오하고 로마 가톨릭 재판관들 앞에 앉아야만 했다. 브루노와 동시대 천문학자로는 티코 브라헤(1546~1601)가 있다. 그는 정확하고 종합적인 천체 관측으로 유명했다. 브라헤의 관측은 그 당시 가장 잘 알려진 관측보다 다섯 배 정도 더 정확했다. 20세기 초, 버트는 한 에세이에서 브라헤에 대해 "현대 천문학에서 정확한 경험적 사실에 대한 열정을 열렬히 느낀 최초의 뛰어난 지성인"이라고 썼다. 갈릴레이는 이를 받아들여 경험적 사실을 확인하는 장치를 적극적으로 만들었다. 천문학자로서 브라헤는 코페르니쿠스 체계의 기하학적 이점과 프톨레마이오스 체계의 철학적 이점을 자신의 우주 모델에서 결합하려 노력했다. 이 모델에서 철학의 개입은 경험을 중시하는 브라헤의 열정과 어긋나 있다.

르네상스에서 가장 중요한 과학자는 현대 과학의 아버지라고 불리는 갈릴레오 갈릴레이(1564~1642)이다. 그는 브루노보다 한 세대 후에 피사에서 태어나 여덟 살 때 피렌체로 이사했고, 입자의 속력과 속도 그리고 중력에 의한 자유 낙하를 연구했다. 특히 피사 대성당에 걸려 있는 샹들리에(오늘날에도 여전히 그곳에 있다)가 만드는 진자운동을 관찰해, 주기는 진폭과 무관하다는 것을 밝혀냈다. 이로써 중력 가속도가 일정하다는 사실이 확인되었다. 출처가 명확하지는 않지만, 기울어진 피사의 사탑에서 질량이 다른 물체를 떨어뜨려 물체들이 같은 가속도로 떨어진다는 것을 증명해 보였다는 이야기도 있다. 이는 무거운 물체가 더 빨리 떨어진다는 아리스토텔레스의 철학적 추측을 반박하는 것이었다. 과학적 방법이란 이론은 실험과 관찰을 통해 확인되어야 한다는 것인데, 이 이야기를 통해 왜 갈릴레이가 과학적 방법의 아버지라고 불리는지 잘 알 수 있다.

1610년 갈릴레이는 망원경을 구해 목성의 위성 4개와, 토성의 고리, 그리고 태양의 흑점을 발견했다. 4개의 위성이 하늘에서 일직선을 이루는 것을 발견했을 때 그는 전율을 느꼈을 것이다. 또한 회전하는 달의 기하학적 구조, 그리고 회전하는 행성의 기하학적 구조에 대해 깊은 의문을 가지게 되었을 것이다. 이 발견은 새로운 망원경으로 관측능력을 향상시킨 덕에 가능했다. 관측에서 확인한 대로 갈릴레이가 태양 중심의 태양계를 지지하게 되면서 가톨릭교회와 갈등이 생기게 되었다. 지구가 움직인다는 갈릴레이의 주장은 프톨레마이오스의 이론에 근거한 브라헤의 우주 모델을 반박하는 것이기에, 종교재판은 그가 이단이라는 유죄판결을 내렸다. 이로 인해 갈릴레이는 남은 일생 동안 가택연금을 선고받았다.

그러나 가톨릭의 근시안에도 불구하고 갈릴레이는 과학의 르네상스에서 독보적인 지위를 차지하고 있다.

관측 천문학을 발전시킨 것은 티코 브라헤의 제자들이었다. 브라헤는 덴마크 국왕으로부터 후한 지원을 받았다. 덴마크 국왕은 국가 예산의 약 10%를 들여 흐벤섬과 우라니보르그 천문대를 주며 브라헤를 전폭적으로 지원했다. 이는 역사상 가장 많은 자금을 지원받은 과학 연구로 알려져 있다. 그 당시는 망원경이 등장하기 전으로, 브라헤는 맨눈으로 측정하는 거대한 육분의를 사용해 별과 행성의 움직임에 관한 데이터를 얻었다. 이 데이터는 이전의 어떤 데이터보다도 정확도가 뛰어났다.

그러나 왕이 세상을 떠나자, 아버지의 집착을 이어받지 않은 왕의 아들은 티코 브라헤에 대한 자금 지원을 대폭 삭감할 것을 제안했다. 브라헤는 좌천을 받아들이기보다는 오스트리아 프라하에서 황제의 천문학자가 되기로 결심했다. 단순히 왕이 아니라 황제와 가까이 일하기로 한 셈이다. 또한 브라헤는 생전에 금으로 된 것으로 추측되는 가짜 코를 붙이고 있었던 것으로 유명하다. 그의 죽음은 황제가 주최한 만찬에서 기이한 방식으로 벌어졌다. 소변이 마려워 죽을 것 같았지만 황제보다 먼저 일어날 수가 없어 참고 참다가 그만 방광이 터져서 죽은 것이다. 나중에 브라헤의 시체를 발굴한 후, 이 일화는 사실로 확인되었다. 그 유명한 코는 실제로는 금이 아닌 놋쇠로 만들어졌다는 것도 알게 되었다.

프라하에 뉴턴 바로 이전의 대과학자가 도착했다. 요하네스 케플러(1571~1630)는 프라하에서 티코 브라헤의 조수가 되었으며, 이어서 황제의 수학자가 되었다. 로마에 있는 린체이 아카데미의 회원이기도 했다.

케플러는 행성 궤도의 데이터를 연구해 그 유명한 케플러의 세 가지 행성운동 법칙을 발견하기에 이르렀다. 첫 번째 법칙은 행성의 궤도가 태양을 한 초점으로 하는 타원이라는 것이다. 두 번째 법칙은 반지름 벡터가 동일한 시간 내에 동일한 영역을 휩쓸고 간다는 것이다. 세 번째 법칙은 행성의 궤도 공전 주기가 주축 길이 절반의 세제곱에 비례한다는 것이다.

케플러는 처음 2개의 법칙은 비교적 빨리 밝혀냈다. 이 법칙들은 힘이 중심을 향하고 있으며 예상대로 각운동량을 보존한다는 것을 보여준다. 케플러가 서로 다른 행성을 연결하는 세 번째 법칙을 찾아내는 데는 20년이 더 걸렸다. 이 법칙은 그 힘이 거리의 역제곱처럼 감소해야 한다는 것을 보여준다.

케플러의 행성운동 법칙은 만유인력의 법칙을 발견하는 데 중요한 역할을 했다. 이와 관련해, 생물학에서 다윈이나 영문학에서 셰익스피어에 필적할 만한 세 번째 천재가 영국에 등장해 큰 역할을 하게 된다. 이번에는 물리학에서였다. 그의 이름은 아이작 뉴턴(1642~1727)으로, 키더민스터에서 남쪽으로 100마일 떨어진 곳에서 태어났다.

코페르니쿠스(1473~1543)로 다시 돌아가면, 그는 폴란드 왕령 프로이센에서 태어나고 죽었다. 박학다식한 사람으로, 태양중심설뿐 아니라 그레셤의 법칙을 포함한 화폐수량설로도 잘 알려져 있다. 그레셤의 법칙은 토머스 그레셤 경(1519~1579)을 기리며 이름 붙인 것으로, 악화가 양화를 구축한다고 한다. 여기서 악화란 소재가치가 화폐가치보다 낮은 화폐를 의미한다.

코페르니쿠스는 이탈리아 볼로냐(1496~1500), 파도바(1501~1503), 그리고 페라라(1503)에서 교육을 받았다. 그의 태양중심설은 아리스타르코스(B.C.300~B.C.230)의 이론과는 무관하다고 여겨지고 있다.

코페르니쿠스는 부유한 귀족 가정에서 태어났으며, 라틴어, 독일어, 폴란드어, 그리스어, 이탈리아어, 히브리어를 할 수 있었다. 그의 과학 저술은 라틴어로 쓰였다. 코페르니쿠스Copernicus라는 스펠링은 현대에 사용하는 것으로, 시기에 따라 Kopernik, Copernik, Koppernigk라고 기록되기도 했다.

코페르니쿠스의 아버지는 그가 열 살 때인 1483년 사망했고, 외삼촌 루카스 와첸로데(1447~1512)가 조카의 교육과 경력을 돌보았다. 1491

년 코페르니쿠스는 크라쿠프대학(현재의 야기에우워대학)에 입학해 1495년까지 철학과 천문학을 공부했다. 그는 많은 천문학 책을 수집했는데, 현재는 웁살라대학 도서관에 소장되어 있다. 학생 시절에 코페르니쿠스는 아리스토텔레스의 동심원구와 프톨레마이오스의 주전원 체계에 기초한 당시 천문학 지식의 모순을 분석하기 시작했다.

1495년 주교가 된 그의 삼촌은 조카에게 교회의 직을 맡기려고 노력했다. 코페르니쿠스는 직을 맡는 대신 교회법을 공부하기 위해 볼로냐로 갔다. 하지만 천문학에 대한 열정을 계속 가지고 있었다. 그는 볼로냐에서 1500년까지 의학 공부를 하다가 파도바로 잠시 옮긴 뒤, 다시 페라라로 옮겼다. 그리고 1503년 30세가 되자 폴란드로 영구히 돌아와 남은 40년의 생애를 머물렀다.

1514년 이전에 코페르니쿠스는 태양중심설의 초기 버전인 《코멘타리올루스Commentariolus》를 집필했다. 매우 제한적인 사람들만 이것을 돌려 읽었다. 하지만 나중에는 티코 브라헤가 자신의 논문에 일부를 포함시켰다.

1514년 코페르니쿠스는 천문 관측을 시작했다. 특히 태양, 달, 화성, 토성이 대상이었다. 세상을 떠나기 10년 전인 1533년, 그는 《천구의 회전에 관하여》를 완성했지만 출판은 보류했다. 자신의 새로우면서 '이해할 수 없는' 견해에 대해 비판받는 것이 두려웠기 때문이다.

숨을 거두는 바로 그날, 코페르니쿠스는 자신이 쓴 걸작의 마지막 인쇄본을 받고 필생의 업적에 작별을 고할 수 있었다. 그는 태양을 태양계의 중심에 놓고, 당시에 알려진 행성들인 수성, 금성, 지구, 화성, 목성, 그리고 토성을 올바르게 배열했다. 여기까지는 좋았는데, 그러고는 토성의 궤도 바깥에서 태양 주위를 도는 궤도에 고정된 별들을 두었다!

갈릴레오 갈릴레이는 1564년 피사에서 태어났고 1642년 피렌체 근처의 아르체트리에서 사망했다. 현재 아르체트리에는 2005년에 설립된 갈릴레오 갈릴레이 이론물리학 연구소가 있다. 그는 피렌체의 산타 크로체 성당에 묻혔으며, 현대 물리학의 아버지, 과학적 방법의 아버지, 또는 현대 과학의 아버지 등으로 다양하게 기억되고 있다.

갈릴레이는 속력과 속도, 중력, 자유낙하, 진자, 망원경, 금성의 위상(지구중심 모델을 반박하는 데 중요하다), 목성의 4대 위성, 토성의 고리, 태양의 흑점을 연구했다. 그는 태양중심설을 옹호했지만 천문학자들의 반대에 부딪혔다.

로마 종교재판은 1615년 갈릴레이를 조사했다. 그러고는 태양중심설은 '철학적으로 어리석고 터무니없는' 것이자 '성경의 의미와 모순된다'라며 이단이라고 결론 내렸다.

1632년 갈릴레이는 《2개의 주요 우주 체계에 대한 대화》를 출간했다. 이에 대해서는 뒤에서 살펴보게 될 텐데, 이 책으로 교황과 예수회 사람들이 멀어지게 되면서 갈릴레이의 상황은 더 악화되었다. 종교재판소의 판결에 따라 그는 자신의 주장을 철회하고 가택연금 상태에서 여생을 보내야 했다.

소년 시절에 갈릴레이는 아버지의 가르침을 받아 뛰어난 류트 연주자가 되었다. 또한 그의 아버지는 확립된 권위에 대한 회의주의와, 수학과 실험의 조합에 대한 열정을 갈릴레이에게 심어주었다.

갈릴레이는 성직자가 될까 생각하기도 했지만, 대신 1580년 의학을 공부하기 위해 피사대학에 등록했다. 1581년 그는 피사 대성당에서 흔들리는 샹들리에(아직도 그곳에 있다)를 관찰했다. 공기의 흐름에 샹들리에의 진폭이 바뀌었지만, 그는 맥박으로 시간을 재보고 샹들리에의 주기는 변하지 않는다는 것을 알아챘다. 그리고 집에서 2개의 진자를 관찰해 이 사실을 확인했다. 의사가 수학자보다 돈을 많이 번다는 이유로 그는 수학을 멀리했다.

갈릴레이는 온도계의 전신에 해당하는 도구를 만들고 비중천칭을 발명했다. 이러한 발명품들로 그는 피렌체에서 학문적 지위를 얻게 되었다. 1589년 피사에서 수학 학과장이 되었고, 1592년 파도바로 건너가 1610년까지 기하학, 역학, 천문학을 가르쳤다.

갈릴레이는 지구의 자전에 기초해 코페르니쿠스 체계의 증거로 밀물과 썰물을 연구했지만, 이는 틀린 것이었다. 그와 동시대의 케플러는 조수간만의 차가 달에 의해 생기며, 하루에 두 번(한 번이 아닌) 만조가 된다는 것을 알고 있었다. 갈릴레이는 케플러의 이론에는 관심을 보이지 않았다. 놀랍게도, 케플러가 말한 행성 타원 궤도에도 흥미가 없었다.

1623년 갈릴레이는 《시금자》를 출간했다. 혜성에 대해, 그리고 과학의 연구 방법에 대해 다루는 내용이었다. 이 책은 교황 우르바노 8세에게 헌정되어 교황을 기쁘게 했지만, 예수회 천문학자 오라치오 그라시(1583~1654)와의 논쟁으로 이어졌다. 그라시는 혜성이 지구로부터 일정한 반지름으로 원을 그리며 움직인다고 잘못 생각하고 있었다.

티코 브라헤는 별의 연주시차를 발견하는 데 실패했기 때문에 태양

중심설에 반대했다. 하지만 이제는 별까지의 거리가 너무 멀어서 연주시차가 지극히도 작다는 사실이 밝혀졌다. 1파섹은 지구의 궤도에 의해 1초각이 만들어질 때 태양으로부터의 거리로 정의되며, 별들의 거리는 파섹 단위로 측정된다. 만약 별들이 코페르니쿠스의 그림에 그려진 것처럼 토성만큼 가까이 있다면 연주시차가 분각 정도로 나오게 되므로, 그 당시에도 측정할 수 있었을 것이다.

태양중심설을 놓고 종교적 반대가 일어난 것은 성경의 특정 구절들과 명백히 상충되기 때문이었다. 가장 대표적인 것이 다음 구절이다.

시편 96:10
세계가 굳게 서고 흔들리지 않으리라.

시편 104:5
땅에 기초를 놓으사 영원히 흔들리지 아니하게 하셨나이다.

전도서 1:5
해는 뜨고 해는 지되 그 떴던 곳으로 빨리 돌아간다.

1615년까지 갈릴레이의 저술은 파올로 카밀라 프론다티 추기경을 통해 니콜로 로리니 신부가 로마 종교재판소에 제출했다. 갈릴레이가 트리엔트 공의회에 위반되는 방식으로 성경을 재해석하고 있으며 이는 마치 개신교처럼 보인다는 주장이 제기되었다. 아이러니하게도, 티코 브라헤의 잘못된 이론이 과학적 근거로 제시되었다. 갈릴레이를 상대로 한 이러한 술책은 피렌체 대주교 알렉산드로 마르지메디치(1563~1630)의 지지를 받았다.

1616년 교황 바오로 5세는 태양중심설이 틀렸음을 바티칸이 발견했다고 갈릴레이에게 전달했다. 또한 태양이 정지해 있고 지구는 돌고 있다는 생각을 포기하도록 지시했다. 이 역할을 맡은 사람은 1930년 성 로베르토 벨라르미노로 추대되는 벨라르미노 추기경(1542~1621)이었다. 갈릴레이는 구두로든 서면으로는 태양중심설을 견지하거나 가르치거나 옹호해서는 안 되었다. 동시에, 코페르니쿠스의 1543년 걸작《천구의 회전에 관하여》는 '수정'될 때까지 금지되었다.

1616년부터 1633년까지 갈릴레이는 현명하게 논쟁에서 벗어나 있었다. 한편 1623년 갈릴레이의 친구이자 지지자인 마페오 바르베리니 추기경이 교황 우르바노 8세가 되었다. 그는 전임 교황이 갈릴레이에게 가한 비난에 반대했다.

1632년 갈릴레이는 공식적으로 교황과 종교재판의 허가를 얻어《2개의 주요 우주 체계에 대한 대화》를 출판해, 프톨레마이오스의 지구중심설과 코페르니쿠스의 태양중심설을 동시에 제시했다.

그런데 이 '대화'에서 지구중심설은 심플리키오라는 등장인물이 설명을 한다. 이 이름은 이탈리아어로 얼간이라는 뜻이 함축되어 있다. 그렇다 보니 이 책은 코페르니쿠스의 태양중심설을 강하게 옹호하는 것으로 보였다. 갈릴레이가 악의가 있었는지 아니면 단순히 정치적으로 순진했는지는 분명하지 않지만, 그의 가장 크고 강력한 지지자인 교황 우르바노 8세를 멀어지게 하는 데는 성공했다.

당연히 교황은 갈릴레이를 로마로 불러들여, 심하고 가혹하다고 알려진 조사관 빈센조 마쿨라니 신부(1578~1667) 앞에 1633년 한 해 동안 네 차례나 서게 했다. 교황은 갈릴레이가 이 책을 집필한 의도를 알고 싶어 했고, 마쿨라니에게 필요한 경우 고문을 사용하도록 권한을 부여했다. 하지만 마쿨라니는 갈릴레이가 너무 늙고 병들어서 그런 학대를 겪기에는 무리라고 결론 내렸다.

1633년 6월 종교재판은 갈릴레이에게 다음과 같은 판결을 내렸다.

(i) 신념을 철회하라.

(ii) 여생 동안 가택 연금 상태에 있어야 한다.

(iii) 《대화》는 금지되며, 갈릴레오가 이후 집필하는 모든 책도 금지된다.

갈릴레이는 신념을 철회하면서도 숨죽이며 "그래도 그것은 움직인다"라고 말한 것으로 알려져 있다.

결국 그는 피렌체 바로 남쪽의 아세트리에 위치한 자신의 별장 일 지오이엘로 돌아가도록 허락받았다. 그리고 1642년 1월 8일 그곳에서 숨을 거두었다. 교황은 산타크로체 성당에 바로 매장하는 것을 반대했지만, 1737년 갈릴레이의 시신은 그곳에 옮겨졌다. 그를 기리는 인상적인 기념비와 함께였다. 피렌체의 갈릴레오 박물관에는 그의 손가락 중 하나가 전시되어 있다.

갈릴레이의 과학적 공헌들 중, 자연의 법칙은 수학적이라고 표현한 것이 유명하다. "우주는 수학의 언어로 쓰여 있다." 갈릴레이 이전에는 이 점이 명백하지 않았다. 그는 과학을 철학과 종교로부터 분리했는데, 이것 역시 최초였다. 또한 그는 수학, 이론물리학, 그리고 실험물리학 사이의 관계를 이해했다.

갈릴레이는 공기저항을 무시한다면 포탄의 궤적이 포물선임을 증명했다.

갈릴레이는 30배까지 확대되는 망원경을 만들어 상인과 선원에게 팔았다. 1610년 3월에는 자신의 망원경을 통한 천문 관측을 담은 《별 세계의 보고》를 출간했다.

1610년 그는 처음에는 목성의 위성들이 목성을 통과하는 직선 위에 고정된 별이라고 생각했다. 1월 7일에는 3개, 1월 13일에는 4개가 보였다. 그러나 그다음 밤에는 그 '별'들이 움직여 목성 뒤에 숨어서 사라져 버렸다. 그는 토스카나의 대공으로 훗날 그의 후원자가 되는 코시모 2세 데 메디치를 기리기 위해 이 위성들을 메디치 별이라고 불렀다.

시몬 마리우스는 이 4개의 위성을 독자적으로 발견했다. 그리고 자신의 책 《문두스 이오비알리스Mundus Iovialis》(1614)에서 각각 이오, 유로파, 가니메데, 칼리스토라는 이름을 붙였다.

이 위성들은 분명히 지구중심설에 어긋났다. 1611년까지 갈릴레이는 위성들의 주기를 놀라울 정도로 정확하게 측정했다.

금성의 위상을 모두 관찰하고서 갈릴레이는 지구중심설이 더 이상 성립할 수 없으며, 프톨레마이오스 이론은 그 수명이 다했다는 것을 알게 되었다. 그는 다른 각도에서 보이는 토성의 고리 때문에 혼란스러워했는데, 그것들이 별일 수 있다고 잘못 생각하기도 했다. 그는 망원경과 육안으로 태양의 흑점을 관찰했고 한 해 동안의 변화도 주목했다.

1609년 갈릴레이는 망원경으로 달을 연구해 달의 산과 분화구를 발견했다. 이미 4개월 전에 영국의 수학자 토머스 해리엇이 목격한 것들이었다.

공학 분야에서 갈릴레이는 기하학적인 군사용 나침반을 제작했다. 또한 온도계도 만들었다.

그는 반사망원경을 개발했다. 망원경을 의미하는 단어 '텔레스코프'는 1611년 지오반니 데미시아니가 한 연회장에서 고안한 것이다. 이 연회에서 갈릴레이는 린체이 아카데미의 회원이 되었다. 이후에 갈릴레이의 도구들이 변형되어 곤충 관찰에 사용되자 린체이에서는 '마이크로스코프microscope(현미경)'이라는 이름을 붙였다.

물리학에서 갈릴레오는 뉴턴의 고전역학에서 선구적 역할을 했다. 그는 진자의 주기가 일정하다는 것을 알아냈는데, 처음에는 피사 대성당의 샹들리에를 보며 자신의 맥박을 재서 샹들리에가 흔들리는 시간을 측정했다.

갈릴레이는 1마일 정도 떨어진 등불을 이용해 빛의 속력을 측정하려고 시도했으나 실패했다. 물론 빛의 속력 c에 대한 하한선을 찾는 데 그쳤다. 그럼에도 불구하고 그는 상대 속도가 일정한 좌표계들은 동일하므로 절대정지를 비롯해 절대운동은 존재하지 않는다는 사실을 깨달았다. 이러한 갈릴레이 불변성은 뉴턴과 아인슈타인 이론에 기초를 제공했다.

아리스토텔레스는 물체가 떨어지는 속도는 그 무게에 비례한다고 가르쳤다. 갈릴레이는 피사의 사탑에서 무게가 서로 다른 물체들을 떨어뜨리는 실험을 했다고 알려져 있으나, 이는 출처가 불분명한 이야기이다. 이러한 실험은 드 그루트와 스테비누스가 델프트에 있는 교회 탑에서 행했다. 대부분의 실험은 기울어진 평면에서 이루어졌는데, 피렌체의 갈릴레오 박물관에 가면 그 모형들을 볼 수 있다.

무게가 서로 다른 물체들이 같은 속력으로 떨어진다는 사실은 서기 6세기 알렉산드리아의 존 필로포누스(490?~570)가 주장한 바 있다. 갈릴레이는 필로포누스의 주장을 알고 있었다.

갈릴레이는 물체가 공기저항 없이 떨어질 때 그 거리는 시간의 제곱으로 증가한다는 것을 알고 있었다. 그는 관성이라는 개념을 파악했는데, 이는 후에 뉴턴의 제1법칙이 되었다. 물체가 힘의 작용에 의해서만 움직인다는 아리스토텔레스의 주장과는 배치되는 것이었다. 필로포누스 역시 아리스토텔레스의 오류를 깨달았다. 케플러는 관성을 이해하지 못했는데, 그 때문에 만유인력의 법칙을 세우지 못했을 것이다.

분명히 갈릴레이도 코페르니쿠스같이 다재다능한 사람이었다. 그러나 위대한 수학자는 아니었고 실수도 저질렀다. 예를 들어, 그는 무한수는 서로 비교할 수 없다고 생각했는데, 이는 훗날 게오르크 칸토어(1845~1918)가 발견한 사실과 모순된다.

갈릴레이 사후에 가톨릭교회는 그에게 부당한 대우를 가한 것을 철회했다. 1718년에는《두 개의 주요 우주 체계에 대한 대화》를 제외한 모든 저술의 출판이 허용되었다. 1741년 교황 베네딕토 14세는 갈릴레이가 남긴 모든 업적의 출판을 승인했다. 1992년 교황 요한 바오로 2세는 갈릴레이에 대해 공식적으로 유감을 표명했다.

소행성 697 갈릴레이는 그의 이름을 따서 명명되었다.

티코 브라헤(1546~1601)는 덴마크의 귀족이었다. 그는 두드러지게 뛰어났던 관측 천문학자로, 그의 관측 결과는 그 당시 가능했던 최고의 관측보다도 다섯 배나 정확했다.

브라헤의 체계는 달이 지구를 돌고 행성들이 태양 주위를 도는(둘 다 정확한 사실이다) 것이었지만, 태양이 지구를 돌고 있다는 점에서는 부정확했다. 이는 혼합된 지구—태양 중심 시스템이었다.

덴마크 귀족 가문의 장남이었기에 그는 사냥과 전쟁 같은 귀족적인 삶을 살 운명이었다. 하지만 그에게는 삼촌인 외르겐이 있었다. 외르겐은 시골의 대지주이자 부제독으로, 교육을 많이 받았으며 슬하에는 아이가 없었다.

브라헤가 태어나기 전, 아버지는 만약 브라헤가 아들이면 삼촌 외르겐이 입양해 키우는 데 동의했다. 이후 아버지가 마음을 바꿔 약속을 어겼으나, 외르겐은 브라헤의 남동생이 태어나자마자 그를 납치했다. 아버지는 외르겐을 죽이겠다고 위협했다. 하지만 결국에는 화를 가라앉혔다. 브라헤가 삼촌으로부터 큰 재산을 물려받게 될 것이기 때문이었다.

조카가 일곱 살이 되자, 외르겐은 브라헤의 부모가 반대함에도 불구하고 라틴어를 배우게 했다. 13세 때 브라헤는 법과 철학을 공부하기 위해 코펜하겐대학에 입학했다. 감수성이 예민하던 그 나이에 그의 인생을 바꾸는 사건이 있었다. 태양의 부분 일식을 경험한 것이다. 이 일식은 정확하게 예견되어 있던 것이었다. 브라헤에게 이 일은 신성한 것으로 보였으며, 그는 인간이 천체의 움직임을 미리 알아야 하고 미래의 위치와 상대적인 자리를 예측해야 한다고 생각했다.

브라헤의 개인적 삶이 불확실했던 터라 이러한 예측 가능성이 더욱 그의 마음을 끌었는지도 모른다. 그는 부유한 덕분에 즉시 프톨레마이오스의《알마게스트》사본과, 임의의 시간에서 행성의 위치를 보여주는 천문표를 살 수 있었다.

프톨레마이오스가 만든 이 천문표는 1252년 카스티야의 알폰소 10세가 조직한 50명의 스페인 천문학자가 개정한 것으로, 알폰소 천문표라고 불렸다. 브라헤는 코페르니쿠스 이론에 기초한 최근의 천문표도 구입했다.

16세 때 브라헤의 삼촌은 그를 독일 라이프치히로 보내 20세의 가정교사 안데르스 베델에게 법을 배우게 했다. 베델은 훗날 덴마크 최초의 위대한 역사가로 유명해진 인물이다. 이 가정교사가 처한 문제는 브라헤가 천문학에 집착해 밤을 새며 별을 관측한다는 점이었다.

17세 되던 해인 1563년 8월 17일 브라헤는 특별한 천체 사건을 관측했다. 목성과 토성이 지구에 매우 가까워진 것이었다. 그가 살펴보니, 알폰소 천문표는 이 사건을 예측하는 데 한 달이나 어긋나며 코페르니쿠스 천문표는 며칠 정도 틀렸다. 브라헤는 천문학자들이 해온 과학적 활동이 한심할 정도로 불충분하다는 것을 깨닫고, 더 정확한 관측을 통해 훨씬 나은 천문표를 만들 수 있으리라고 생각했다. 17세인 그는 이것을 필생의 사업으로 삼았다.

안데르스 베델은 그에게 법학을 가르치는 것을 포기했지만 평생 좋은 친구로 남았다. 브라헤의 삼촌은 왕이 다리를 건너다 떨어져 물에 빠졌을 때 왕을 구해내고는 폐렴에 걸려 죽었다. 스웨덴과의 해전을 마치고 돌아온 직후였다.

덴마크에 있는 가족들에게 돌아왔을 때 브라헤는 환영받지 못했다. 가족들은 그가 별을 관측하고 법학은 공부하지 않는 것을 경멸했다. 그래서 브라헤는 독일로 돌아가 아우크스부르크에서 부유한 아마추어 천문학자들을 만났다. 그리고 그들에게 필요한 것은 정확한 관측이라고 설득했다. 망원경이 아직 발명되지 않았기 때문에, 이는 별의 궤도를 더 정확하게 볼 수 있는 커다란 사분의를 제작해야 한다는 것을 의미했다.

이들은 나무를 이용해 반경 19피트의 커다란 사분의를 만들었다. 설치하는 데만 20명의 사람이 필요했다. 사분의에는 160도까지 눈금이 매겨져 있었다. 이로써 브라헤는 세상을 변화시킬 정확한 천체 관측을 시작한 셈이었다.

독일에 있는 동안, 브라헤는 누가 더 나은 수학자인지를 놓고 다른 학생과 싸움이 붙었다. 분노로 이성을 잃을 정도였다. 그 바람에 검투가 벌어졌고, 이때 코가 잘리고 말았다. 그래서 금속으로 된 보형물을 달았는데, 아마도 금이나 은이었을 것이다. 이후로 브라헤는 항상 작은 상자를 가지고 다녔다. 그 안에는 금속 보형물이 잘 붙어 있도록 코에 문지르는 무언가가 들어 있었다.

1570년 26세의 나이로 브라헤는 덴마크로 돌아와 한동안 가족과 함께 지내다 이후에는 삼촌 스텐 빌과 함께 살았다. 이 삼촌은 덴마크 최초의 제지공장과 유리공장을 시작한 사람으로, 브라헤의 천문학을 인정해준 유일한 가족이었다.

1572년 11월 11일 브라헤의 인생을 바꾸는 또 다른 천체 사건이 일어났다. 스텐 빌의 연구실에서 걸어오는 길에 금성보다 밝은 새로운 별을 발견한 것이다. 그는 하인들과 농민들을 불러 새로운 별이 정말로 보인다는 것을 확인했다. 이 별은 18개월 동안 지속되었고 낮에도 볼 수 있었다. 훗날 이 별은 초신성 SN1572로 알려지게 되었다.

신학적 관점과 천문학적 관점으로 볼 때 핵심이 되는 질문은 이것이었다. 이 새로운 별이 대체 어디에 있는가. 만약 대기 상층부에 있다면 납득할 수 있었다. 그곳에서는 지속적으로 변화가 일어나기 때문이다. 그러나 만약 별들이 고정되어 있고 하늘의 가장자리인 여덟 번째 구(수성, 금성, 지구, 화성, 목성, 토성, 해왕성 너머)에 있다면 별의 변화는 불가능해야 했다. 아리스토텔레스와 기독교 교리에 따르면, 이 구는 창조의 날 이후로 쭉 그대로였다.

그래서 브라헤가 본 초신성의 출현은 그에게 큰 문제가 되었다. 브라헤는 분각 단위로 눈금이 새겨진 금속자가 있는 새로운 육분의를 사용했다. 경쟁 상대라 할 만한 다른 어떤 육분의보다도 훨씬 성능이 좋은 것이었다. 이 육분의를 통해 브라헤는 이 새로운 별이 고정된 별들과 비교해 움직임이 관측되지 않으며, 따라서 여덟 번째 구에 있다는 것을 증명했다. 1573년 그는 이에 관해 책을 쓰기 시작했지만, 책을 쓰는 일이

귀족으로서 너무 품위 없는 일이라고 판단해 그만두었다. 이 책의 저자인 우리는 이러한 브라헤의 생각에 명백히 동의하지 않는다. 왕이 명령하기 전까지 브라헤는 이 발견의 과정을 밝히기를 거부했다.

이 시기(1575년)에 브라헤는 세계적인 명성을 얻었고, 순회여행을 다니며 주요한 기관에서 환대를 받았다. 스위스의 바젤로 옮기는 것을 심각하게 고려하고 있었던 브라헤는 이를 소문냈다. 덴마크의 프레데리크 2세는 이 소문에 너무도 놀랐다. 더구나 브라헤의 삼촌이 자신의 목숨을 구해주지 않았던가. 왕은 브라헤에게 덴마크의 성들 중에서 고르라고 제안했다. 그래도 효과가 없자 이번에는 섬 하나를 통째로 제시했다. 흐벤섬이라는 이름의 이곳은 평평하며 하얀 절벽이 있고 지름이 약 3마일이었다.

이 섬은 셰익스피어 연극에서 햄릿의 성이 있는 곳으로 나오는 헬싱괴르 근처이다. 덴마크는 천문대와 집을 짓는 비용을 지불했고, 모든 흐벤섬 주민들은 '흐벤의 왕'인 브라헤의 지배를 받게 되었다. 상대적으로 작은 나라인 덴마크의 왕이 이렇게 많은 부를 가지고 있었던 것은 종교개혁으로 교회의 땅과 자원이 왕의 손에 들어갔기 때문이었다.

브라헤는 독일인 건축가를 고용해 커다란 천문기구를 갖춘 연구소 우라니보르그Uraniborg(하늘의 성)를 지었다. 측면 250피트 크기의 정사각형 벽으로 둘러싸여 있었고, 이탈리아식 외관에 크렘린궁 같은 양파식 돔이 있었다. 우라니보르그에는 브라헤의 커다란 사분의와 벽화, 인쇄기를 두는 방뿐만 아니라 문제를 일으킨 소작인을 가두는 감옥도 있었다.

우라니보르그 도서관에는 아우크스부르크에 있었던 브라헤를 위해 특별히 제작된 지름 5피트짜리 황동 구가 있었다. 그 표면에는 25년 동안 헌신적으로 관찰한 별들의 위치가 정확하게 새겨져 있었다. 또한 브라헤의 연구실에는 벽면 자체에 그 자신의 모습과 함께 사분의가 새겨져 있었다. 사분의의 중심에는 창이 하나 열려 있어 이곳을 통해 관측이 이루어졌다. 관측 시간을 재기 위해 많은 시계를 동시에 사용했다. 관측자와 시간 기록원이 동시에 일했다. 직원이 많고 같은 장비가 여러 대 있어 모든 것을 네 차례에 걸쳐 독립적으로 관측할 수 있었으며 오차도 크게 줄일 수 있었다. 브라헤의 '전임자'격인 프톨레마이오스의 일반적인 오차는 10분각이었는데, 이제 브라헤는 항상 1분각 정도로 달성할 수 있었다.

그곳에는 여러 독특한 장치가 있었다. 브라헤가 어느 방에서든 울려서 조수들을 불러 모을 수 있는 벨 시스템도 그중 하나였다. 많은 방문자가 그곳을 찾았다. 왕자들, 궁정 신하들, 그리고 스코틀랜드의 왕 제임스 6세도 있었다. 브라헤는 방문객들을 위해 성대한 잔치와 연회를 열었는데, 때때로 침묵을 지시해 제프라는 난쟁이의 말에 모두가 귀 기울이게 했다. 그는 제프에게 투시력이 있다고 믿었다. 브라헤에게는 길들인 엘크 한 마리가 있었다. 이 엘프는 어느 날 밤 맥주를 너무 많이 마셔 계단에서 떨어지는 바람에 죽어버렸다!

브라헤는 흐벤섬의 소작인들을 가혹하게 대했다. 소작인이 문제를 일으키면 지체 없이 감옥에 처넣었다. 그러나 브라헤의 날도 얼마 남지 않았다. 든든한 후원자인 프레데리크 2세가 1588년 과음으로 사망했기 때문이다. 이 사실은 앞에서 언급했던 브라헤의 법학 가정교사 안데르스 쇠렌센 베델(1542~1616)이 장례식에서 언급한 것이다.

브라헤의 문제는 새로운 왕이 프레데리크 2세의 아들 크리스티안 4세라는 점이었다. 그는 브라헤에게 답장이 없는 편지를 여러 통 썼다. 그리고 브라헤의 막대한 수입을 보다 정상적인 비율로 줄이는 조치를 취했다. 브라헤는 흐벤섬에 싫증이 나서 가족, 조수들, 장비들, 그리고 난쟁이 제프와 함께 관측소를 지을 더 나은 장소를 찾아 유럽을 돌아다녔다. 이 여행에 대해 브라헤는 이렇게 말했다. "천문학자는 국제적이어야 한다. 무식한 정치인들은 우리들의 가치를 모르기 때문이다."

브라헤는 크리스티안 4세에게 재취업의 조건을 적어 편지를 보내 두 번째 기회를 주었으나, 왕은 관심이 없었다. 브라헤가 죽기 4년 전인 1597년 새로운 왕 크리스티안 4세는 그를 유배 보냈다. 그러나 그는 황제 루돌프 2세의 초청을 받아 프라하로 갔고, 베나트스키 나트 유이제라에서 천문대를 얻게 되었다. 1599년 그는 수행원들과 함께 프라하에 도착했다. 루돌프 2세는 그를 연간 3,000플로린의 거액 연봉을 받는 황제 수학자로 임명하고, 원하는 성을 선택하도록 했다! 브라헤의 마지막 해인 1600~1601년에 그는 요하네스 케플러의 도움을 받아 일했다.

브라헤가 사망한 후, 1901년과 2010년 두 차례에 걸쳐 그의 시신에 대한 조사가 이루어졌다. 사망 원인은 오스트리아 황제와 만찬을 하며 황제가 일어날 때까지 자리에 앉아 있다가 방광이 파열되었기 때문인 것으로 확인되었다. 또한 그의 인공 코는 놋쇠로 만들어졌다는 것도 규명되었다.

요하네스 케플러(1571~1630)는 독일의 수학자이자 안경 제작자였다.

그는 1571년 12월 27일 미숙아로 태어났다. 임신 기간은 224일 9시간 53분이었다. 이 꼼꼼한 자료는 아더 쾨슬러의 책 《몽유병자들》(1989)에 나와 있다. 케플러는 점성술과 천문학을 아주 진지하게 받아들였다.

그가 태어난 곳은 프랑스와 상당히 가까운 독일 남서쪽의 와인 지역인 바일이었다. 케플러의 가족과 비교해 보면, 브라헤의 가족 배경은 매우 평온해 보일 정도이다. 케플러의 할아버지는 바일의 시장이었다. 케플러는 할머니를 이렇게 묘사했다. "가만히 있지 못하고 영리하며, 거짓말을 하지만 종교에 헌신적이다. 날씬하고 불같은 성격. 활달하고 상습적인 말썽꾼. 질투심이 강하고, 증오심이 심하며, 폭력적이고, 원한을 잘 품는다… 그리고 할머니의 자녀들도 이러한 기질을 가지고 있다."

아버지에 대해서는 이렇게 묘사했다. "악랄하고 융통성이 없으며 걸핏하면 싸우고, 나쁜 최후를 맞게 된 남자. 금성과 화성은 아버지의 악의를 증가시킨다. 황도 7궁(천칭자리)의 토성은 아버지에게 포격을 공부하게 했다." 어머니에 대한 묘사도 그다지 좋지는 않았다. "작고 날씬하고 거무스름하며, 수다스럽고 잘 싸우고 나쁜 기질이 있다." 어머니는 약초를 수집해, 마법의 힘을 가졌다는 물약을 만들었다.

케플러의 어머니는 이모의 손에 자랐는데, 그 이모는 마녀로 화형에 처해졌다. 또한 케플러의 어머니는 같은 마을에서 태어난 다른 여성이 공범으로 고발하는 바람에 마법을 사용했다는 죄명으로 감금된 일이 있었다. 케플러는 70세의 어머니가 이모와 같은 운명이 되는 것을 막기 위해 여러 변호사를 고용해야 했다. 이때 어머니는 엄지손가락 하나가 벌써 고문대 위에 껴 있었다.

케플러는 칠삭둥이로 태어나 병약했고 천연두에도 걸렸다. 시력에도 문제가 많았고 몸은 계속 아팠다. 기초 라틴어를 배우는 데는 보통보다 두 배의 시간이 걸렸다. 하지만 마울브론의 고등학교에서는 보다 잘 해냈다. 이 학교는 반세기 전까지도 악명 높은 파우스트 박사의 유령이 출몰하던 곳이었다.

케플러는 개신교 기관인 튀빙겐대학으로 진학했다. 주로 신학과 철학을 공부했지만 수학과 천문학도 공부했다. 뷔르템베르크 공작은 루터교도가 된 후, 가난한 사람들도 지원을 받아 유능한 사제가 될 수 있도록 좋은 교육 시스템을 마련했다.

튀빙겐대학에서 케플러의 뛰어난 지성은 눈에 띄었다. 케플러는 천문학 교수인 메스틀린을 존경했는데, 그는 프톨레마이오스 체계를 가르치긴 하지만 개인적으로는 코페르니쿠스를 믿고 있었다. 케플러는 한 토론에서 코페르니쿠스를 공개적으로 옹호했고, 그 바람에 자신이 졸업한 튀빙겐대학에서 교수직을 얻는 데 실패했다. 예를 들어, 케플러는 종교개혁을 한 루터 자신이 코페르니쿠스 이론을 무시한 것은 성경이 코페르니쿠스 이론이 틀렸음을 증명했기 때문이라고 주장했다.

그 대신 케플러는 1594년 현재는 오스트리아에 있는 그라츠에서 교수직을 수락했다. 재미있게도, 그의 임무 중 하나는 점성술로 예언을 하는 것이었다. 케플러는 이렇게 기록했다. "수학적 추론에 사로잡힌 정신이 (점성술의) 잘못된 기초에 직면했을 때, 고집불통인 노새처럼 길고 긴 시간을 저항하고, 매질과 욕을 받으며 강제로 그 더러운 웅덩이에 발을 담그게 된다."

그럼에도 불구하고 케플러는 매우 영리했다. 그는 남들보다 앞서 추운 겨울과 터키의 침략을 자신 있게 예측했다. 두 가지 예측 모두 정확했다! 케플러는 새롭게 존경을 얻었고 봉급은 인상되었다.

물리학과 천문학에 관해서는, 어떤 그림으로 주어진 삼각형의 내접원과 외접원의 비율을 정할 수 있다는 사실을 알아냈다. 그라츠에서 수학 강의를 하던 도중 칠판에 동심원과 삼각형을 그리다가 갑자기 깨달은 것이었다. 더 나아가, 삼각형을 정사각형으로 바꾸고 그다음에는 정오각형으로 바꾸어가며 다른 비율이 나타난다는 것도 알아냈다. 왜 이것으로 태양계 행성 궤도의 상대적 크기를 설명하지 못했을까?

수학적 아름다움과 대칭성을 바탕으로 케플러는 정다각형들이 서로 딱 들어맞도록 행성의 궤도를 배열할 것을 제안했다. 하지만 실망스럽게도 이 방식은 정확한 비율을 만들지 못했다. 그 후 케플러는 원보다는 구나 정사면체 같은 3차원의 공간에서 생각해야 한다는 영감을 얻었다. 정다면체는 5개이고 행성은 6개이므로 행성의 수도 잘 설명할 수 있을 것 같았다.

불행하게도 이 방식 또한 성공적이지 못했다. 하지만 케플러의 아이디어 자체는 좋은 것이었다. 실제로 그는 태양계가 언제든 잘 일치하더라도 약간의 변화를 가하면 어떻게 깨어지는지 생각해 볼 수 있었다.

그러고 나서 케플러는 바깥쪽의 행성들이 더 느리게 움직인다는 사실을 어떻게 설명할지 고민했다. 첫 번째 시도는 다음과 같았다.

우리는 두 가지 가정 중에서 선택해야 한다. 행성이 태양에서 멀어질수록 그 행성을 움직이게 하는 영혼들이 약하게 작용을 한다는 것. 또는 모든 궤도의 중심에 하나의 영혼이 있어 태양으로부터 가까운 행성에는 더 강하게 작용하지만 태양으로부터 멀리 있는 행성에는 그 거리 때문에 힘이 약화된다는 것.

케플러는 행성들이 영혼을 가지고 있기 때문에 움직인다는 중세적 개념에서, 즉 행성들은 살아 있고 마법 같으며 단순한 물질 덩어리가 아니라는 개념에서 벗어나기 위해 애썼다. 몇 년 후 그는 같은 질문에 대해 다음과 같이 두 번째 해답에 도전했다.

만약 우리가 '영혼'이라는 단어를 '힘'이라는 단어로 바꾼다면, 하늘에 대한 나의 물리학을 이루는 원리를 얻게 될 것이다. 한때 나는 행성의 원동력이 영혼이라고 굳게 믿었다. 그러나 이 운동의 원인이 거리에 비례해 감소한다는 사실을 고려하면서, 태양빛이 태양으로부터의 거리에 비례해 감소하듯이 나는 이 힘이 실질적인 것이라는 결론에 도달했다. '실질적인 것'이란 문자 그대로의 의미가 아니라, 우리가 빛이 실질적인 무엇이라고 말할 때 실질적인 물체로부터 나오는 비실질적인 무언가를 의미하는 것과 같은 뜻이다.

1598년 케플러의 그라츠 학교를 비롯해 모든 루터교 학교는 문을 닫게 되었다. 루터교를 이단으로 경멸하는 합스부르크 페르디난트 대공 때문이었다. 케플러는 한동안 그곳에 머물렀지만, 가톨릭을 받아들이는 것과 오스트리아를 떠나는 것 중 하나를 선택해야 했다. 튀빙겐으로 돌아가고 싶었으나 코페르니쿠스주의를 수용했기 때문에 불가능했다.

바로 이때 브라헤가 케플러를 프라하로 초대했다. 케플러는 초대를 수락해 1600년 1월 1일에 도착했다. 곧 케플러는 현실 세계에서 브라헤의 자료를 얻기가 쉽지 않다는 것을 깨달았다. 브라헤는 매우 비밀스러운 인물인 데다, 태양이 지구 주위를 돌고 다른 모든 행성들이 태양 주위를 돈다는 자신의 우주 체계에 집착했다. 브라헤는 (올바른) 코페르니쿠스 체계를 옹호할 의지가 전혀 없었다.

1601년 브라헤의 생활 방식이 결국 발목을 잡아, 그는 연회에서 병을 얻었고 방광염으로 죽게 되었다. 상속자들은 브라헤의 재산으로 돈을 벌고 싶어 했다. 가난한 케플러는 브라헤의 자료를 얻기 위해서는 빨리 행동해야 한다는 것을 깨달았다. 1605년에 쓴 편지에서 케플러는 이렇게 적었다.

고백하건대, 티코가 죽었을 때 나는 상속인들이 자리를 비우거나 경계하지 않는 것을 재빠르게 이용해, 나의 관리하에 관측을 하거나 관측 자료를 빼앗았다.

브라헤를 만나기 전에도 케플러는 멘토인 메스틀린에게 보낸 편지에서 자신의 의견을 과감히 밝혔다.

브라헤에 대한 제 의견은 이렇습니다. 그는 엄청난 부자이지만, 대부분의 부자가 그러하듯이 적절히 이용하는 방법을 알지 못합니다. 그러므로 그에게서 재산을 빼앗기 위해 노력해야 합니다.

브라헤의 데이터가 확보되자 케플러는 화성의 정확한 궤도를 정하기 위해 구체적인 내용을 이용하기로 했다. 그의 예비 분석에 따르면, 화성의 궤도는 정확하지는 않지만 원에 가까우며, 태양이 그 중심에 있지 않고 반지름의 10분의 1 정도까지 벗어나 있었다.

또한 화성의 속력은 궤도를 돌면서 바뀌는데, 근일점(태양에서 가장 가까운 곳)에서 가장 빠르고 원일점(태양에서 가장 먼 곳)에서 가장 느렸다.

프톨레마이오스는 단순한 원을 수정하기 위해 동시심 모델을 제안했는데, 새롭게 측정된 이 정확한 데이터는 처음으로 그 동시심이론을 반박할 수 있었다.

케플러는 주전원을 추가하는 것도 고려하긴 했지만, 부드럽고 간단한 궤도를 믿었다. 케플러의 관측은 지구에 기반을 둔 것이어서 그는 먼저 지구 궤도에 대한 지식을 높였다. 이를 위해 687.1일의 화성 궤도 주기에 대한 지식을 이용했다. 브라헤는 25년 전부터 정확한 관측을 하고 있었기 때문에 화성-태양 기준선을 사용하는 것은 훌륭한 생각이었다.

케플러는 지구의 궤도가 원에 매우 가깝지만 근일점에서 9,140만 마일, 원일점에서 9,450만 마일 사이에서 변하며, 해당하는 속력이 각각 초속 18.8마일과 초속 18.2마일이라는 것을 발견했다. 그는 이 속력이 거리와 반비례한다는 것을 깨달았다. 이는 동일한 시간에 동일한 면적을 쓸어내는 반지름 벡터로 다시 표현될 수 있다(케플러의 두 번째 법칙).

케플러는 브라헤의 자료에서 재구성된 화성의 궤도를 오랫동안 응시하다가 우연히 정답을 발견했다. 그것은 타원이었다! 케플러는 "나는 마치 잠에서 깨어난 기분이었다"고 말했다. 쾨슬러가 자신이 쓴 케플러 전기에 '몽유병자'라는 제목을 붙인 이유는 이 때문일 것이다. 화성의 궤도를 분석하는 데 케플러는 6년의 시간을 쏟았고 수천 페이지의 종이를 계산용으로 사용했다.

케플러는 중력에 관해 잠정적이긴 하지만 부분적으로 정확한 견해를 가지고 있었다. 1609년 자신의 책《신천문학》에서 그는 이렇게 언급했다.

만약 2개의 돌이 공간 안에 서로 가까이 놓여 있고 (다른 물체의) 힘의 범위 밖에 있다면, 이 돌들은 서로의 질량에 비례해 접근하면서 그 둘의 중간 지점으로 함께 다가올 것이다.

또한 케플러는 달이 바닷물을 끌어당겨 조수가 발생한다는 사실을 이해했다.

만약 지구가 바다의 물을 끌어당기지 않는다면 바다는 상승해 달로 흘러갈 것이다.

그는 계속해서 다음과 같이 덧붙였다.

달이 끌어당기는 힘이 지구까지 닿는다면, 지구가 끌어당기는 힘은 달까지 그리고 더 멀리까지 뻗어나갈 것이라는 결론을 내릴 수 있다.

돌이켜 보면, 명백한 의문은 이것이다. 케플러는 왜 중력이 행성 궤도를 결정하는 데 중심적인 역할을 한다는 것을 깨닫지 못했을까? 이에 대한 답은 거의 확실하다. 그가 (우리가 현재 관성질량이라고 부르게 된) 관성을 이해하지 못했으며, 대신 행성들이 궤도를 유지하기 위해 움직임의 방향으로 일정한 힘이 필요하다고 믿었다는 것이다.

케플러는 그라츠에서 수학 교사였고 한스 울리히 폰 에겐베르크 왕자의 동료였다. 이후 프라하에서 티코 브라헤의 조수가 되었고, 루돌프 2세와 그 후계자인 마티아스와 페르디난트 2세의 궁정 수학자가 되었다.

코페르니쿠스에 따르면 행성의 궤도는 다음 법칙을 따른다.

(i) 행성 궤도는 원이다.
(ii) 태양은 그 원의 중심에 있다.
(iii) 행성의 속력은 그 궤도에서 일정하다.

케플러의 연구 후에 이 법칙은 다음과 같이 수정되고 일반화되었다.

(i) 행성 궤도는 타원이다.
(ii) 태양은 타원의 두 초점 중 하나에 있다.
(iii) 면적 속도는 일정하며, 따라서 각운동량은 일정하다.

케플러와 코페르니쿠스는 이심률(ε)이 사라지는 극한에서 일치한다. 지구의 경우, $\varepsilon=0.0167$이다. 수성과 화성은 모든 행성 중에서 이심률이 가장 크며, 각각 $\varepsilon=0.2056$과 $\varepsilon=0.0934$에 해당한다. 화성의 경우, 케플러는 처음으로 원이 부정확하고 타원을 사용해야 한다는 것을 알아냈다.

케플러가 적었던 행성 운동 법칙은 다음과 같다.

(1) 모든 행성의 궤도는 타원이며 태양이 2개의 초점 중 하나에 있다.
(2) 행성과 태양을 연결하는 선은 동일한 시간 간격 동안 동일한 면적을 쓸고 지나간다.
(3) 행성의 궤도 주기의 제곱은 궤도의 긴 반지름의 세제곱에 정비례한다.

4장

뉴턴의 중력

아이작 뉴턴의 《자연철학의 수학적 원리》(1권은 1686년, 2권과 3권은 1687년)는 줄여서 《프린키피아》로 불리며 라틴어로 쓰였다. 고전역학의 기초를 이루는 뉴턴의 운동 법칙과 만유인력 법칙에 대해, 그리고 케플러의 행성 운동 법칙을 유도하는 방법에 대해 설명해준다. 이 책은 과학사에서 가장 중요한 업적 중 하나로 여겨진다. 프랑스의 수리물리학자인 알렉시 클레로는 1747년 이렇게 평가했다. "그 유명한 책인 《자연철학의 수학적 원리》는 물리학에 큰 변혁기를 가져왔다."

뉴턴은 1642년 링컨셔 울즈소프의 중산층 가정에서 태어났다. 그는 살아 있는 동안 세계에서 가장 유명한 과학자가 되었다. 그의 업적은 그를 모든 물리학자들 중 가장 위대한 사람이자, 수학에서는 오일러, 가우스와 함께 세계 3대 수학자 중 한 명으로 꼽게 한다.

뉴턴은 1655년부터 1660년까지 그랜섬에 있는 킹스 스쿨에서 교육을 받았다. 울즈소프로 돌아왔을 때 어머니는 아들에게 농부가 되라고 설득했으나 뉴턴은 싫어했다. 그는 잠시 그랜섬의 학교로 돌아갔고 1661년 케임브리지 대학에서 가장 유명한 칼리지 중 하나인 트리니티 칼리지에 입학했다.

케임브리지에서 뉴턴은 1665년에 발견하게 될 미적분을 위한 초기 단계를 밟았다. 이 미적분은 고전역학에서 운동을 이해하는 핵심이 된다. 학부생 기간 동안 뉴턴은 아리스토텔레스, 데카르트, 갈릴레이, 그리고 토머스 스트리트(1621~1689)를 공부했다. 스트리트로부터 3장에서 다룬 케플러의 행성 운동 법칙을 배웠고, 이 법칙은 《프린키피아》에서 중요한 역할을 하게 된다. 그는 1665년 8월에 대학을 졸업했는데, 그 당시에도 여전히 상대적으로 돋보이지 않는 학생이었다.

그 후 20개월 동안 케임브리지대학이 런던 대역병으로 문을 닫았던 그사이, 뉴턴은 평범한 사람에서 매우 뛰어난 사람으로 바뀌었다. 1665년 8월부터 1667년 4월까지 울즈소프에 있는 자신의 집에서 지내며 뉴턴은 여러 가지 혁신적인 발견을 했다. 이 시기에 포함된 1666년은 종종 뉴턴의 '경이적인 해'라고 불린다.

1666년 우선 뉴턴은 미적분학의 공식화를 마치고 이를 '플럭시온'이라고 불렀다. 이 아이디어는 변수가 약간 변할 때 나타나는 함수의 작은 변화를 수학적으로 표현하기 위한 것이었다. 뉴턴이 사용하던 몇 가지 기호는 여전히 사용되고 있다. 미분을 나타내는 문자 위쪽의 점($\dot{x}$)이 한 예이다.

미적분은 독일의 수학자이자 철학자, 논리학자인 고트프리트 빌헬름 라이프니츠(1646~1716)도 독자적으로 발견했다. 그는 자신의 미적분학을 위해 더 나은 표기법을 사용했다. $\frac{dy}{dx}$ 같은 것은 오늘날에도 사용되고 있다. 뉴턴은 자신의 연구 결과에 비밀주의적이었고 다른 사람들이 훔칠까 봐 편집증을 보였는데, 미적분은 그가 우선권 다툼을 벌인 몇 안 되는 것들 중 하나였다.

천 년에 한 번 나오는 지식인에 대해 성급히 판단하는 것은 조심해야 할 것이다. 그럼에도, 곧 살펴보게 되듯이 뉴턴은 전체적으로 그리 좋은 사람은 아니었다. 뉴턴에 대해 거의 완벽한 전기인 《결코 쉬지 않는》(1980)의 서문에서 리처드 웨스트폴은 20년 동안 뉴턴의 모든 것을 연구한 후에도 실제로 뉴턴으로서 산다는 것이 어떠한 것인지 여전히 이해할 수 없다고 썼다.

예를 들어, 현대의 매체들에서는 뉴턴을 항상 우울해 보이는 불행한 사람으로 묘사하고 있다. 하지만 아마도 자신의 뛰어난 창의력이 그에게는 충분한 것이었지도 모른다. 뉴턴은 결혼을 하지도, 여자친구를 두지도 않았다. 하지만 1689년부터 1693년 사이에 스위스의 젊은 수학자 니콜라스 파티오 데 둘리에(1664~1753)와 평범하지 않은 관계를 나누긴 했다. 파티오는 뉴턴의 편을 들면서 뉴턴-라이프니츠 논쟁에 개입하려고 했다. 하지만 대부분의 학자들은 미적분을 뉴턴과 라이프니치가 각자 독자적으로 발견한 것으로 믿는다.

파티오와의 관계는 갑작스레 끝났고, 이 일은 분명히 뉴턴에게 정신적인 충격을 초래했다(1693). 그들의 관계에 성적인 요소가 있었는지는 밝혀지지 않았다.

1666년의 두 번째 중요한 발견으로는, 백색광이 프리즘을 통과해 다른 색깔의 스펙트럼으로 분해되고 두 번째 프리즘을 통과해 백색광으로 다시 합쳐진다는 것이었다. 이후 뉴턴은 광학에서 많은 연구를 했고, 《광학》(1704)이라는 책을 집필하게 되었다.

뉴턴의 침울한 모습으로 돌아가 보면, 웨스트폴은 수십 년의 조사를 통해 뉴턴이 미소를 지었던 단 한 번의 경우를 발견했다. 이 사건은 뉴턴이 펠로로 있던 케임브리지 트리니티 칼리지의 만찬 주빈석[01]에서 일어났다. 총장이 기원전 300년경에 쓰인 유클리드의 《원론》에 대해 말하던 참이었다. 처음 쓰인 지 2,000년이 지난 후에도 여전히 수학자들이 이 책을 연구하고 있다는 것이 얼마나 놀라운 일인가 하는 이야기였다. 이때 뉴턴을 시야에 두고 있던 또 다른 펠로가 뉴턴이 미소 짓는 것을 알아차렸다. 이 일이 너무도 뜻밖이었던 터라 그 펠로는 자기 방으로 돌아가 기록해 두었다. 웨스트폴은 이 기록을 발견한 것이다.

뉴턴의 세 번째 발견은 1666년 집에 머무르는 동안 알게 된 만유인력의 법칙이었다. 이것은 뉴턴을 비롯해 모든 물리학자의 발견들을 통틀어 가장 위대한 발견으로, 행성의 궤도를 설명하는 기초가 된다. 뉴턴은 자신의 정원에 있는 나무에서 사과가 떨어지는 것을 보고 중력이라는 개념을 구상했다고 여겨진다. 어떤 만화가들은 사과가 뉴턴의 머리에 부딪히도록 그리곤 하는데, 이는 아마도 사실이 아닐 것이다. 문제는 왜 사과가 위쪽이나 옆이 아니라 지구의 중심을 향해 수직 방향의 아래

---

01 저자 중 한 명은 이곳에 초대된 적이 있다. 긴 테이블 양쪽으로 긴 평판의자를 배치한 소박한 장소이다.

로 떨어지는가 하는 것이었다.

뉴턴은 달이 지구를 공전한다는 것을 알고 있었고, 사과와 달의 힘에 공통된 이유가 있지 않을까 궁금해했다. 역제곱 법칙을 만들면서 그는 자신의 계산이 정확하다면 두 가지 힘이 서로 일치한다는 것을 알고 기뻐했다. 과학에 소질을 가진 모든 학생들은 자신의 발에 작용하는 무게가 밤에 보이는 달이 궤도에 있도록 하는 힘과 동일한 것이라는 발견에 감명을 받곤 한다.

사과와 달 사이의 이 공통점을 바탕으로 뉴턴은 "우주의 모든 입자는 질량의 곱에 비례하고 떨어진 거리의 제곱에 반비례하는 힘으로 다른 입자를 끌어당긴다"라는 만유인력의 법칙을 밝혔다. 만유인력의 법칙에서 비례상수는 뉴턴상수라 부르고 G_N으로 나타낸다. 단 하나의 예로부터 최대한 일반화를 이끌어내는 것은 뉴턴의 지적 능력을 보여주는 증거이다. 놀랍게도 이 법칙은 여전히 모든 중력을 잘 설명하고 있다. 즉, 측정이 가능한 최소 거리로부터 은하 사이에 해당하는 거리까지, 20개의 자릿수에 해당하는 거리 범위에서 나타나는 모든 중력에 적용된다.

어떤 물리학자들은 뉴턴의 법칙을 수정해, 뉴턴의 법칙을 가정할 때 암흑물질처럼 보이는 것을 설명하고자 했다. '몬드MOND'는 수정 뉴턴역학Modified Newtonian Dynamics의 약자이다. 하지만 아인슈타인의 일반상대성이론에 의한 아주 작은 영향을 제외하고는, 350년 지난 현재까지도 뉴턴의 법칙을 포기할 만한 설득력 있는 근거는 존재하지 않는다.

1667년 케임브리지로 돌아온 뉴턴은 트리니티 칼리지의 펠로가 되었다. 1668년에는 케임브리지대학의 석사 학위를 받았고, 1669년에는 이례적으로 젊은 나이인 27세에 루카스 교수직에 임명되었다. 뉴턴의 전임자인 아이작 배로(1630~1677)는 이 권위 있는 자리에 앉은 첫 번째 사람이었는데, 그도 뉴턴의 뛰어남을 인정했다. 세 번째 루카스 교수는 스티븐 호킹이었다.

뉴턴은 항상 중력이 역제곱 법칙을 따른다고 가정했다. 하지만 경쟁자이자 선임 과학자인 로버트 훅(1635~1703)이 자신도 같은 생각을 가지고 있었다고 주장했다. 라이프니츠의 경우와 비슷한 우선권 다툼이 또다시 벌어졌다. 훅이 영국에 있었던 터라 다툼은 더 격렬했다. 이후 왕립학회에서 종신 회장(1703~1727)이 된 후, 뉴턴은 훅이 그려진 학회 소유의 유화를 직접 부수었다고 전해진다. 훅은 키가 작았다. 뉴턴은 훅에게 보낸 편지에서 "내가 조금 더 멀리 볼 수 있었던 것은 거인의 어깨 위에 서 있었기 때문입니다"라고 겸손하게 말했는데, 뉴턴을 연구하는 일부 학자들은 그가 훅의 키를 비꼰 것이라 믿고 있다. 항상 그렇듯이, 뉴턴의 발언과 행동을 설명하는 것은 어려운 일이다.

뉴턴이 1685년에서 1687년에 《프린키피아》를 써야겠다는 확신을 가지게 된 사연은 흥미롭다. 그가 신뢰했던 것으로 보이는 훌륭한 물리학자들 한 명이 에드먼드 핼리(1656~1742)였다. 75년에서 76년의 주기를 가진 핼리혜성은 핼리로부터 이름을 딴 것이다. 이 혜성은 1986년에 마지막으로 나타났고 2061년 중반에 다시 올 것이다. 긴 꼬리를 육안으로 쉽게 볼 수 있다. 핼리는 이 혜성의 주기를 정확히 예측한 사람이었다.

1674년 여름, 핼리는 뉴턴에게 중력에 관해 한 가지 질문을 했다. 역제곱 법칙의 힘을 가정했을 때 태양 주위에서 행성의 궤도는 무엇인가? 뉴턴은 즉시 그 궤도는 타원이고 수년 전에 벌써 계산했다고 대답했다. 핼리는 그 계산의 유도과정을 부탁했다. 그런데 뉴턴은 자신의 오래된 노트를 찾을 수 없어서 나중에 발견하면 복사본을 보내기로 약속했다.

얼마 후, 핼리는 뉴턴에게서 연락을 받았다. 그리고 뉴턴의 이해가 다른 물리학자들의 지식을 훨씬 뛰어넘어 얼마나 깊은지 알 수 있었다. 핼리는 뉴턴이 가진 유일무이한 지식을 발표하도록 해야 한다고 결심했다. 쉽지 않은 일이었다. 뉴턴은 무언가를 출판하는 것에 대해 짜증과 편집증이 있었기 때문이다. 여전히 그는 책을 쓰기를 거부했다.

후대에는 다행스럽게도, 핼리는 집요했다. 왕립학회의 회장이었던 그는 학회와 핼리 개인이 출판 비용을 지불하기로 조율했다. 뉴턴에게 중요한 또 다른 약속은, 자신이 완전한 편집권을 가지며 자신이 적절하다고 판단하는 대로 어떤 것이든 포함하거나 제외하는 것이었다. 이런 방식으로 뉴턴은 라이프니츠와 훅 같은 라이벌을 적절하게 포함하거나 제외할 수 있었다.

마지막으로 핼리는 아첨에 기댔다. 제임스 2세에게 청해 뉴턴에게 친서를 보내도록 한 것이다. 왕의 가장 큰 특권은 뉴턴과 동시대에 살아 있는 것이라는 내용이었다. 또한 왕은 뉴턴의 지식을 공유하는 것이 과학계에 도움이 될 뿐만 아니라 영국과 영국 왕에게도 명예를 가져다줄 것이라며 뉴턴의 애국심에 호소했다. 결과를 놓고 보면, 이것은 제임스 2세가 한 가장 중요한 일들 중 하나이다. 비록 제임스 2세의 전기에서는 거의 언급되지 않지만 말이다.

군주로부터 받은 아첨은 분명히 먹혀들었다. 매우 완고한 뉴턴은 서양 문명을 변화시킬 책을 쓰는 거대하고 도전적인 일을 열정적으로 떠맡았다. 뉴턴이 케임브리지 트리니티 칼리지에서 거의 2년 동안 노력한 끝에 《프린키피아》는 결국 세 권으로 나왔다.

동시대의 기록에 따르면, 뉴턴은 지적인 광분 속에서 계산과 글쓰기에 몰두했다고 한다. 때때로 먹고 마시는 것조차 잊을 정도로 자신을 돌보는 것을 게을리하기도 했다.

1676년 그는 '데 모투 코르포룸$^{De\ Motu\ Corporum}$'(물체의 운동)이라는 제목의 《프린키피아》 제1권을 완성했다. 뉴턴의 역학 법칙과 만유인력이 포함되어 있었고, 케플러의 법칙에 대한 설명으로 이어졌다. 라틴어로 쓰인 이 책은 물상과학에서는 전례 없는 뛰어난 문장으로 쓰였다.

갈릴레이는 아래로 떨어지거나 기울어진 평면에서 굴러가는 물체의 역학을 연구하기 시작했다. 뉴턴은 모든 고전역학이 따르는 매우 명쾌한 운동 법칙을 공식화했다. 뉴턴의 첫 번째 법칙은 관성에 관한 것으로, 입자는 힘이 작용할 때만 움직임을 바꾼다. 이에 대한 한 가지 설명은 다음과 같다. "가해지는 힘의 작용에 의해 움직임을 바꾸도록 하지 않는 한, 그 물체는 정지한 상태로 있거나 또는 직선에서 운동하는 상태를 유지한다." 관성의 법칙은 역학의 모든 분야에서 기본이 된다.

뉴턴의 두 번째 운동 법칙은 다음과 같다. "물체의 운동량의 변화는 가해진 힘의 크기에 비례한다." 고정된 질량을 가진 물체의 경우, 이것은 그 유명한 방정식 $F=ma$ 또는 '힘은 질량 곱하기 가속도'에 이르게 된다. 이 공식으로부터 일정한 가속도를 가진 운동의 특징이 나온다.

학생들은 유클리드의 기하학을 배우는 것과 마찬가지로 뉴턴의 역학을 배운다. 낙하하는 물체, 도르래에 매달려 있는 무게추, 그리고 일정한 중력장에 있는 물체의 포물선 궤도를 뉴턴의 역학을 이용해 계산한다. 보통 첫 번째 단계는 그 상황에 작용하는 모든 힘이 나타나 있는 힘의 도식을 그리는 것이다. 여기에는 제3법칙에서 나오는 모든 힘이 포함되어야 한다.

뉴턴의 세 번째이자 마지막 법칙은 다음과 같다. "작용과 반작용은 크기가 같고 방향이 반대이다." 예를 들어, 지면은 물체를 위쪽 방향으로 밀어 올리는데, 그 크기는 무게와 같으며 방향은 중력과 반대이다. 따라서 물체는 움직이지 않는다. 어떤 시스템에 작용하는 힘들을 나타낸 도식이 완벽하려면 그 시스템에 작용하는 반작용의 힘도 포함해야 한다. 그래야 그 결과로 생기는 운동을 바르게 계산할 수 있다.

뉴턴의 운동 법칙 세 가지는 고전역학의 기본적인 공리를 최소한의 개수로 줄여준다. 그다음 2세기 동안 선구적인 두 명의 수학자가 뉴턴 역학을 멋있는 공식으로 다시 쓰게 된다. 첫 번째는 이탈리아의 조제프 루이 라그랑주(1736~1813)로, 레온하르트 오일러(1707~1783)의 뒤를 이어 프로이센 아카데미의 수장이 되었다. 두 번째는 아일랜드의 수학자 윌리엄 로언 해밀턴(1805~1865)이며 사원수(해밀턴수)를 발견했다.

고전역학에서 라그랑지안과 해밀토니안 방식은 강력한 계산 방식을 제공한다. 라그랑지안은 특히 고전역학과 양자역학의 장이론에서 널리 사용된다. 그러나 두 가지 방식 모두 《프린키피아》의 제1권 《데 모투 코르포룸》에 수록된 뉴턴의 방식과 완전히 동일하다. 200년 후 아인슈타인의 특수상대성이론(1905)이 나타나기 전까지 고전역학에서는《프린키피아》의 내용과 근본적으로 다른 것은 나타나지 않았다. 아인슈타인의 상대성이론이 나온 지 20년 후, 하이젠베르크는 원자 크기에서 뉴턴의 역학을 수정하는 양자역학(1925)을 발견했다.

또한《프린키피아》제1권에는 만유인력의 법칙에 대한 부분과, 이 법칙을 중력장에서의 운동에 적용한 부분이 있다. 만약 지구에서 5마일 높이인 산꼭대기에 대포를 두고 충분히 빠른 속도로 수평으로 포탄을 쏜다면, 포탄은 지구 전체를 돌아 출발점으로 되돌아가게 된다는 사실을 뉴턴은 알고 있었다. 이를 위해 필요한 속력을 현재는 궤도 속력이라고 부르는데, 시속 약 1만 8,000마일이다. 이와 관련해, 수직 위 방향으로 쏜 포탄이 지구의 중력으로부터 자유로워지기 위해 필요한 속력은 탈출 속력이라고 하며, 시속 약 2만 5,000마일이다.

뉴턴은 자신의 만유인력의 법칙을 행성에 적용해 케플러의 법칙 세 가지를 모두 쉽게 유도할 수 있었다. 행성의 궤도는 태양을 한 초점에 둔 타원이어야 하며, 이것이 바로 케플러의 첫 번째 법칙이다. 각운동량 보존에 의해 태양과 행성 사이의 반지름 벡터는 같은 시간 동안 일정한 면적을 쓸고 가게 되는데, 이것이 케플러의 두 번째 법칙이다.

이 두 법칙은 각각의 행성에 개별적으로 적용된다. 케플러의 세 번째 법칙은 다른 행성들을 연관시키는 것으로, 태양으로부터 행성까지의 거리에 공전 주기를 결부시킨다. 뉴턴이 이 법칙을 유도하는 데는 정확하게 중력의 역제곱 법칙이 필요했다. 다른 방식의 거리 의존성은 케플러의 세 번째 법칙으로 이어지지 않았다.

이 모든 것이 《프린키피아》 제1권에 실려 있다. 이는 우주의 작동 방식이 어떻게 수학적 법칙을 따르는지 세상에 보여주었고 이론물리학 분야에 훌륭한 기원을 제시했다.

1687년에 출간된 《프린키피아》 제2권은 유체역학에 도전했다. 공기 중에서 소리의 속력에 관한 뉴턴의 훌륭한, 하지만 틀린 계산도 포함하고 있다. 그 당시 섭씨 20도 1기압(수은 76센티미터)에서 공기의 평균속력은 초속 약 343미터로 관측되었다. 뉴턴은 자신의 직관에 따라 압력과 밀도에 대한 의존성을 고려해 계산했으나, 실망스럽게도 초속 약 298미터로 15% 정도나 낮게 나왔다. 올바른 결과를 얻기 위해 그는 두 가지 창의적인 수정을 가했다.

뉴턴이 '크래시튜드crassitude'라고 부른 첫 번째 수정은 공기 분자의 유한한 크기를 무시하면서, 그 분자를 통과할 때 음속이 무한대로 증가할 수 있다는 주장이었다. 결과적으로 음속이 증가한다는 것이다. 이 잘못된 주장을 적용하면 10% 정도 증가했지만 여전히 실험과 일치하기에는 충분하지 않았다.

그래서 뉴턴은 두 번째 수정을 했다. 여기서 그가 생각해 낸 것은 《프린키피아》 전체에서 가장 우스꽝스러운 부분이다. 뉴턴은 공기가 이질적인 증기를 포함하고 있어 음속을 변화시킨다고 판단했다. 사적인 편지에서 뉴턴은 이 이질적인 증기가 프랑스에서 온 것이라 생각한다고 털어놓았다! 어쨌든 뉴턴에 따르면, 크래시튜드와 이질적인 증기의 조합으로 이론과 실험을 일치하게 만들 수 있었다.

이 문제의 진실은 뉴턴이 상상했던 것과는 다른 방식으로 소리가 전파된다는 것이다. 소리는 일정한 온도(등온)에 있는 것이 아니라 일정한 엔트로피(단열)에 있다. 온도가 다시 조절되기에 충분한 시간이 없기 때문이다. 1865년까지 엔트로피의 개념은 등장하지 않았다. 단열적으로 음속을 정확하게 계산하면 1.15배 정도에 해당하는 보정값이 나타나 올바른 답이 도출된다.

뉴턴이 정확한 답을 얻기 위해서는 엔트로피뿐만 아니라 공기 분자가 이원자라는 사실을 깨달아야 했다. 이 일화에서 우리에게 흥미로운 부분은 뉴턴이 무한한 자신감을 가지고 있었고 지나친 확신으로 인해 음속의 결과를 얼버무렸다는 점이다.

그런데 누가 음속을 측정했을까? 뉴턴 자신이었다. 뉴턴은 케임브리지 트리니티 칼리지의 네빌 코트에서 망치로 바위를 때린 후 광장의 반대쪽에서 메아리 소리가 날 때까지 걸리는 시간을 측정했다. 이 방식으로 그는 음속을 잘 측정할 수 있었다. 뉴턴은 이론물리학자, 실험물리학자, 수학자로서 세 가지 분야의 명인이었다.

실험가로서 뉴턴은 광학에 관한 측정을 통해 자신의 가치를 보여주기도 했다. 렌즈와 프리즘을 사용해, 순수한 빛은 근본적으로 흰색이고 무색이라는 일반적인 생각을 부순 것이다. 뉴턴은 스펙트럼에서 빨강, 주황, 노랑, 초록, 파랑, 남색, 그리고 보라색의 일곱 가지 색을 찾아냈다. 두 번째로 중요한 뉴턴의 책《광학: 반사, 굴절, 회절과 빛의 색깔에 관한 논문》(1704)에서 그는 자신의 광학 연구를 인상적으로 설명했다.

이 두 번째 책은 전작《프린키피아》의 중요한 부분 일부를 공유하고 있으며, 전작에 실린 실험과 추론도 포함하고 있다. 또한 뉴턴이 인플렉

선이라고 부른 회절 현상도 다루고 있다.

특히 이 책은 색깔을 이루는 스펙트럼으로 빛을 분리해 내는 분산 또는 분리에 관해 이야기한다. 이는 색깔의 다양한 구성 요소가 선택적 흡수, 반사 또는 전달을 통해 색깔을 나타낸다는 것을 보여준다.

고대 그리스인 아리스토텔레스와 테오프라스토스(B.C.371~B.C.287)는 태양에서 오는 빛은 흰색이며, 물질과의 상호작용으로 인해 어둠과 섞여 색깔이 된다고 주장했다. 이 주장은 1,000년이 넘도록 널리 받아들여졌다. 뉴턴의 광학은 이 주장의 반대가 사실이고 빛은 다른 모든 색깔들로 이루어져 있다는 것을 증명했다.

색깔들은 프리즘을 통해 서로 다른 각도로 꺾이고, 두 번째 프리즘에 의해 다시 합쳐질 수 있다. 뉴턴은 색깔이란 마음속의 감각이지 물질이나 빛의 본질적인 속성은 아니라고 주장하기도 했다. 뉴턴의 여러 이론은 20세기의 파장가변 레이저 설계와 다중 프리즘 분산 이론 발전의 중심이 되었다.

1704년에 나온 《광학》은 1680년대에 나온 《프린키피아》와는 달리 라틴어가 아닌 영어로 쓰였다. 또한 명제, 정리, 공리 같은 것으로 진행되지 않고, 조심스럽게 기술된 실험을 근거로 한다. 그러면서도 이 책은 실험을 통한 증거를 넘어서 빛에 대한 가설을 발전시킨다.

뉴턴은 빛의 입자적 본성을 선호했다. 빛은 작은 입자들로 구성되어 있고, 우리가 인지하는 색깔은 음계처럼 조화롭게 균형이 잡혀 있다는 것이다.

《광학》의 끝부분에는 일련의 질문들이 있다. 뉴턴이 광학뿐 아니라

열, 중력, 전기, 화학 반응 등 광범위한 물리학 문제에 대해 거들먹거리기 위한 질문들이다. 심지어 인간의 윤리적 행동에 대한 것도 포함되어 있다. 초판에는 질문이 16개였는데, 4판에서는 30개가 넘었다. 가장 유명한 질문은 31번째 질문으로, 먼 훗날 화학친화력에서 발전이 이루어질 것을 예측했다.

《광학》의 질문들 부분에 있는 한 구절은 다음과 같다.

그리고 공간은 무한히 나뉠 수 있으며 물질이 모든 공간에 반드시 존재하는 것은 아니기 때문에, 신은 물질의 입자를 여러 크기와 모양으로, 그리고 공간에 따라 여러 비율로 만드는 것이 가능했을 것이다. 아마도 다른 밀도와 힘을 가진 물질입자를 창조해, 자연의 법칙을 변화시키고 우주의 여러 부분에서 여러 종류의 세계를 만들 수 있었을 것이다. 적어도 이 모든 것에서 모순이 보이지는 않는다.

이는 20세기 후반 초끈이론에서 인기를 끌었던 다중우주에 대한 예측으로 해석할 수 있다.

흥미로운 사실은 1703년 로버트 훅이 죽은 다음 해까지 뉴턴이 《광학》의 출판을 미루었다는 것이다. 훅은 빛의 입자설을 반박했다. 프랑스의 일부 지식인은 초기에는 《프린키피아》와 《광학》을 받아들이는 데 부정적이었다. 뉴턴의 저술이 고대 그리스의 지식과 너무 차이가 난다는 이유였다. 뉴턴은 경험이나 실험에 수학적 추론을 사용할 것을 밀어붙였다.

볼테르(1694~1778, 프랑수아-마리 아루엣의 필명)는 《뉴턴 철학의 원리》(1738)에서 이러한 작업들을 널리 알리고 대중화시키는 데 많은 공헌을 했다. 1750년에 이르러 뉴턴 과학은 거의 모든 곳에서 확고하게 확립되었다.

물론 이후의 물리학자들은 《광학》에 있는 뉴턴의 개념을 수정했다. 특히 크리스티안 하위헌스(1629~1695)와 토머스 영(1773~1829)은 빛의 파동설을 공식화했고 색깔은 서로 다른 파장으로 이루어져 있음을 알아냈다.

뉴턴은 최초의 반사망원경을 만들기도 했다.

수학자로서 그는 멱급수 연구에 기여했고, 이항정리를 정수가 아닌 수의 지수로 일반화했다. 또한 함수의 근을 근사하는 방법을 발전시켰고, 많은 3차 곡선을 분류했다.

뉴턴은 물리학에서 역대 최고의 학자 자리에, 동시에 수학에서는 세 번째로 최고의 학자 자리에(가우스와 오일러 다음으로) 기꺼이 놓을 수 있다.

다방면에 걸쳐 뛰어난 과학적 업적 외에도, 뉴턴은 1689~1690년과 1701~1702년에 국회의원으로 잠시 활동했다. 하지만 그의 유일한 발언은 회의실 안의 찬 바람에 대해 불평하고 창문을 닫아달라고 요청한 것이었다. 새로운 법률을 제정하는 데는 전혀 힘을 쓰지 않았다.

뉴턴은 영국 조폐국의 국장(1696~1700)과 마스터(1700~1727)로 임명되었다. 이 자리에 지명된 사람들은 대부분 한직으로 여겼지만 뉴턴은 위조범들에게 강한 흥미를 보였다. 위조범은 유죄판결을 받으면 사형을 선고받을 수도 있었다. 화폐 위조는 목을 매달고 내장을 발라 사지를 토막 내는 처벌을 받는 대역죄였다. 뉴턴은 동전 가장자리에 돌기를 만드는 아이디어를 내어 위조를 더 어렵게 했다.

뉴턴은 유죄 판결을 받은 위조범들의 교수형에 항상 참석했다. 심지어 사형 집행 손잡이를 당길 정도로 큰 관심을 기울였다. 유달리 가학적인 성향을 보여주는 사례이다.

왜 뉴턴은 그토록 전설적인 천재로 평가받을까? 분명, 그가 24세의 나이에 대역병 기간 동안 집에서 발견한 만유인력의 법칙에 근거한 것이다. 이 법칙은 너무나 혁명적인 발견이어서 모든 것을 바꾸어 버렸다.

그리고 마침내 1687년에 출간해 자연히 영국의 제임스 2세에게 헌납한 《프린키피아》가 있다. 유럽의 위대한 과학자들이 이 책을 읽었다. 비록 초기에는 회의적인 시각이 있었지만, 이 책은 지속적으로 영향을 미쳐 학자들은 뉴턴이 남긴 업적의 탁월함에 충격을 받게 되었다.

《프린키피아》는 150년에서 200년 동안 과학 그리고 고급 물리학에서 독보적인 위치를 유지했다. 유클리드의 《원론》처럼 2,000년이 지난 후에도 읽히지는 않을 것이다. 하지만 이는 수학과 물리학 사이의 학문적 특성 차이 때문이다. 수학의 결과물은 영구적인 데 비해, 물리학의 결과물은 끊임없이 발전한다.

2020년대에 활동하는 입자이론가라면, 이제는 오래된 데다 다른 것으로 대체된 《프린키피아》를 읽을 필요는 없다. 그럼에도 불구하고, 뉴턴이 존재하지 않았다면 물리학은 현재 수준보다 수십 년 또는 수 세기 뒤처졌을지도 모른다는 것을 우리는 인정해야만 한다.

이는 순전히 가설이다. 우리는 뉴턴 자신이 《프린키피아》에 적은 "나는 가설을 만들지 않는다"라는 격언을 따르는 편이 좋을 것이다. 이 말에서 뉴턴이 의미한 것은 중력의 원인에 대해 추측하고 싶지 않다는 것이었다. 단지 그는 중력이 존재하며, 알 수 없는 이유로 매우 잘 정의된 수학 법칙을 따른다는 점을 말하고자 했다.

뉴턴(1642~1726/1727)은 1705년 앤 여왕에게 기사 작위를 받았다. 이미 왕립협회 종신 회장이라는 점을 감안할 때 그는 원한다면 자신의 이름을 '아이작 뉴턴 경, PRS President of the Royal Society'라고 쓸 수 있었다.

뉴턴의 만유인력이 세상에 나온 지 1세기가 지난 1766년, 존 돌턴은 영국 컴벌랜드의 코커머스 근처 이글스필드에 사는 퀘이커 가정에서 태어났다(퀘이커 집단은 진화론자 그룹에 속한다). 돌턴은 1800년 34세의 나이에 맨체스터에 있던 '뉴 칼리지'를 그만두었다. 그 당시 대학의 재정악화 때문이었다. 그리고 수학과 자연철학을 가르치는 개인교사로 새로운 경력을 시작했다. 돌턴은 화학자이자 물리학자이자 기상학자였다. 1803년 그는 각각의 화학 원소가 한 가지 형태의 원자들로 구성된다는 원자 이론을 제시했다. 이 원자들은 화학적 방법으로 바꾸거나 파괴할 수는 없지만, 합쳐져서 더 복잡한 구조(화합물)를 형성할 수 있다. 돌턴은 경험적으로 실험을 하고 결과를 검토함으로써 이러한 결론에 도달했다. 이는 원자에 대한 최초의 진정학 과학 이론이 되었다.

돌턴은 조제프 루이 게이뤼삭이 1802년 발표한 게이뤼삭 법칙을 명확히 이야기했다(게이뤼삭은 자신의 발견은 1780년대 자크 샤를의 미발표 저작에 기인한다고 인정했다). 이 강의 이후 2, 3년 동안 돌턴은 비슷한 주제를 다룬 여러 논문을 발표했다. 《물과 다른 액체에 의한 기체의 흡수》(1803년 10월 21일 강의, 1805년 첫 출간)[02]에는 현재 돌턴의 법칙으로 알려진 부분압력에 관한 그의 이론을 담고 있다. 여기서 돌턴은 다음과 같이 말했다.

왜 물은 모든 종류의 가스를 똑같이 받아들이지 않을까요? 저는 이 문제를 충분히 고민했습니다. 비록 저 자신을 완전히 만족시킬 수는 없다고 생각하지만, 저는 거의 확신합니다. 그 상황은 여러 가지 기체의 궁극적인 입자의 무게와 수에 의존합니다.

로스코와 하든은 맨체스터 도서관과 철학 협회의 방에서 발견된 돌턴의 실험실 노트를 분석했다. 그리고 1897년[03] 돌턴의 마음속에서 원자에 대한 아이디어가 순수하게 물리적인 개념으로서 떠올랐으며, 이 개념은 대기와 다른 기체들의 물리적 특성에 대한 연구를 통해 그에게 떠오른 것이었다고 밝혔다.

돌턴의 원자론은 화학에서 새로운 장을 열었다.

02 돌턴, 물과 다른 액체에 의한 기체의 흡수, 철학잡지, 24(93), 15-24 (1806).

03 로스코, 하든, 돌턴의 원자론의 기원에 관한 새로운 견해, 막밀리언, 런던, 1896, ISBN 978-1-4369-2630-0.

다윈의 진화

먼저, 계몽주의 이후 시기를 최초의 원자주의자 데모크리토스와 현대의 원자주의자 멘델레예프 사이의 거대한 격차로부터 시작해 보자.

드미트리 이바노비치 멘델레예프(1834~1907)는 러시아의 화학자이자 발명가이다. 그의 이름을 딴 주기율표로 가장 잘 알려져 있다. 러시아의 물리학자 안드레이 마틀라쇼프는 멘델레예프가 시베리아 토볼스크 인근 베르크니 아렘자니 마을에서 이반 파블로비치 멘델레예프(1783~1847)와 마리아 드미트리브나 멘델레예바(1793~1850) 사이에서 태어났다고 말한다. 아버지 이반은 탐보브와 사라토프 고등학교에서 교장이자 미술, 정치, 철학 교사로 일했다. 드미트리의 할아버지 파벨 막시모비치 소콜로프는 러시아 트베르 지방 출신의 정교회 성직자였다.

멘델레예프는 정교회 기독교인으로 자랐으며, 어머니는 "신성과 과학적 진리를 인내심 있게 탐구해라" 하고 격려했다. 하지만 멘델레예프에게 종교적 헌신은 거의 없었던 것으로 보인다. 멘델레예프의 아들 이

반은 "…어려서부터 아버지는 사실상 교회로부터 분리되어 있었다. 아버지가 어떤 간단한 일상적인 의식을 용인했다면, 그건 부활절 케이크처럼 단순히 순수한 민족적 전통으로 간주했기에 굳이 그러한 의식을 가지고 싸울 가치가 없다고 여겼기 때문일 것이다. … 아버지가 전통적인 정교회에 반대한 것은 무신론이나 과학적 유물론 때문은 아니었다."01 오히려 멘델레예프는 신이 세상을 창조했더라도 인간들의 문제에 개입하지는 않는다는 낭만화된 이신론을 고수했다. 그는 1855년 21세의 나이에 결핵을 치료하기 위해 흑해 북쪽 해안의 크림반도로 이주했다가, 1857년 건강을 완전히 회복해 상트페테르부르크로 돌아왔다. 1867년에는 상트페테르부르크대학에서 종신 재직권을 얻었으며, 무기화학을 가르치기 시작했다.

1868년과 1870년에 멘델레예프는 두 권짜리 교과서《화학의 기초》를 썼다. 1868년 말에 책의 첫 부분을 마친 후, 1869년 2월 17일부터 2주간 낙농장을 찾아 출장을 갔다. 이때 그는 극단적으로 시간에 쫓기고 있었다. 1869년 3월 1일부터 상트페테르부르크대학에서 시작될 다음 강의에 필요한 테이블을 완성하려고 했으며, 또한 사업상의 의무를 다하려고도 했다. 그런데 이 시기에 멘델레예프는 자신의 가장 중요한 표를 만들고 있었다. 이때 그는 모양에 따라 카드를 배열하듯 원자의 무게에 따라 화학 원소를 배치해 표를 만든다는 기본 아이디어를 가지고 있었

01 미카엘 고르딘, 잘 배열된 것: 드미트리 멘델레예프와 주기율표의 그림자 (베이식북스, 2004), 229 – 230쪽; ISBN 978-0-465-02775-0.

그림1 카르포프의 발표에서 발췌한 멘델레예프의 필적

다. 이 표의 첫 번째 부분은 알칼리 금속과 수소로 이루어져 있었다. 그는 63개의 원소를 모두 외워서 기억하고 있었는데, 그중 43개로 표를 채우고 나머지 20개는 여백에 두고서 표에 맞추어 넣으려 애썼다. 1869년 2월 17일 그는 그림1에서 볼 수 있듯이 한 원소도 남기지 않고 63개의 원소를 모두 표에 배치해 냈다. 그러나 표1에는 물음표도 나타나 있다.

1860년대 초에 화학 원소를 분류한 또 한 사람은 로타 마이어였다. 마이어는 원자의 무게가 아니라 원자가에 따라 28개의 원소를 분류해 나열했다. 멘델레예프는 1860년대에 마이어의 작업이 진행되고 있던 것을 알지 못했다.[02] 그는 무게와 화학적 성질에 따라 원자를 분류하고 시

---

02 카르포프, 과학적인 창의성의 심리에 관한 질문 (멘델레예프가 주기율표를 발견한 경우에 관하여), 번역의 저널, VIII(2), 18−37 (1967), 사이먼 번역, (카네기 기술 연구소), 출처[Voprosy psikhologii, 3(6), 91−113 (1957)].

도하다가 패턴을 알아냈고, 이로부터 마침내 주기율표를 만들어 냈다. 그의 친구인 이노스트란체프에 따르면, 멘델레예프는 꿈속에서 원소들이 완전한 배치를 이루는 모습을 보았다고 한다. 멘델레예프 사망 50주년을 맞아 케드로프가 인용한 바에 의하면, 그는 "나는 꿈에서 표 하나를 보았다. 그 안에는 모든 원소가 규칙에 따라 제자리에 놓여 있었다. 일어나자마 나는 즉시 종이에 그 표를 적었다. 오직 한 곳만 나중에 수정해야 할 것 같았다"라고 말했다. 이 패턴에 맞추어 다른 원소들을 더해, 멘델레예프는 원자 질량에 배열하는 '주기적인' 방식으로 원소를 채워 넣었다. 그림1에서 이를 볼 수 있다. 이렇게 해서 유사한 성질을 가진 원소들의 그룹이 수평 열에 놓이게 되었다(현재 화학적인 '그룹'은 멘델레예프 표의 수평 열과 다르게 수직 열로 배치되어 있다). 멘델레예프의 주기율표는 63개의 원소에 대해 8개의 주기를 가지고 있었다.

1869년 3월 6일 멘델레예프는 러시아 화학회에 '원소들의 원자 질량의 특성 사이의 의존성'이라는 제목으로 이 표를 공식적으로 발표하면서, 원자가와 원자질량에 따라 원소들을 설명했다. 자연 상태에서 원소의 수는 92개이고 우라늄이 92번째이다. 오늘날에는 원자번호가 92를 초과하는 인공적인 원소가 만들어졌으며, 지금까지 원자번호 115도 관측되었다. 원자론자들에게 자연의 힌트는 멘델레예프가 발견한 규칙성을 통해 처음 드러났고, 훗날 1960년대에 머리 겔만의 '강하게 상호작용하는 입자들의 팔정도'를 통해 또 드러나게 된다.

멘델레예프가 이노스트란체프에게 자신의 꿈에 대해 이야기했을 때, 그는 "3일 동안 잠을 못 이룬 후"라고 말했다고 한다. 하지만 여러

			Ti = 50	Zr = 90	? = 180
			V = 51	Nb = 94	Ta = 182.
			Cr = 52	Mo = 96	W = 186.
			Mn = 55	Rh = 104.4	Pt = 197.4
			Fe = 56	Rn = 104.4	Ir = 198
			Ni = 59	Pl = 106.6	Cs = 199
H = 1	? = 8	? = 22	Cu = 63.4	Ag = 108	Hg = 200
	Be = 9.4	Mg = 24	Zn = 65.2	Cd = 112	
	B = 11	Al = 27.4	? = 68	Ur = 116	Au = 197.?
	C = 12	Si = 28	? = 70	Sn = 118	
	N = 14	P = 31	As = 75	Sb = 122	Bi = 210.?
	O = 16	S = 32	Se = 79.4	Te = 128?	
	F = 19	Cl = 35.5	Br = 80	I = 127	
Li = 7	Na = 23	K = 39	Rb = 85.4	Cs = 133	Tl = 204
		Ca = 40	Sr = 87.6	Ba = 137	Pb = 207.
		? = 45	Ce = 92		
		? Er = 56?	La = 94		
		? Yt = 60	Di = 95		
		?In = 78.6??	Th = 118?		

표1 그림1에 있는 대로 멘델레예프가 1869년 2월 17일에 작성한 잠정적인 원소 체계(63원소)

기록에 따르면, 그가 그림1의 표를 작성한 것은 1869년 2월 17일 단 하루 만에 이루어진 사건으로, 그 당시 극단적으로 시간에 쫓기고 있던 상황이었다.

멘델레예프는 아침식사를 하면서 그날의 공식 프로그램을 알리는 편지 뒷면에 알칼리성 금속 그룹과 다른 그룹을 비교하는 첫 번째 계산을 적었다. 이는 전날 밤 꾼 꿈에 바탕을 두었던 것일 수도 있다. 커피 머그잔을 위에 올려놓는 바람에 편지에는 '트리플' 자국이 남았다. 역사학자들은 이 트리플 자국에 주목해야 한다. 그래야 케드로프가 언급한 대로 멘델레예프의 발견이 단 하루에 이루어졌다는 사실을 사람들이 납득할 것이기 때문이다. 그러나 이 이야기는 이 책의 두 번째 저자가 대학에서 학생들에게 자주 가르치던 경험과 함께 (다른 관점에서) 메아리쳤다. 사자가 다음 사냥을 위해 이빨을 날카롭게 하는 것처럼, 흥분된 순간을 위해서는 충분한 준비를 해야 한다. 준비되어 있지 않으면 이렇게 갑작스러운 순간에 성과를 얻을 수 없다. 이때 일어난 일을 곱씹어 보면, 정확한 사람이었던 멘델레예프는 환상을 가지지 않았다. 그에게 필요한 것은 1869년 2월 17일의 충격이었다.

멘델레예프는 지구의 환경보호운동가였는데, 석유를 연료로 태우는 것은 "부엌 난로 불을 지폐로 피우는 것과 비슷한 것"[03]이라고 말했다. 따라서 그는 진정한 원자론자였다. 멘델레예프는 영성주의의 과학적 주장에 반대했던 것으로 알려져 있다. 그는 러시아에서 널리 받아들여지는 심령주의에 대해, 그리고 그것이 과학 연구에 끼치는 부정적인 영향에 대해 한탄했다.

19세기에 열역학은 이론물리학의 발전에 주요한 역할을 했고, 심오하면서 약간은 신비로운 엔트로피의 개념에 이르게 되었다. 열역학의 아버지이자 엔트로피를 향한 지적 여정을 시작한 사람은 프랑스의 물리학자 사디 카르노(1796~1832)였다. 1824년 출간한 책에서 카르노는 열역학이라는 새로운 연구 분야를 시작했다. 그의 카르노 사이클은 1865년 독일의 물리학자 클라우지우스의 엔트로피 개념으로 이어졌다. 카르노 사이클은 증기기관의 작동을 모방한 단순한 모형이다.

---

03 무어, C. L. Stanitski and P. C. Jurs, 화학: 분자 과학, 제1권 (브룩스/콜, 2014); ISBN-13: 978-1285199047.

독일의 물리학자이자 수학자 루돌프 클라우지우스(1822~1888)는 당연히 엔트로피의 아버지로 여겨질 만하다. 처음에 그는 카르노 사이클에서 영감을 받았다. 이 이론에서는 고온과 저온의 열 저장소에서 열이 나가고 들어오는 열에너지의 비가 절대온도의 비와 동일해야 한다.

카르노 사이클의 변형으로 불가역적(원래 상태로 되돌릴 수 없는) 과정이 존재한다면, 등식 대신에 부등식을 쓰는 것이다. 이는 열역학 제2법칙, 즉 '엔트로피 S(열/온도의 비에 가까운 값)는 감소할 수 없다'라는 결론에 이르게 된다. 이에 따라 클라우지우스는 엔트로피의 작은 증가분을 열평형 근처에서의 정확한 미분으로 정의하고, 열역학 제2법칙 $dS \geq 0$를 이끌어냈다. 여기서 강조할 점은 클라우지우스의 논의는 열평형에 가까운 경우에만 적절하다는 것이다. 단열처리가 된 상자 안에 있는 이상기체가 가능성이 극히 적은 초기 조건에 있을 경우, 예를 들어 모든 분자가 한쪽 구석에 모여 있을 경우에는 $\delta Q = 0$일지라도 엔트로피가 빠르게 증가해 열적 평형상태에 도달하기 때문이다. 클라우지우스는 사디 카르노를 기리기 위해 엔트로피를 S로 나타냈다.

클라우지우스는 열역학의 두 법칙을 다음과 같이 밝혔다.

1. 우주의 에너지는 변하지 않는 상수이다.
2. 우주의 엔트로피는 최대가 되려고 하는 경향이 있다.

공기 분자의 운동이론에서는 열역학적 변수들인 P, V, T가 분자의 평균 운동에 어떻게 연관되는지 통계역학을 이용해 보여준다. 클라우지우스의 작업에 따라오는 질문은 상태 함수인 엔트로피 S를 미시적 변수에 어떻게 연관시키는가 하는 것이었다. 이 문제를 해결한 물리학자는 루트비히 볼츠만(1844~1906)이었다. 그는 분자에 대한 실험적 증거는 가지고 있지 않았다. 이 증거가 나오는 데는 아인슈타인과 스몰루호프스키가 1905년 브라운 운동을 설명할 때까지 30년을 더 기다려야 했다.

볼츠만에 관해 이야기하자면, 그가 세상을 떠나는 날까지도 원자와 분자의 실체를 확신하는 사람은 거의 없었다. 게다가 그의 통계적인, 따라서 정확하지 않은 열역학 제2법칙은 맥스웰의 강한 비판을 받았다. 맥스웰도 원자와 분자를 믿긴 했지만, 볼츠만이 1872년 발표한 부정확한 물리학 법칙에 대한 생각은 결코 받아들이지 않았다. 볼츠만은 자신의 법칙이 틀릴 가능성이 매우 낮기 때문에 정확할 것이라고 여겼다.

또 다른 혹평은 프랑스의 저명한 수학자 앙리 푸앵카레(1854~1912)로부터 나왔다. 푸앵카레는 모든 시스템은 결국 원래 상태로 돌아가야 한다는 엄격한 회귀정리를 증명한 사람이다. 볼츠만은 푸앵카레의 회귀정리에서 걸리는 시간이 너무 길기 때문에 물리적으로 관련이 없을 것이라고 이해했다. 어쨌든 물리학과 수학 분야에서 인정받지 못한 것이 볼츠만이 1906년 62세의 나이에 자살하는 데 영향을 주었을지도 모른다.

볼츠만은 주어진 거시상태 또는 열역학 변수에 해당하는 가능한 모든 미시적 변수들의 배열을 미시상태라고 정의하고, 여기서 미시상태의 전체 수 W로부터 $S = k \ln W$ 엔트로피를 정의했다. 이 식은 물리학의 분야들을 통틀어 가장 유명한 방정식 중 하나로, 오스트리아 빈의 공동묘지에 있는 볼츠만의 무덤에 비문으로 적혀 있다.

이상기체의 경우, 엔트로피 S가 최대로 된다는 것은 열적평형 상태에서 분자 운동에 최대의 불확실성이 있다는 것을 의미한다. 이는 열평형에서 무질서가 가장 크다고 표현하는 것과 동일하다. 따라서 무질서가 적절하게 정의될 때 엔트로피는 무질서를 측정하는 도구이다.

1872년에 나온 볼츠만의 H정리는 물리학에서는 핵심이지만, 우리는 2019년 현재까지도 수학적으로는 엄밀하게 증명할 수 없다는 이야기를 듣고 있다. 적어도 평형에서 멀리 떨어져 있는 경우, 볼츠만 수송 방정식의 해가 충분히 분석적이고 매끈한 해를 가지고 있는지 알 수 없기 때문이다. 그럼에도 불구하고 H정리는 어떻게 가역적인 미시적 역학에서 시작해 통계적 의미에서 비가역적인 거시적 역학에 도달할 수 있는지 보여준다. 고립된 시스템의 엔트로피가 감소할 수 없다는 열역학 제2법칙을 설명하는 것이다. 그러나 우리가 열적평형에서 멀어지게 되면 제2법칙은 소위 요동정리를 사용해 일반화해야 한다.

H정리를 증명한 볼츠만의 논문은 아마도 어떤 물리학 논문만큼이나 많이 연구되고 비판받았을 것이다. 한 가지 흥미로운 것은 폰 노이만(1903~1957)의 비평이다.

볼츠만의 H정리가 클라우지우스에 의한 dS의 정의보다 훨씬 더 강력한 이유는 볼츠만의 수송방정식, 에르고드 가정, 그리고 슈토스잘란자츠Stosszhalansatz(상관관계를 무시하는 분자의 혼란을 의미하는 독일어)만 가정해 비평형계에서 $dS \geq 0$을 증명한다는 것이다.

이상기체 상자에서 시간의 함수 $S(t)$에 대해 분명한 것은 열평형에서 $S(t)$가 최대라는 것이다. S의 정의로부터, 이것은 열평형 시스템에 해당하는 미시상태의 수가 가장 많고 따라서 분자 운동이 가장 무질서하다는 것을 의미한다.

H정리는 19세기 지식 체계를 요약해 이상기체 상자에서 얻은 확신으로 더 흥미로운 경우로 나아갈 수 있게 되었다. 특히 초기 우주의 경우, 엔트로피의 개념이 매우 유용하게 사용된다.

제임스 맥스웰(1831~1879)은 키더민스터에서 북쪽으로 약 300마일 떨어진 스코틀랜드 에든버러에서 태어났다. 가스의 운동이론에 그가 기여한 바도 중요하지만, 1861년 출간한《물리적 역선에 관해》[04]에서 전기와 자기를 통합한 그의 방정식은 더욱 두드러진다. 1865년 나온 그다음 논문《전자기장의 역학이론》[05]에서는 오늘날 우리가 사용하는 8개의 방정식을 만날 수 있다. 현대의 방식을 따르면, 그림2에 나온 CERN(유럽핵물리연구소) 머그잔의 첫 번째 줄에 있는 방정식 하나면 충분할 뿐만 아니라 오히려 더 많은 것을 포함하고 있다. 제2차 세계대전 이전에 알려졌고 현대의 원자 이론가들이 여전히 사용하는 또 다른 정확한 방정식들로는 두 번째와 세 번째 줄에 나타나 있는 쿼크와 렙톤에 대한 디랙 방정식, 그리고 머그잔에는 없지만 아인슈타인의 중력 방정식이 있다.

20세기가 시작되며 현대의 원자론으로 이어지는 긴 터널로 통하는 문이 열렸다. 1896년 앙리 베크렐(1852~1908)은 방사성 핵에서 β−스펙트럼을 발견했는데, 이것은 기본입자인 전자들이다. 1년 후, 존 톰슨

---

04 맥스웰, 힘의 선에 관하여, 철학 잡지와 과학 저널, 3월 (1861).

05 맥스웰, 전자기장의 동적이론, Philosophical Transactions of the Royal Society of London 155, 459−512 (1865).

그림2 존 엘리스가 CERN의 컵에 적어 넣은 표준모형의 방정식

(1856~1940)은 음극선이 이전에 알려지지 않은 음전하 입자로 구성되어 있는 것을 알아냈으며, 이 입자는 원자보다 훨씬 작은 크기이고 전하 대 질량비가 매우 커야 한다고 계산했다. 현재 톰슨은 전자를 발견한 것으로, 베크렐은 약한상호작용 현상을 최초로 측정한 것으로 인정받고 있다. 흑체 스펙트럼의 연구에서 보자면, 막스 플랑크(1858~1947)는 양자 아이디어를 도입할 필요가 있었다. 여기에는 그의 이름이 붙은 자연의 새로운 기본 상수 h가 들어 있다. 어떤 물리학 계산이 h를 포함하고 있으면 그것은 양자 현상이다. 이 상수는 매우 중요하기 때문에 양자 현상을 주로 연구하는 현대의 원자론자들은 h를 명시적으로 쓰지 않는 것에 동의했다. 이제 플랑크는 막스 보른과 몇몇 독일 노벨상 수상자들과 함께 괴팅겐 공동묘지에 안장되어 있다. 이 파격적인 시기에 알베르트 아인슈타인(1879~1955)은 이미 알려진 맥스웰의 전자기파의 성질에 대해 처음으로 h와 함께 한 입자를 더 도입했다. 가시광선 범위에서 이것은 '광

자'(광자를 의미하는 photon에서 'on'은 입자를 의미하는 것으로, 입자물리학자가 기본입자에 이름을 붙일 때 선호하는 방식이다)라고 불린다. 아인슈타인은 (상대성이론이 아닌) 이 광전효과로 노벨상을 수상했다.

스티븐 와인버그[06]는 위대한 물리학자들을 현자와 마술사로 분류한다. "현자인 물리학자들은 자연이 당연히 그래야 한다는 기본적인 생각을 바탕으로 물리 문제를 질서정연한 방법으로 추론한다. … 마술사인 물리학자들은 전혀 추론하는 것처럼 보이지 않으며, 중간 단계 없이 자연에 대한 새로운 통찰로 바로 넘어간다." 초기의 양자 이론가들과 현대의 원자론자들은 대부분 마술사이다. 알베르트 아인슈타인과 볼프강 파울리는 현자로, 베르너 하이젠베르크와 에르빈 슈뢰딩거, 닐스 보어는 마술사로 간주된다. 아인슈타인이 1905년에 광자를, 파울리가 1930년에 중성미자의 입자를 제안할 때는 그들도 마술사처럼 연구했다.

1920년대 중반에 양자역학을 공식화한 것은 원자 물리학에서 혁명이었다. 뉴턴의 고전역학보다도 더 큰 혁명이었다고 할 수 있다. 양자역학은 그리스 원자론자들의 가정들 중 하나였던 동일한 입자의 개념을 규정했다. 1926년까지의 역사는 대략 다음과 같다. 1913년 닐스 보어가 허용되는 원자의 궤도를 발표한 후, 이러한 보어 원자의 에너지 레벨을 이해하는 것이 물리학자들의 과제였다. 1925년 북해의 헬골란트섬으로 요양을 가 있던 베르너 하이젠베르크는 보어의 원자 궤도는 관측할 수 없는 것이며, 따라서 측정이 가능한 값들만 가지고 다루는 방식을 고려

06 와인버그, 최종이론의 꿈, (빈티지북스, 랜덤하우스, 뉴욕, 1994).

해야 한다는 생각을 떠올렸다. 이는 하이젠베르크의 위대한 업적으로 이어지는 실마리가 되었다. 위치나 운동량같이 측정이 가능한 값만 가지고 이루어진 이 연구의 최종 결과는 양자역학의 한 방법인 행렬역학으로 알려져 있다. 다른 방법으로는 파동역학이라고 불리는 공식이 있다. 이는 슈뢰딩거의 연구로 알려져 있으며, 이론화학의 작업장이 되었다. 이 아이디어는 파동함수에 기반을 두고 있다. 관측 가능한 임의의 값에 대해 Ψ로 표시되는 파동함수가 존재한다.

파동함수라는 개념은 1923년 프랑스의 물리학자 루이 빅토르 피에르 드브로이가 처음 도입했다. 그는 운동량에 반비례하는 파장을 도입해 전자의 파동적인 성질을 가정했다. 그리고 모든 물질이 파동적인 성질을 가지고 있다고 제시했다. 슈뢰딩거가 어떻게 파동함수와 연관되게 되었는지에 대한 일화가 있다. 1921년 슈뢰딩거는 32세의 나이에 ETH라고 불리는 취리히 공과대학으로 옮겼는데, 이곳에는 37세의 피터 디바이(1916~2012)가 교수로 있었다. 1925년 드브로이는 ETH에서 자신의 전자파동에 대한 세미나를 했다. 세미나가 끝난 후, 디바이가 물었다. "내가 알기로 모든 파동은 그것이 따르는 파동방정식을 가지고 있는데, 자네의 전자파동이 물질파동이라면 그 물질파의 운동방정식은 무엇인가?" 드브로이가 대답하지 못하자 디바이가 슈뢰딩거를 돌아보며 말했다. "주말에 산행을 하기보다는 드브로이의 방정식을 얻어보게."[07] 1926년 슈뢰딩거는 물질파동에 대한 방정식을 만족스럽게 얻었다.

---

[07] 오쿠보 스스무가 로체스터에서 이 책의 두 번째 저자와 한 대화 중. 뉴욕, 1월, 2010년.

이 방정식은 이전의 다른 모든 파동방정식과는 달리 허수 i를 포함하고 있었다.

독일 괴팅겐의 수학자 막스 보른(1882~1970)의 작업에 기초한 파동 함수의 해석은 확률 진폭, 즉 물질입자를 찾을 확률이 $|\Psi|^2$이라는 것이다. 괴팅겐은 독일의 지리적 중심이자 1920년대 새로운 물리학의 중심지였다. 하이젠베르크, 디랙, 그리고 오펜하이머가 괴팅겐에 와서 막스 보른의 지도를 받았다. 괴팅겐 묘지에 있는 막스 보른의 비석에는 $pq-qp=\dfrac{h}{2\pi i}$라고 적혀 있다. 여기서 h는 플랑크 상수이다. 이는 하이젠베르크의 불확정성 관계로, 괴팅겐 그룹에서는 그들 전체의 업적이라고 여긴 것 같다. 확률 해석은 확률을 바꾸지 않는 변환(즉, 전자수가 생성되거나 파괴되지 않음)을 가지고 있다. 파동함수에 위상을 곱해도, 즉 $e^{i\alpha}\Psi$, $|\Psi|^2$은 여전히 같은 값으로 유지된다. 따라서 양자역학에서 우리는 확률을 보존하는 변환만 고려한다. $e^{i\alpha}$를 일반화한 것이 유니타리 변환 $e^{i\alpha_i F_i}$이다. 여기서 F_i를 유니타리 변환의 생성자라고 부른다. 이와 관련해 양전닝은 양자역학을 위상역학이라고 불렀다.

하이젠베르크는 불확정성 원리의 개념을 도입했다. 수학에서, 정해진 영역에서 잘 행동하는 임의의 함수는 그 정해진 영역에서 정의된 완전한 집합에 있는 함수들의 선형결합으로 나타낼 수 있다. 예를 들어, $x\in[0,2\pi)$인 x에 대해, $\sin x$는 테일러 전개로 $\sin x=x-\dfrac{x^3}{3!}+\dfrac{x^5}{5!}+\cdots$로 나타낼 수 있다. $\{1,x,x^2,\cdots\}$가 완전한 집합이기 때문이다. x가 측정이 가능한 변위를 나타내는 경우, 모든 파동 함수는 x만의 함수가 될 수 있다. 즉, $\Psi(x)$이다. 그러나 고전역학의 경우, 위치 x에서 입자의 선운동량은 $p=\frac{dx}{dt}$이다. 이 고전적인 관계에 연결시키기 위해서는 $\frac{dx}{dt}$가 x의 함수이기는 하지만 x만의 함수가 아니라는 것을 알 필요가 있다. 그것은 t에 대한 미분을 포함하고 있다. x에 의존하는 함수 $\Psi(x)$의 경우, t에 대한 의존성은 이제 $x(t)$에 의해 t의 함수인 $\Psi(x)$의 미분 $\frac{d\Psi(x)}{dt}$에만 나타난다. 따라서 우리는 $\Psi(x)$에 대해 미분 가능한 함수만 고려한다. 미분 연산은 $\Psi(x(t))$에 작용한다. 이렇게 정의된 상황에서 우리는 $p\Psi(x(t))$를 계산할 수 있다. 그러나 $p(x\Psi(x(t)))$의 연산에서, 미분 작용을 가지고 있는 p는 단순히 한쪽을 미분하는 것으로 그치지 않는다. 그러므로 $(xp-px)$ $\Psi(x)=\Psi(x)$ 관계를 얻는다. 즉, x와 p에 대해 사라지지 않는 교환자를 가지게 된다. $(xp-px)$를 교환자 $[x,p]$로 나타내며, 이 수식은 막스 보른의 묘비에 적혀 있다.

간격 $x=(-\pi, +\pi]$에서 함수의 완전한 집합 중 하나는 $\{e^{inx}, n=$정수$\}$이다. 모든 미분 가능한 함수는 이 집합의 함수들로 나타낼 수 있으며, 이를 푸리에 전개라고 부른다. 이것을 연속적인 변수 $n \rightarrow k(or\, p)$로 일반화할 수 있으며, 이는 푸리에 변환이라고 부른다. 앞에서 설명한 바와 같이, e^{inx}를 사용하는 이 변환은 확률을 보존하는 변환이다. 구체적으로 푸리에 변환은 $\Psi'(p) \propto \int dx e^{ixp/\hbar} \Psi(x)$이다. 여기서 $\hbar$의 차원은 $cm\frac{gram\, cm}{s}$ $=[energy\, time]$이다. 파동함수는 위상 $e^{ixp/\hbar}$을 통해 고정된 2개의 변수 x와 p를 가지고 있기 때문에 불확정성 원리 $[x,p]=i\hbar$를 가진다. 여기서 $\hbar \equiv h/2\pi$이다. 만약 두 변수가 고정된 위상을 가지고 있지 않다면 이 둘은 불확정성 관계를 가지지 않을 것이다. 그러므로 학부생용 양자 역학 교과서에서는 대부분 푸리에 변환을 이용해 불확정성 관계를 연습

시킨다.

불확정성 관계의 오른쪽 항에 있는 플랑크 상수 $\hbar$는 양자 효과가 얼마나 관측 가능한지 나타낸다. 이러한 액션의 단위는 플랑크 상수 $\hbar$이다.[08] 만약 액션이 플랑크 상수와 비교해 그 비가 1 정도이면 양자효과는 명백하다. 액션이 플랑크 상수 $\hbar$보다 훨씬 크면 양자효과는 진동을 반복해 사라진다. 플랑크 상수 $\hbar$는 [에너지·시간]의 단위를 가지고 있으므로 유니타리 변환의 위상에 (시간)×(에너지)가 나타날 수 있다. 즉, $\Psi'(p) \propto \int dx \, e^{-itE/\hbar} \Psi(x)$이다. 그러므로 고전역학에서 관측량 E와 p 사이의 에너지−운동량 관계, $E = \dfrac{p^2}{2m} + V(x)$를 파동함수에 관해 적을 때 슈뢰딩거 방정식의 왼쪽에 i가 들어오게 된다. 슈뢰딩거 방정식을 상대론적으로 일반화한 것이 스핀−0인 파동에서는 클라인−고든 방정식이고, 스핀 $-\dfrac{1}{2}$인 경우는 디랙방정식이다.

$$ih\frac{\partial}{\partial t}\Psi = \left(\frac{p^2}{2m} + V(x)\right)\Psi$$

이전의 원자론자들(데모크리토스, 에피쿠로스, 돌턴, 멘델레예프, 보어)이 놓친 결정적인 한 가지는 각각의 원자나 입자의 회전에 관한 개념이었다. 17세기에 발명된 전통적인 광학현미경으로는 원자를 볼 수 없었다. 1장에서 언급했듯이, 로버트 훅은 1655년 광학현미경으로 '시간의 이빨'을 관찰했다. 오늘날 원자 수준에서 표면의 이미지를 보게 해주는 스캐닝

08　플랑크 질량이라고 부르는 단위도 있다. $M_P = 2.43 \times 10^{18} \text{GeV}$.

터널링 현미경으로도 원자의 회전을 볼 수는 없다. 요즘은 종종 TV 뉴스를 통해 현재 나노기술의 성과를 보곤 한다. 그 기술은 1,000만분의 1cm, 즉 원자 크기의 약 열 배에 달하는 크기보다도 큰 영상을 보여준다. 심지어 요즘 출간되는 인기 있는 물리학 서적들[09]조차도 기본입자의 회전이 중요하다는 것을 강조하지 않는다. 'V-A' 이론을 외친 네 사람이 노벨 위원회의 인정을 받지 못했기 때문이다. 이제 위원회는 그 기회를 놓치고 말았다. 기본입자의 회전과 관련된 상호작용을 최초로 발견한 네 사람(파인먼, 겔만, 마샥, 수다르샨)이 모두 세상을 떠났기 때문이다. 8장의 시작 부분에서 그들의 아이디어에 대해 더 다룰 것이다.

그리스인들은 태양, 달, 행성이 궤도를 따라 회전하는 것을 알고 있었지만, 그 회전 개념이 그리스인들의 원자론에는 적용되지 않았다. 그 당시 회전 개념을 적용했다 하더라도, 이러한 종류의 궤도는 그들의 원자론에 성공적으로 들어갈 수 없었을 것이다. 그림3(a)은 한 사이클에 대한 궤도 회전을 보여준다. 위에서 보면 반시계 방향으로, 아래에서 보면 시계 방향으로 회전하고 있다. 따라서 하늘에서는 별의 회전 방향이 시계 방향인지, 반시계 방향인지 구분되지 않는다. 그러나 땅 위에서 팽이가 회전하고 있다면 시계 방향으로 회전하는지, 반시계 방향으로 회전하는지 알 수 있다. 그림4는 볼프강 파울리와 닐스 보어가 회전하는 팽이를 보고 있는 사진이다. 사실 팽이의 각 점은 회전의 궤도를 따라 돌

09 그린, 엘러건트 유니버스 (노턴, 미국, 2003), 로벨리, 보이는 세상은 실재가 아니다 (펭귄 그룹, 뉴욕, 2016)

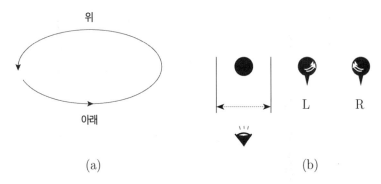

그림3 회전: (a) 궤도 위에서 회전 (b) 가능한 원자의 회전에 관한 생각과 위에서 보았을 때의 L과 R

고 있기 때문에 팽이의 회전은 궤도 회전이다. 파울리와 보어에게 시계 방향 또는 반시계 방향의 개념은 바닥으로부터 회전하는 것을 볼 수 없었기 때문이었다.

만약 닐스 보어가 수소 에너지 스펙트럼을 위해 만든 모형에서 핵 주위의 전자에 회전을 고려한다면, 역시 회전 궤도가 첫 번째 추측일 것이다. 그러나 그림3(b)의 왼쪽과 같이, 우리가 크기를 측정하는 능력(점선으로 된 화살의 범위)에 비해 사물의 크기가 매우 작다면 이야기가 달라진다. 이 경우, 물체의 회전 방향에 대해 스스로 확신할 방법이 없다. 원자론에서는 물체의 크기를 다루어야 한다.

물질의 양파 구조를 벗겨나가다 보면, 더 이상 분리할 수 없는 원자에 이르게 된다. 사실 데모크리토스의 원자는 현대의 원자론자들이 생각하는 보어의 원자보다 더 작은 것으로 해석해야 한다. 그 크기는 빛이 그 크기를 따라 이동하는 거리와 거의 같다. 여기서 우리는 질량이 에너지라고 말하는 아인슈타인의 유명한 공식 $E=mc^2$ 이 유용하다는 것을 알

그림4 볼프강 파울리('스핀' 단어의 창시자)와 닐스 보어(원자 모형의 창시자)가 회전하는 팽이를 보고 있다.

게 된다. 누구나 경험하듯이, 어떤 수를 아주 작은 수로 나눌 때 아무리 작은 수라도 그 수는 0과는 매우 다르다. 아인슈타인은 mc^2 (빛의 속력 c)을 정지질량 에너지로 간주했다. 한 입자가 움직일 때, 그 에너지는 이 정지질량 에너지보다 더 크다. 정지질량 에너지는 입자가 가질 수 있는 가장 작은 에너지이므로 에너지를 $E=mc^2+$(어떤 것)으로 표현하고 통과하는 시간을 측정해보자. 가장 작은 에너지, 즉 $E=mc^2$에 해당하는 거리를 콤프턴 파장이라고 한다. 빛에 의해 산란된 전자를 처음으로 관측한 아서 콤프턴을 기리는 의미로 붙은 이름이다. 빛의 경우는 매우 이상하다. 우리가 TV 방송을 수신하는 빛, 전파, 마이크로파, 엑스선, 감마선은 같은 속력 300,000km/s로 움직인다. 이는 영국과 한국의 해수면에서 동일하다. 아인슈타인은 입자의 속도나 운동량을 $p=\sqrt{E^2-m^2c^4}/c$로 나타내는데, $E=mc^2+$(어떤 것)과 같은 것이다. 모든 종류의 전자파가 속도 c로 이동하기 때문에 빛의 질량 또는 더 일반적으로 전자기파의 질량은 0이어야 한다. 정확하게 질량이 0인 것은 매우 큰 의미를 가진다. 이에 대해서는 8장에서 더 자세히 논할 것이다. 빛의 여행에 따라 측정한 시간은 물리적으로 중요한 의미를 가진다. 만약 한 입자의 질량이 m이고 확장된 콤프턴 파장이 λc인 경우, 빛이 그 입자를 통과하는 데 걸리는 시간은 $\lambda c/c$이다. 콤프턴은 이 거리를 단 하나의 숫자, 즉 정지질량을 이용해 정의했다. 콤프턴 파장은 다음과 같다.

$$\lambda c = \frac{h}{mc}$$

1925년 원자가 자기장에 놓여 있을 때 보어의 에너지 레벨이 쪼개진다는 제만 효과가 알려졌다. 앞에서 다룬 바와 같이, 고전역학에서는 x와 p를 알면 각운동량을 계산할 수 있다. 이 궤도 각운동량은 보어의 양자화 규칙에 사용되었다. 그러므로 보어의 모형에는 제만 효과를 해석할 수 있는 방법이 없었다. 그래서 사무엘 구드스미트와 조지 울렌벡은 새로운 종류의 각운동량을 도입했다. 이것은 후에 볼프강 파울리가 파울리-슈뢰딩거 방정식에서 '스핀'이라고 불렀다. 전자는 $\frac{h}{2}$ 단위, 광자는 h 단위의 스핀 각운동량을 가지고 있다. 보통 우리는 간단하게 h 없이 전자와 광자의 스핀을 $\frac{1}{2}$과 1로 나타낸다. 1927년 폴 디랙(1902~1984)

은 파울리-슈뢰딩거 방정식을 상대론적 형태인 디랙 방정식으로 확장시켰다. 폴 디랙은 오로지 물리학을 하기 위해 하늘에서 지구로 내려왔다고들 한다.[10]

전자의 콤프턴 파장은 수소 원자의 크기보다 거의 250배 작은 약 2×10^{-11}cm이다. 따라서 수소 원자를 보면서 전체 각운동량을 이야기할 때 전자의 스핀 각운동량도 고려해야 한다. 구드스미트와 울렌벡이 제만 효과를 설명하기 위해 제안한 것이 이 효과였다. 이는 양자역학이 완성되기 이전이었다. 만약 기본입자를 점으로 생각한다면 스핀 각운동량은 궤도 운동에서 얻은 것과는 근본적으로 다른 것이다. 스핀은 기본입자의 고유한 특성이어야 하며, 반시계 방향의 회전(그림3(b)에서 왼쪽 방향인 경우 L이라고 함) 또는 시계 방향의 회전(그림3(b)에서 오른쪽 방향인 경우 R이라고 함)에서 보이는 것과 같다.

만약 2개의 파동, 즉 i의 위치에서 계산한 A의 파동함수 $\Psi(A)_i$와 j의 위치에서 계산한 B의 파동함수 $\Psi(B)_j$를 고려한다면, 우리는 (가능한 A의 수) × (가능한 B의 수)를 고려해야 한다. A와 B, 각각 두 종류가 가능한 경우에는 총 네 가지가 가능하다. 그림5에 보이는 대로 $\Psi(A_1)_i\Psi(B_1)_j$, $\Psi(A_1)_i\Psi(B_2)_j$, $\Psi(A_2)_i\Psi(B_1)_j$, 그리고 $\Psi(A_2)_i\Psi(B_2)_j$이다. 이 그림에서 회색 동그라미와 검은 동그라미는 2개의 다른 파동함수를 나타낸다. 첫 번째는 i에 위치한 것이고 두 번째는 j에 위치한 것이다. 스핀이 $\frac{1}{2}$인 파동의

---

10 파르멜로, 이상한 남자: 폴 디랙의 숨겨진 인생, 원자의 신비주의자 (베이식북스, 뉴욕, 2009). 그의 묘비에는 "…하느님이 그렇게 만드셨기 때문에"라고 적혀 있다.

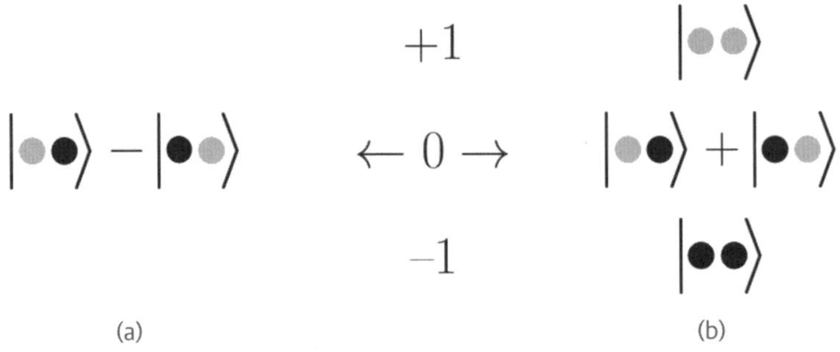

$$|\bullet\bullet\rangle - |\bullet\bullet\rangle \qquad \leftarrow 0 \rightarrow \qquad |\bullet\bullet\rangle + |\bullet\bullet\rangle$$

$$+1 \qquad\qquad |\bullet\bullet\rangle$$

$$-1 \qquad\qquad |\bullet\bullet\rangle$$

(a)   (b)

그림5 두 가지 파동함수의 곱

경우, 고윳값이 $+\frac{1}{2}$ 또는 $-\frac{1}{2}$이다. 스핀이 $\frac{1}{2}$인 2개의 파동을 고려하면, 고윳값은 $+1$, 0 또는 -1 중의 하나가 된다. 가능한 4개의 경우들은 그림5에서 (a)와 (b)의 경우로 나뉜다. z-성분 스핀 값이 0인 경우에는, 반대칭인 (a)와 대칭인 (b)의 조합이 있다. 만약 두 위치가 같다면, 즉 $i=j$라면 반대칭 조합은 사라진다. 스핀이 $\frac{1}{2}$인 전자의 반대칭 파동은 제외된다. 이것이 바로 원자의 에너지 레벨을 채울 때 파울리 배타원리의 본질이다. 파울리는 스핀-교환자 정리의 아버지였다. 이 정리에서는 페르미온이라고 불리는 반정수 스핀 입자가 페르미-디랙 교환자를 만족하고, 정수 스핀 입자, 이른바 보손은 보스-아인슈타인 교환자를 만족한다. 그림5에서 페르미-디랙 교환자는 반대칭 조합을 선택하고 보스-아인슈타인 교환자는 대칭 조합을 선택한다. 이 스핀-교환자 정리는 현재의 원자론에서 양자색역학(QCD)을 찾는 데 중요한 역할을 했다.

광자와 상호작용 하는 전자의 양자역학을 상대론적으로 만든 공식 또한 1928년 폴 디랙이 만들었다. 이 공식은 양자전기역학(QED)이라고 불린다. 전자와 광자의 파동을 기술하기 때문에 QED의 양자장론이라고 부르기도 한다. 양자장(하이젠베르크의 불확실성 관계를 만족하는 생성 및 소멸 연산자에 의해 보완된 파동과 같다. 따라서 양자이다) 역시 반입자를 포함하고 있다. 특히 디랙은 전자의 반입자, 즉 양전자를 예측했다. 1929년 드미트리 스코벨친은 전자처럼 작용하지만 자기장에서 반대 방향으로 휘어지는 양전자를 검출했다.

이 무렵, 핵의 베타붕괴는 그 시대의 지식으로 이해하기에는 특이한 행동을 보였다. 1896년 앙리 베크렐이 우라늄에서 처음으로 베타붕괴를 관찰했다. 베타붕괴는 현재 우리가 알고 있는 대로 약한상호작용의 결과이다. 이 상호작용들은 현대의 원자론을 연구하는 주된 초점들 중 하나이지만, 그 역사에는 많은 장애물들이 있었다. 첫 번째 중요한 아이디어는 볼프강 파울리가 중성미자를 예측한 것이었다. 제임스 채드윅은 1914년 베타선의 연속적인 에너지 스펙트럼을 관찰했고, 이는 '왜?'라는 문제를 제기했다. 그 당시에 생각할 수 있는 입자로는 핵, 베타선, 그리고 광자가 전부였다. 베타선에서 광자는 고려되지 않는다. 그래서 연속 스펙트럼이 문제였다. 광자를 방출하면서 핵의 준위가 낮은 상태로 내려간다는 아이디어가 나왔다. 하지만 어떤 경우든 광자를 생각하면 핵의 외부 껍질로부터 더 많은 전자를 밖으로 차버릴 일차적인 전자가 있어야 하는데, 관측되지 않았다. 사실 이 문제는 설명하기가 너무 힘들어, 닐스 보어는 베타붕괴에서만 에너지가 보존되지 않는다는 주장을 제시하기도 했다. 그 당시, 질소 원자핵의 비정상적인 면은 ^7N이 페르미 통계를 보이지 않고 보스 통계를 보여준다는 것이었다. 그 당시는 중성자의 존재가 알려지기 전이었고, 핵의 보스 또는 페르미 통계는 전하의 수에 의해 결정되었다. 이는 핵모형에서 난제였으며, 파울리는 그 당시 스핀-통계 문제에 관해 어느 정도 알고 있었다. 1929년 파울리는 ETH 취리히의 물리학과 교수였다. 아마도 그곳은 그 시절 양자역학의 중심지였을지도 모른다. 폴 디랙, 월터 하이틀러, 프리츠 런던, 프랜시스 휠러 루미스, 존 폰 노이만, 존 슬레이터, 레오 실라드, 유진 위그너가 그곳에 있었고, 3월에는 로버트 오펜하이머와 이시도르 라비가 방문한 적도 있었다. 영향력 있는 위치에 있던 이 시기, 파울리는 1930년 12월 4일 튀빙겐에서 열린 독일 물리학회에 편지를 보내 중성미자에 대한 생각을 공개했다. "방사능 관련 신사, 숙녀 여러분… N과 ^{6}Li의 '잘못된' 통계와 연속적인 베타 스펙트럼에서, 통계의 교환이론과 에너지 보존법칙을 구할 수 있는 필사적인 해결책이 저에게 떠올랐습니다. 즉, 핵에는 전기적으로 중성인 입자가 존재할 수 있다는 것입니다. 이 입자를 저는 중성자[11]라고 부르고 싶습니다. 중성자는 스핀이 $\frac{1}{2}$이고 배타원리를 따릅니다. … 정지해 있는 중성자는 어떤 크기의 자기쌍극자 μ를 가지고 있습니다. 실험에서 보면 이러한 중성자의 이온화는 감마선보다 클 수 없으며, μ는 $e \cdot 10^{-3}$cm보다 크지 않아야 합니다. … 이것은 감마선과 비슷하거나 열 배 더 큰 투과력을 가지는 것 같습니다." 명백히 그는 자기쌍극자 상호작용 μ로 붕괴를 일으키는 상호작용[12]을 도입했다. 그러나 파울리의 수는 보어 마그네톤 단위보다 10^8배 크고, 보어 마그네톤을 사용

---

11 중성자가 발견된 후 파울리의 입자는 중성미자라고 불리게 된다.

12 페르미가 약한상호작용 헤밀토니안을 적기 이전이었다.

하는 것보다 그 붕괴비가 10^{16}배 더 큰 것이 된다. 어쨌든 그는 이 입자가 현재 우리가 생각하는 가벼운 것이 아니라 무거운 것이라고 생각했다.

파울리가 중성미자를 제안한 지 36년이 지난 1956년, 핸포드와 서배너강 유역에서 일하던 프레더릭 라이너스와 클라이드 코완이 이를 관측했다. 라이너스와 코완은 장비와 실험 과정을 발전시켰고, 1956년 6월 14일 인근 원자로에서 엄청난 양의 반중성미자를 방출하는 곳에 검출기를 배치했다. 그 결과, 검출하기 어려울 것으로 추정되던 중성미자를 검출했다. 현재 중성미자에는 세 가지 종류가 존재한다고 알려져 있다. 전자형 νe, 뮤온형 $\nu \mu$, 타우형 $\nu \tau$이다. 이러한 중성미자는 중성미자 진동으로 알려진 과정을 통해 서로 변환된다. 6장의 그림5에서 전자, 뮤온, 타우 및 색깔을 가진 입자들과는 달리 중성미자는 단지 두 성분만으로 된 파동이다. 즉, 다른 입자들에 비해 절반이다.

1930년과 1945년 사이 15년 동안 이론적인 발전은 크지 않았다. 그러나 여기서 우리는 매우 중요한 발견에 주목하게 된다. 1932년 제임스 채드윅(1891~1974)이 또 다른 핵자인 중성자를 발견함으로써 오늘날 우리가 핵에 대해 이해하게 되는 길을 안내했다. 채드윅은 1913년부터 한스 가이거(1882~1945) 밑에서 수년간 일했다. 새로운 기술을 최초로 습득하는 것은 새로운 발견을 향한 보장된 단계이다. 1913년 가이거 계수기는 이전의 사진 기술보다 더 정확했다. 1914년 채드윅은 가이거 계수기를 사용해, 앞에서 언급했듯이 베타 방사선이 연속적인 스펙트럼을 만들어낸다는 것을 증명할 수 있었다. 이로 인해 파울리가 중성미자를 제안하게 된 것이다. 스핀이 이미 알려져 있던 1925년경, 핵은 양성자와 전자로 구성되어 있다고 여겨졌다. 그래서 질량수가 14인 질소 원자핵은 14개의 양성자와 7개의 전자를 포함하고 있는 것으로 가정되었다. 이는 질량과 전하는 바르게 주어졌지만, 파울리가 언급한 바와 같이 스핀(14+7=21=홀수)이 잘못되었다(중성자는 그 당시에 포함되지 않았기 때문에 원자 번호만 중요했다).

가이거와의 친분으로 채드윅은 이 시기에 성능이 좋은 검출기를 더 빨리 알 수 있었다. 1928년 그는 더 강력한 가이거-밀러 계수기를 소개받았다. 베타 붕괴의 문제로, 채드윅과 어니스트 러더퍼드(1871~1937)는 여러 해 동안 전기적 전하가 없는 이론적인 핵입자(중성자)를 가정해 왔다.[13] 만약 7개의 양성자에 더해 중성자 7개가 질소 핵 안에 있다면 질소 핵의 질량과 전하가 설명된다. 그러면 질소 핵의 스핀은 짝수가 되고 스핀-통계 문제는 해결된다. 초기 가이거 계수기의 주요 단점은 그것이 알파선, 베타선, 감마선을 검출했다는 점이었다. 1928년 채드윅과 러더퍼드가 근무하던 캐번디시 실험실에서는 라듐을 이용한 실험에서 초기 가이거 계수기를 사용했다. 라듐은 이 세 가지 입자를 모두를 방출했고, 따라서 전하가 없는 이론적인 핵입자에 대해 채드윅이 생각하고 있던 것에는 적합하지 않았다. 폴로늄은 알파입자를 방출하는 것으로, 리제 마이트너가 독일에서 약 2밀리퀴리(약 0.5g)를 채드윅에게 보냈다. 폴로늄은 방사선을 구별하는 데 유용했다.

13 브라운, 중성자와 폭탄: 제임스 채드윅 경의 자서전 (옥스퍼드대학출판사, 1997) ISBN 978-0-19-853992-6.

1932년 1월 프레데리크 졸리오퀴리와 이렌 졸리오퀴리는 폴로늄과 베릴륨을 사용해 파라핀 왁스에서 양성자를 방출시키는 데 성공했다. 그들은 베릴륨이 감마선을 방출하는 것이라고 생각했다. 러더퍼드와 채드윅은 이에 동의하지 않았다. 양성자는 감마선이 밀어내기에는 너무 무거웠다(앞에서 우리는 충돌 효과가 크려면 무거운 질량이 필요하다고 언급했다). 그러나 그들의 이론상에 있던, 전하가 없는 핵입자들은 같은 효과를 얻기 위해 적은 양의 에너지만 필요로 했다. 로마의 에토레 마요라나도 같은 결론에 도달했다. 돌이켜 보면 프레데리크과 이렌 졸리오퀴리도 중성자를 발견한 것이었지만, 그 사실을 알지 못했다. 이는 실험가들조차 이론적인 아이디어에 대해 충분한 상식을 가져야 한다는 점을 우리에게 상기시켜 준다.

채드윅에게 이는 자신과 러더퍼드가 수년 동안 세워왔던 가설을 증명하는 것이었다. 그는 중성자의 존재를 증명하는 데 전념하기 위해 다른 일을 모두 포기했다. 그는 폴로늄 방사선 방출 원료와 베릴륨 타깃 그리고 적당한 검출 장치를 포함하는 실린더를 고안했다. 1932년 2월, 고작 약 2주 동안의 실험 끝에 채드윅은 자신의 아이디어를 확인하고 '중성자의 가능한 존재'라는 제목으로 〈네이처〉에 논문을 보냈다. 어떻게 중성자가 발견되었고 핵물리학에 대변혁이 일어나게 되었는가에 대해 대략적으로 설명하는 내용이었다. 우리는 러더퍼드를 핵물리학의 아버지로, 채드윅을 중성자를 발견한 사람으로 기억한다.

1933년 채드윅과 골드하버는 실험을 통해 중성자가 양성자보다 약간 더 무겁다는 것을 증명했다. 이는 여러 이유로 중요한 사실이다. 예를 들어, 약한상호작용 β-붕괴에 의해 중성자가 양성자로 되는 것이 가능해진다.

1934년 페르미는 베타 붕괴에 대한 자신의 이론을 제시했다. 이 이론은 핵에서 방출되는 전자들은 본질적으로 중성자가 양성자, 전자, 그리고 반입자 중성미자로 붕괴하는 것으로 설명했다. 페르미의 약한상호작용 해밀토니안은 실제적으로 34개의 항을 포함하고 있었다. 1938년 12월 17일, 독일의 오토 한(1879~1968)과 프리츠 슈트라스만(1902~1980)은 핵분열과 핵반응을 발견했다. 무거운 핵은 자발적으로 또는 중성자에 의한 충돌로 인해 분열되어 2개의 가벼운 핵이 된다. 무거운 핵(예를 들어, 우라늄 235)들의 핵반응이 초기의 공학적 핵 장치에 사용되었다. 화학 반응의 에너지에 비해 어마어마한 이 에너지는 원자폭탄에 사용되었으며, 후에는 원자로에 사용되었다. 오늘날 프랑스, 일본, 한국 등에서는 핵에너지를 평화적으로 이용해 상당한 양의 전력을 공급하고 있다. 핵무기의 한 종류인 핵분열 폭탄, 또는 원자폭탄은 가능한 한 많은 에너지를 가능한 한 빨리 방출하도록 설계된 핵분열 원자로이다.

앞에서 언급한 에토레 마요라나(1906~1938?)는 매우 의문스럽게 사라졌다. 1938년 3월 25일 그가 나폴리로 가는 배를 타고 시칠리아섬의 팔레르모를 떠난 후, 아무도 그를 보지 못했다고 한다. 1963년부터 이탈리아인들은 시칠리아섬의 (팔레르모 근처에 있는) 에리체에 학교를 열어 마요라나를 기리고 있다. 고에너지 실험가인 안토니노 지치치(1929~)가 주로 조직했으며, 게이지이론이 태동하던 시기에 중요한 강의들이 이 학교에서 열렸다.

하지만 마요라나의 이름은 대부분 중성미자의 성질에 대해 말하는 경우에 인용되고 있다. 질량이 없고 중성인 이중항의 스핀-$\frac{1}{2}$인 입자를 바일 또는 마요라나 입자라고 부른다. 만약 정확하게 질량이 없다면 어떤 이름을 사용하든지 중요하지 않지만, 만약 질량을 가진다면 그 둘은 물리적으로 다르다.

파울리는 그림3의 두 스핀 상태를 고려해, 두 상태를 2×1 행렬로 만들고 스피너라 불렀다. 스피너 파동 함수는 2개의 복소수 성분을 가지며, 그룹이론에서는 이중항 2라고 불린다. 이 파동함수 ψ_2가 만족하는 비상대론적인 슈뢰딩거 방정식이 파울리-슈뢰딩거 방정식이다. 디랙은 이를 다른 스피너와 결합시켜 상대론적인 형태로 일반화했는데, 결과적으로는 반입자를 포함하는 것이었다. 질량이 0이 아닌 경우, 그 네 가지 복소수 요소를 모두 사용해야 한다. 그러나 질량이 0이면 2개의 복소수 요소만 고려하는 것으로 충분하다.

네 개의 복소수 성분을 반으로 줄일 수 있는 방법에는 두 가지 가능성이 있다. 마요라나는 이 중 4개의 실수 요소만 고려해 4개의 복소수 성분이 절반으로 줄어드는 경우를 선택했다. 4개의 실수 성분이 만족하는 디랙 방정식이 바로 마요라나 입자가 만족하는 마요라나 방정식이다. 단지 실수 조건만 선택해 마요라나 입자에 0이 아닌 질량을 줄 수 있다. 4개의 복소수 성분을 2개의 복소수 성분으로 줄이는 방법도 있고, 이렇게 만들어진 것은 '바일 스피너'라고 부른다. 이 경우, 질량이 있으면 바일 스피너를 만들 수 없다. 바일 스피너로 질량을 주기 위해서는 2개의 바일 스피너가 필요하다. 중성미자 질량은 0이 아닌 것으로 알려져 있기 때문에 마요라나 형태인지 디랙 형태인지 확인하는 것이 중요하다.

유카와 히데키(1907~1981)는 일본의 이론물리학자이자 최초의 일본 노벨상 수상자이다. 파이 중간자($\pi^\pm, \pi^0$)를 예견한 것으로 잘 알려져 있다. 1929년 교토 제국대학에서 학위를 받고 4년간 강사로 있다가 오사카 제국대학의 조교수 자리로 옮겼다. 그곳에서 유카와는 핵력의 매개자로서 파이온을 제안했다. 1940년 그는 일본 학술원의 제국상을 수상했고, 1949년 노벨 물리학상을 수상했다. 유카와가 예언했던, 전하를 띤 것과 전하가 없는 파이 중간자 ($\pi^\pm, \pi^0$)들을 1947년 세실 프랭크 파월, H. 뮤어헤드, 주세페 오키알리니, 세자르 라테스가 발견했는데, 이 발견 이후 노벨상을 수상하게 된 것이었다. 이러한 파이온들의 질량은 (139.6MeV/c^2, 135.0MeV/c^2)이다.

1935년 유카와는 〈일본 수학회 발표집〉[14]에 자신의 중간자이론을 발표했는데, 이 이론은 전하를 가진 스칼라 입자(행운의 부호 실수와 함께)를 고려했다. 그는 이 질량이 전자의 약 200배여야 한다는 것을 보여주었고, 이는 기본입자에 대한 연구에 큰 영향을 주었다. 사카타, 다케타니, 후시미 등 오사카에 있던 유카와의 그룹은 중간자 이론을 집중적으로 발전시켰다. 유카와는 전하를 띤 보손뿐 아니라 중성의 보손도 있어야 한다고 주장했다. 1937년부터 1938년까지 그는 스펙트럼과 핵의 성질을 설명하기 위해서는 스칼라 보손보다 벡터 보손이 더 낫다고 믿었

---

14 유카와, 기본입자의 상호작용에 관하여 I, 일본 수학회 발표집 17, 48–57 (1935) [Progress of Theoretical Physics Supplements 1, 1–10 (1955) [doi.org/10.1143/PTPS.1.1]].

다. 유타카 호소타니에 따르면, 유카와는 중성 파이온을 훨씬 후에 알게 되었다고 한다.

유카와의 중간자 퍼텐셜은 정수-스핀 입자의 교환에 의해 생기는 힘을 연구하게 된 시작이었다. 이는 그림6(a)과 같이 피겨스케이팅 선수 두 명이 스케이트를 타면서 농구공을 주고받는 것과 같다. 스케이트 선수 A가 농구공을 던지면, 농구공이 가져간 운동량을 보상하기 위해 A의 궤적은 약간 이동하게 된다. 스케이트 선수 B가 공을 받아 되돌려 던지면, B의 궤적도 같은 이유로 약간 바뀐다. 지속적으로 공을 교환하면 결국 스케이트 선수 A와 B는 쌍곡선 궤적을 만들게 된다. A와 B의 궤적을 보는 관찰자들은 그들 사이에 밀어내는 힘이 있다고 생각할 것이다. 유카와는 이 경우에 눈에 띄지 않는 매개자인 '농구공'을 도입함으로써 이 밀어내는 힘을 흉내 냈다. 현대 용어로 이 매개자는 기본입자 '파이온'이며, 그림6(b)의 파인먼 다이어그램에서 점선의 전파인자로 표현되어 있다.

이 방식으로 얻은 힘의 법칙은 교환하는 입자의 질량에 따라 기하급수적으로 감소한다. 핵 안에서 일어나는 핵력은 핵의 크기 이상으로 확장되지 않기 때문에 유카와는 파이온의 질량이 전자 질량의 약 200배라고 예측했다. 교환되는 입자의 질량이 무거우면 가벼운 입자에 비해 궤적이 더 휘어진다. 탁구공을 교환할 때 궤도의 곡선은 큰 영향을 받지 않는다는 것을 이해할 수 있다. 원자 세계에서도 같은 일이 일어난다. 에너지가 작은 광자를 교환할 때 궤적은 진행 방향과 거의 같다. 이러한 의미에서 1982년 Z^0와 $W^\pm$보손을 발견했던 UA1/UA2 실험이나 최근

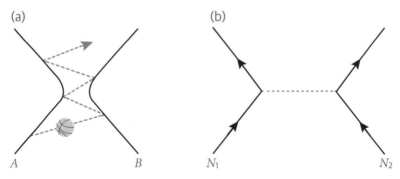

그림6 파이온에 관한 유카와의 아이디어

의 LHC 실험에서는 무거운 입자를 찾기 위해 강한 충돌이 발생한 사건들을 찾고자 노력했다.

그런데 이 설명에는 한 가지 중요한 사실이 빠져 있다. 그림6(a)는 미는 힘을 나타내고 있는 반면, 우리는 양성자와 중성자를 핵 안에 강하게 속박시키기 위해 서로 당기는 힘이 필요하다. 그래서 A와 B를 밧줄로 연결하는 것이 더 낫다. 가끔 A와 B는 서로 가까이 오도록 밧줄을 끌어당긴다. 로프의 진동은 입자가 교환될 때를 설명하는 파동으로 간주할 수 있다. 더 구체적으로 이야기하면, 스핀-0인 입자를 교환할 때는 항상 당기는 힘이 생긴다. 광자와 같은 스핀-1인 입자를 교환하는 경우, 두 입자의 상대적인 전하에 따라 미는 힘 또는 당기는 힘을 줄 수 있다. 게다가 좀 더 기술적인 전문용어로는, 유니타리 그룹과 관련해 나타나는 스핀-0 입자는 항상 '유사스칼라^{pseudoscalar}'이다. 그래서 유카와가 예측한 것은 유니타리 그룹 SU(2)의 한 표현인 유사스칼라 삼중항 $\pi^{\pm}, \pi^0$ 이라고 말할 수 있다.

다른 많은 사례와 마찬가지로, 이 매개 입자 아이디어는 다른 물리학자도 생각한 것이었다. 20세기의 가장 뛰어난 물리학자들 중 한 명으로 평가받는 스위스의 수학자이자 물리학자, 바론 에른스트 카를 겔라흐 스튀켈베르크 폰 브라이덴바흐 주 브라이덴스타인 운트 멜스박 (1905~1984)이다. 1932년 취리히에 머무르는 동안, 스튀켈베르크는 선도적인 양자 이론가 볼프강 파울리와 그레고르 벤첼과 접촉하게 되었다. 이를 통해 그는 새롭게 일어나던 기본입자의 이론에 초점을 맞추었다. 스튀켈베르크의 매개자는 무거운 스핀−1 입자였다. 그는 즉시 이 아이디어를 볼프강 파울리와 논의했는데, 파울리는 즉석에서 반대했다. 그 이유를 추측해보면, 파울리가 게이지 힘을 이해하는 데 권위자였기 때문일 것이다. 스핀−1 입자를 교환하게 되면, 앞에서 언급한 대로 같은 전하를 가진 양성자들 때문에 큰 핵에서는 서로 밀어내는 힘이 커진다. 그래서 파울리는 슈튀켈베르크의 생각에 동의하지 않았는지도 모른다.

유카와의 원래 생각은 슈튀켈베르크의 스핀−1 입자와 같은 것이었다. 하지만 유카와는 운이 좋았다. 그는 이 아이디어를 〈피지컬 리뷰〉에 제출했는데, 당시 편집자는 로버트 오펜하이머였다. 오펜하이머는 물리학을 알지 못하는 (당시에는) 후진국인 일본에서 제출한 것으로 간주하고 이를 거절했다.[15] 그래서 유카와의 잘못된 생각은 발표되지 않았다. 그럼에도 불구하고 그는 유사스칼라를 매개자로서 연구를 계속했고, 우리는 현재 이를 파이온이라고 부른다. 유카와의 잘못된 생각을 거절한 지

---

15 오쿠보 스스무가 로체스터에서 이 책의 두 번째 저자에게 한 말, 뉴욕, 2010년 1월.

6개월 후, 오펜하이머는 그 아이디어가 실제로는 그리 나쁘지 않다고 생각하고, 그 당시 거절했던 것을 오랫동안 안타까워했다. 이것이 오펜하이머가 1949년 노벨위원회에 유카와를 추천한 이유 중 하나일 것이다.

1936년 유카와가 파이온을 제안한 직후, 캘리포니아 공과대학의 칼 앤더슨(1895~1991)과 세스 네더마이어(1907~1988)는 우주선에서 전자보다 무겁고 양성자보다 가벼운 입자를 관측했다.[16] 그들은 입자들이 전자와는 다르게 휘어지는데, 음의 전하를 가지고 있고 전자보다는 적게 휘지만 양성자보다는 더 휘는 성질을 보인다고 말했다. 앤더슨은 처음에 이 새로운 입자를 메소트론이라고 불렀다. '중간'의 의미를 가지는 그리스어 접두사 '메소^{meso}'를 사용한 것이었다.[17] 초기에는, 질량으로 보아 유카와가 제시한 파이온으로 생각되었다. 하지만 그 하나의 긴 트랙은 강하게 상호작용 하는 파이온처럼 보이지 않았다. 이렇게 깊게 침투하는 입자의 존재는 1937년 J. C. 스트리트와 E. C. 스티븐슨의 안개상자 실험에서 확인되었다.[18] 현재는 이것을 뮤온이라고 부른다.

제2차 세계대전이 끝나기 전에는 6장의 그림5에 나오는 표준 모형의 기본입자 중에서 오직 광자, 전자, 뮤온만이 발견되었다.

16 앤더슨, 네더마이어, 해수면과 고도 4,300m에서 우주선의 구름상자 관측, Physical Review 50, 263(1936), 우주선 입자의 본성에 관하여, Physical Review 51, 884(1937).

17 이 접두사는 유카와의 파이온에 전달되었다. 현재 메손은 강하게 상호작용 하는 보손을 의미한다. 여기에는 쿼크와 반쿼크로 만들어진 파이온들과 다른 보손들을 포함한다.

18 스트리트, 스티븐슨, 양성자와 전자 사이의 질량을 가진 입자의 존재에 대한 새로운 증거, Physical Review 52, 1003 (1937).

6장

입자이론

1942년 전쟁 중에 진행된 맨해튼 계획으로 뉴멕시코주 로스앨러모스에 미국의 핵물리학 분야 인재들이 모였다. 레슬리 그로브스 소장(1896~1970)과 이론물리학자 로버트 오펜하이머(1904~1967)가 이끈 이 계획은 원자폭탄을 만드는 데 성공했다. 1945년 7월 16일 오전 5시 30분 뉴멕시코 사막에서 최초의 원자폭탄 실험이 이루어졌다. 폭탄의 에너지는 TNT 20여 킬로톤에 달했으며 트리니타이트라고 불리는 구덩이를 남겼다. 맨해튼 계획에 참여한 많은 핵물리학자들이 입자물리학 또는 고에너지물리학 분야의 문을 열게 되었다.

제2차 세계대전 이후, 오펜하이머는 프린스턴 고등연구소의 소장이 되었다. 그는 1947년 6월 1일 뉴욕 롱아일랜드 끝에 위치한 쉘터섬의 램스 헤드 여관에서 저명한 물리학자 25명을 모아 하루짜리 워크숍을 개최했다. 참가자로는 윌리스 램, 리처드 파인먼, 줄리언 슈윙거, 한스 베테, 엔리코 페르미, 로버트 마샥 등이 있었다. 이 회의의 주요 관심사는 램이 발견한 수소원자에너지준위 이동의 관측이었다. 그 당시 받아들여지고 있던 입자이론은 1928년 폴 디랙에 의해 공식화된 양자전기역학(QED)이었다. 그러나 이 재능 있는 물리학자들도 램이동을 설명할 수 없었다.

셸터섬 학회는 1948년 펜실베이니아주 포코노산맥의 포코노 마너에서, 그리고 1949년 뉴욕 근처의 올드스톤 온 허드슨에서 계속 이어졌다. 램이동을 설명할 때 처음 맞닥뜨리는 무한대는 이 학회의 시작부터 극복해야 할 장애물이었다. 1948년 모임에서는 슈윙거가 거의 완성된 결과를 발표했고, 1949년 모임에서는 파인먼이 파인먼 다이어그램(오펜하이머가 많이 조정한)으로 알려진 방법을 설명했다. 그 당시 QED는 광자에 의해 매개되는 전자의 상호작용을 정교하게 계산할 수 있었다. 그래서 오펜하이머는 셸터섬에서 제기된, QED에서 나타나는 원래의 무한대 문제를 이해하고자 했던 목표를 달성하고 학회를 끝마쳤다.

로버트 오펜하이머는 자선가이자 천재이며 시인으로 알려져 있었다. 이 점은 그의 사후 논평에서도 알 수 있다. 〈런던 타임스〉는 그를 전형적인 '르네상스 사람'으로 묘사했다. 〈뉴욕 타임스〉에서 그의 친구 데이비드 릴리엔솔은 "세계는 시와 과학을 한데 모은 천재의 고귀한 정신을 잃었다"라고 말했다. 또한 1963년 페르미상 수상을 계기로 CBS방송 진행자 에릭 세버레이드는 그를 "시인처럼 글을 쓰고 예언자처럼 말하는 과학자"라고 표현했다. 오펜하이머는 1967년 2월 18일 사망했다. 유골은 버진아일랜드 세인트존의 혹스네스트만에 뿌려졌다. 그는 현대의 원자론을 향한 창을 열었다.

앞에서 다루었듯, 1949년까지 전자와 광자 사이의 상호작용은 QED로 완전히 이해되었다. QED에서 계산된 전자의 자기 모멘트는 1.001 159 652 181 64 ($\pm$76)이고, 실험에서 관측값은 1.001 159 652 180 91 ($\pm$26)이다. 그래서 QED는 1조분의 1까지 정확하며, 가장 성공적인 과학 이론이다. 그런데 1949년 이후, 강한상호작용을 하는 수많은 입자들이 관측되었다. 그중 잘 알려진 입자가 앞에서 언급했던 파이온이다. 1949년에는 파이온 및 파이온에 관련된 강한상호작용을 이해하지 못했고, 이를 이해하는 것이 문제였다.

파이온과 강한상호작용을 하는 다른 입자들을 이해하기 위해, 로체스터 대학교 물리학과장이었던 로버트 마샥의 주도로 제1회 로체스터 학회가 조직되어 1950년 12월 16일에 개최되었다. 그다음 몇 번의 로체스터 학회에서는 입자물리학의 요람인 타우-세타 퍼즐, 반전성 깨짐, 그리고 약한상호작용에서의 'V-A'이론에 관한 논의가 이루어졌다. 제6회 로체스터학회(1956)[01]의 마지막 날, 오펜하이머가 주재하는 회의에서는 타우와 세타 입자에 관련된 문제가 주요 관심사였다. 양전닝의 발표 후에 파인먼은 블록의 질문을 끄집어냈다. "타우와 세타는 특정한 반전성을 가지지 않는 어떤 같은 한 입자의 다른 반전성 상태가 아닐까요? 즉, 반전성이 보존되지 않는 게 아닐까요?"

제6회 로체스터 학회 중 파인먼은 마틴 블록(1925~2016)과 같은 방에

---

01 폴킹혼, 로체스터 이야기 Rochester Roundabout (프리만과 컴퍼니, 뉴욕, 1989), Inspires C56-04-03, 제6회 ICHEP 프로시딩, 로체스터, 뉴욕, 미국, 1956년 4월 3-7.

묵었다. 《파인만 씨, 농담도 잘하시네!》[02]에 적힌 대로, 어느 날 저녁 블록이 파인먼에게 말했다. "당신네들은 왜 그렇게 반전성 보존 법칙을 고집하나요? 아마도 타우와 세타 입자는 같은 입자인 것 같아요. 반전성 보존 법칙이 잘못되었다면 어떤 결과가 생기나요?"

타우−세타 문제의 해답은 핵의 베타붕괴, 하이퍼론 붕괴, 중간자의 붕괴에서 약한상호작용이 '반전성 작용'이라고 불리는 공간을 바꾸는 대칭을 일반적으로 만족시키지 않는다는 것이다. 1956년 말, 리정다오(1926~)와 양전닝(1922~)은 약한상호작용에서 반전성이 깨져 있음을 제안했다. 반전성 깨짐은 네 가지 알려진 힘(전자기력, 약한핵력, 강한핵력, 중력) 중에서 약한상호작용에만 있는 특징이다. 리정다오와 양전닝의 논문은 약한상호작용이 반전성을 보존하는가에 대한 중요한 실험적 의문을 불러일으켰다. 즉, 거울 대칭인 실험에서도 그 결과가 똑같이 나올까 하는 것이었다. 양전닝은 이 책의 첫 번째 저자에게 그들은 반전성이 깨져 있을 것이라고 기대하지 않았으며, 그래서 실제로 연구주제를 통계역학으로 바꾸었다고 말한 바 있다. 그럼에도 불구하고, 우젠슝과 그 동료들의 실험으로 약한상호작용에서는 반전성이 완전히 깨져 있다는 것이 증명되었을 때 리정다오와 양전닝은 놀라고 기뻐했다. 이 실험은 편극화된 코발트60 핵의 베타붕괴를 연구한 것으로, 모리스 골드하버(1911~2011)가 리정다오와 양전닝에게 제안한 것이었다. 이 결과는 모든 물리학자들을

02 라이톤, 후칭스 (편집자), 『파인만 씨, 농담도 잘하시네!』 (노턴, 뉴욕, 1985), ISBN 0-393-01921-7.

놀라게 했으며 1957년 노벨상 수상에 이르게 된다. 약한상호작용에서 반전성 깨짐은 입자물리학이라는 새로운 분야를 열었다. 1957년 이전에는 '입자물리학'이라는 단어가 없었다.

1957년 이후, 입자물리학자들은 핵물리 연구로부터 떨어져 나와 핵의 크기보다 더 작은 영역을 찾아다니며 더 큰 에너지에 집중했다. 이런 이유로 입자물리학은 고에너지물리학과 동의어로 사용되며, 입자물리학에 관한 국제학회는 ICHEP^{International Conference on High Energy Physics}라고 불린다.

약한상호작용의 전하류에서 반전성이 깨져 있다는 것이 받아들여진 후, 제7회 로체스터 학회는 약한상호작용에서 전하류의 'V−A'이론을 발표하지는 못했다. 로체스터 대학의 대학원생 조지 수다르샨이 그 무렵 자신들이 완성한 약한상호작용의 'V−A'이론을 이 학회에서 발표할 수 있도록 마샥에게 부탁했다는 일화가 있다. 그러나 조직위원장이었던 마샥은 그의 발표를 허락하지 않았고, 블록이 그들의 연구를 언급하기로 되어 있다고 답했다. 그런데 블록이 학회에 나타나지 않자, 마샥은 4개월 후 파도바 학회에서 그들의 연구를 발표했다. 7회와 8회 로체스터 학회 사이에 마샥, 수다르샨, 파인먼, 겔만은 전하류의 약한상호작용이 'V−A' 부분만 선택하고 'V+A'는 결코 선택하지 않는다는 것을 공개적으로 지지했다. 이때부터 엔리코 페르미의 34개의 상수 대신에 그중 하나인 결합상수 G_F만으로 전하류의 약한상호작용을 나타낼 수 있게 되었다. 또한 이때부터 입자물리학이 발전할 수 있게 되었으며, QED 수준에서 약한상호작용과 강한상호작용을 이해하는 데 필요한 대칭을 찾을 수 있게 되었다. 이 'V-A' 이론은 표준 모형으로 가는 길을 놓는 주춧돌이었고, 이 시기에 제시된 사카타 쇼이치의 대칭은 강한상호작용의 대칭성을 찾기 위한 시작이었다. 그러나 극복해야 할 장애물이 하나 더 있었다. 이는 7장에서 자세하게 다룰 것이다.

1964년은 매우 창조적인 해였다. 겔만의 수학적인 쿼크(츠바이크의 에이스)가 그가 아끼는 팔정도에 어렴풋이 나타났고, 약한상호작용에서 CP 깨짐을 프린스턴 그룹이 관측했으며, 브라우트-앙글레르-힉스-구랄닉-하겐-키블(Brout-Englert-Higgs-Guralnik-Hagen-Kibble(BEHGHK)) 메커니즘, 줄여서 힉스 메커니즘이 알려지게 되었다. 1년 후인 1965년 한무영과 난부 요이치로가 강한상호작용에 추가적인 SU(3) 자유도(후에 '색소'로 알려지게 된다)를 제시했다. 겔만의 수학적 쿼크와 색소 SU(3)는 10년이 지나 1974년의 11월 혁명 때 인정받았다. BEHGHK 메커니즘은 2012년 125 GeV 보손의 발견으로 마침내 증명되었다. 약한상호작용에서 CP 깨짐 현상의 경우, 표준모형에 있는 쿼크 3가족으로 모두 설명할 수 있게 된 것은 2006년이었다. 1964년 결정적인 시기에, 제12회 ICHEP이 소련 볼가 강둑의 작은 도시 두브나에서 열렸다. 밸 피치(1923~2015)는 약한 CP 깨짐을 발견한 자신의 프린스턴 장비를 가져와 보여주었다. 그 당시는 테이블 실험으로 입자 상호작용의 중요한 성질을 발견할 수 있는 마지막 시기였다.

BEHGHK 메커니즘은 1964년에 알려졌지만, 1966년 버클리에서 열린 제13회 ICHEP에서조차 전체발표에 자발적 대칭 깨짐이 포함되지 않았다. 이것이 주목받은 것은 1967년에 열린 오펜하이머 추모학회

(325명의 이론가들이 참석했다)에서였다.[03] 1967년 2월 18일에 세상을 떠난 고
로버트 오펜하이머를 기리는 학회였다. 그해는 표준모형이 시작된 해로
여겨진다. 스티븐 와인버그가 왼쪽 섹터에만 쿼크와 전자의 이중항을 도
입함으로써 1957년 'V−A'이론에 의해 공식화된 약한상호작용에서 전하
류의 성질을 실현하게 된 것이다. 하지만 표준모형은 1971년 헤라르뒤
스 엇호프트(1946~)와 마르티뉘스 펠트만(1931~)이 자발적으로 깨진 게이
지이론의 재규격화를 증명할 때까지 몇 년이 더 있어야 꽃을 피울 수 있
었다. ICHEP 시리즈는 1972년 9월 6일부터 13일까지 페르미 연구소
에서 열린 제16회 시카고 ICHEP 이후로 확장되었는데, 이 학회의 참가
인원은 300명이 넘었다.

　5장 끝에서 언급했듯이, 제2차 세계대전이 끝나기 전에 두 가지 비
슷한 입자가 알려져 있었다. 전자와 뮤온이다. 뮤온은 질량 차이를 제외
하고는 QED와 약한상호작용에서 전자와 정확히 같은 방식으로 행동했
다. 1936년에 발견된 뮤온이 강입자가 아니라 전혀 예상치 못한 새로운
종류의 경입자라는 소식에 1937년 컬럼비아대학의 이시도어 아이삭 라
비(1898~1988)는 이 반복성의 문제를 간결하게 "누가 그것이 존재하라 했
는가?"라고 표현했다. 이 말은 '입자종 문제' 또는 '입자족 문제'에 관한
궁극적인 표현이었다. 전자와 뮤온의 질량 차이는 '입자족 문제'의 일부
분이었다. 미국에서는 양자역학을 이해한 최초의 이론가는 오펜하이머

---

03 키블, '골드스톤 정리', 입자와 장, '입자와 장에 관한 국제학회' 프로시딩, 로체스터, 미국,
1967년 8월 28일 − 9월 1일, 구랄링크, 하겐, 마튜어 편집 (인터사이언스, 뉴욕, 1968), 277−295쪽.

였고, 최초의 실험가는 라비였다고 말한다. 라비와 오펜하이머는 1929년부터 좋은 친구 사이였다. 앞에서 이야기한 바와 같이 취리히에 함께 갔으며, 맨해튼 계획 때와 그 이후를 포함해 일생 동안 가까운 관계를 유지했다. 매카시즘[04] 시대에 오펜하이머는 비밀정보를 누출했다고 고발되었는데, 라비는 원자력 위원회에서 오펜하이머를 변호하며 또 다른 재치 있는 말을 남겼다. "우리는 원자폭탄과 그것의 모든 시리즈를 가지고 있는데, 당신들은 무엇을 더 원합니까? 인어?"

오펜하이머가 이끈 맨해튼 프로젝트의 유산은 미국 내 연구자들의 네트워크였지만, 미국 동부 연안에는 로스앨러모스에 비견할 만한 국립연구소가 없었다. 컬럼비아대학의 이시도어 라비와 노먼 램지는 동부에 국립연구소를 만들기 위한 로비를 하고자 뉴욕 지역에 있는 대학들의 모임을 열었다. 라비는 자신이 맨해튼 프로젝트에서 알고 있던 레슬리 그로브스 소장과 논의했다. 그로브스도 새로운 국립연구소를 위해 기꺼이 동참하려는 의지가 있었다. 맨해튼 프로젝트는 여전히 잉여 자금을 가지고 있었지만, 전시 조직은 새로운 정부가 생기면 단계적으로 폐지될 예정이었다. 몇 가지 논의 끝에 1946년 1월 두 단체는 합의했다. 마침내 9개 대학(컬럼비아, 프린스턴, 로체스터, 펜실베이니아, 하버드, 코넬, MIT, 예일, 존 스홉킨스)이 하나로 뭉쳤고, 1947년 1월 31일 맨해튼 계획을 대체할 원자력 에너지 위원회와 브룩헤이븐 국립연구소(BNL)[05]를 설립한다는 계약

---

04 1950년대 초기의 냉전시대에 적절한 증거 없이 국가전복이나 반역죄로 기소하는 열풍이었다.

05 리그덴, '라비, 과학자와 시민' (슬로운 재단 시리즈, 베이식 북스, 뉴욕, 1987), ISBN 0-465-06792-1, OCLC 14931559.

을 체결했다. BNL 설립 후, 라비는 에도아르도 아말디(1908~1989)에게 BNL은 유럽인들이 벤치마킹할 수 있는 모델이라고 제안했다. 그는 전쟁으로부터 아직 회복 중인 유럽을 고무시키고 통합시킬 수 있는 방법은 과학이라고 보았다. 1950년 그가 유네스코의 미국 대표로 임명되었을 때 기회가 왔다. 1950년 6월 피렌체의 베키오 궁전에서 열린 유네스코 회의에서 라비는 지역 연구소 설립을 요청했다. 이러한 노력은 결실을 맺었다. 1952년 11개 나라 대표들이 유럽핵입자물리연구소(CERN)를 만들기 위해 한데 모였다. 라비는 보어, 하이젠베르크, 아말디 등으로부터 그의 노력이 성공한 것을 축하하는 편지를 받았다. 오늘날 닐스 보어의 얼굴을 본뜬 청동상이 CERN의 도서관에 전시되어 있다. 그림5에 있는 힉스 보손은 CERN의 LHC에서 발견되었다.

1963년 이탈리아의 물리학자 니콜라 카비보는 강입자에서 중요한 입자종 규칙성 한 가지를 관측했다. 그는 약한상호작용의 전하류에 의해 발생하는 붕괴율을 고려하고 있었다. 이번 장의 마지막에서 언급하겠지만, 표준모형에서 한 입자족에 있는 15개의 카이랄 장[06]은 3개의 카이랄 경입자와 12개의 카이랄 쿼크로 이루어져 있다. 베타 붕괴 같은 입자들의 붕괴는 전하류에 의한 약한상호작용을 통해 일어난다. 만약 하나의 입자족만 있다면 전하류 상호작용에 의해서는 중성자와 파이온의 붕괴만 있을 뿐이다. 2개의 입자족이 있는 경우에는 추가 붕괴의 가능성을 생각할 수 있다. 즉, 그림5에 있는 뮤온(μ)과 기묘(S)/맵시(C) 입자들이 붕

---

06 앞에서 언급한 바일페르미온.

괴할 수 있게 된다. 1963년에는 맵시 입자들이 알려지지 않았다. 그래서 카비보는 뮤온의 붕괴율, 베타 또는 중성자 붕괴, 람다 입자(기묘입자를 포함한 중입자)의 붕괴를 비교했고, 운동학적 요소를 적절히 제거한 후에 (뮤온 붕괴율)=(중성자 붕괴율)+(람다 붕괴율)이라는 사실을 알아냈다. 하나의 제곱값이 두 제곱값의 합이라면 그것은 직각삼각형에서 피타고라스 정리, 즉 $1=cos^2\theta+sin^2\theta$인 것이다. 이렇게 전하류에 의한 약한 상호작용에서 관측되는 각을 카비보각이라고 부르며, 약 13도이다. 우리가 어떤 하나의 각을 말할 때, 그것은 앞에서 말한 유니타리 변환에서 자연스럽게 나타난다. 두 파동함수가 섞여 있으므로 양자역학적 효과이다. 고전역학에서는 두 입자의 혼합을 절대로 고려하지 않는다. 카비보각은 두 파동, 즉 중성자와 람다 파동을 섞는 것이다. 이는 쿼크 모형에서 d와 s쿼크의 혼합각을 나타낸다. 1963년에는 쿼크 모형이 알려지지 않았다. 그러나 그림1에서 보이는 강한상호작용에서 전류의 팔정도는 주로 겔만에 의해 알려져 있었다. 이 중에서 양의 전하류는 $I_+=F_1+iF_2$와 $V_+=F_4+iF_5$이다. 양자역학에서는 크기를 1로 유지하면서 이 두 조합을 섞어주는 유니타리 변환을 허용한다. 위상 항 $e^{iF_c\theta_C}$에 나타나는 이러한 조합은 베타 붕괴와 람다 붕괴를 모두 설명한다. 반면, 뮤온의 붕괴는 강한상호작용을 하는 입자가 관계하고 있지 않기 때문에 팔정도에 속하지 않는다. 따라서 뮤온에 해당하는 유니타리 변환은 위상 1에 불과하다. 이러한 것들 사이의 관계는 기본적으로 $1=cos^2\theta_C+sin^2\theta_C$이다. 이 때문에 카비보는 쿼크 모형이 등장하기 전부터 유니타리 변환을 찾을 수 있었다. 실제로 겔만과 레비는 1960년 이탈리아 학술지 〈누오보 시멘토〉에 발표한 σ−모델 논문에 이러한 각주를 넣었다. "물론 실제로 중요한 것은 $\Delta S = 0$이고 $\Delta S = 1$인 전류의 합을 생성하는 완전한 연산자들의 교환관계에 대한 성질이다." 여기서 S는 기묘도 양자수이다. 그들의 '완전한 연산자'를 우리의 유니타리 연산자로 이해할 수도 있지만, 이 '완전한'이라는 단어가 무엇을 의미하는지 명확하지 않다. 카비보에 대한 겔만과 레비의 관계는, 관찰된 사실에 근거했던 돌턴에 대한 그리스 원자론자들의 관계와 같다. 쿼크 모형이 제시된 후, 그 혼합 효과는 카비보의 섞인 쿼크라고 불린다. 즉, d쿼크와 s쿼크가 섞인 쿼크인 $d' = d\cos\theta_C + s\sin\theta_C$이다.

그림1의 팔정도에는 F_3, F_8, $F_6 + iF_7$, $F_6 - iF_7$에 해당하는 4개의 중성류가 있다. 크기가 1인 유니타리 변환은 이 4개의 조합이 될 수 있지만 여기서 $F_6 \pm iF_7$은 기묘도 양자수를 보존하지 않는다. 페르미 상수 G_F의 약한상호작용 수준에서 기묘도를 바꾸는 중성 전류(SCNC) 효과는 1970

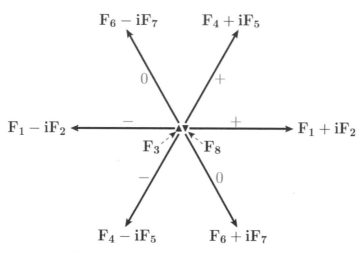

그림1 전류의 팔정도

년까지도 관측되지 않았다. 그래서 이 SCNC를 제거할 필요가 있었다. 그 답은 1970년 셸던 글래쇼, 이오아니스 일리오풀로스, 루차노 마이아니(세 사람의 이름 앞 글자를 따서 GIM)가 맵시 쿼크인 c쿼크를 추가로 도입하고(맵시 쿼크, c-quark), d쿼크와 s쿼크 간의 또 다른 혼합을 도입해 얻었다. 즉, $s'=-d\ sin\theta_C+s\ cos\theta_C$이다. 지로 마키와 오누키 요시오도 1964년 네 번째 쿼크 c를 도입했다고 하지만, GIM에 대한 마키와 오누키의 관계는 돌턴의 원자론에 대한 그리스 원자론자들의 관계와 같은 것이다.

앞에서 우리는 하나의 각을 이용한 두 가지 혼합 관계, 즉 d'과 s'에 대해 이야기한 바 있다. 이 경우는 하나의 각으로 d쿼크와 s쿼크를 섞어주는 유니타리 행렬을 4개의 숫자로 간결하게 쓸 수 있다. 유니타리 행렬을 만들 때 13도의 카비보각은 그림2(a)와 같이 4개의 숫자로 표시된다. 만약 3개의 쿼크가 섞이게 되면 세 가지 쿼크의 양자역학적 혼합을 나타내기 위해 3개의 각이 필요하다. 이 경우, 그림2(b)와 같이 9개의 숫자를 배열해야 한다. 표준모형은 쿼크가 6개인데, 이 쿼크들의 절반인 d, s, b쿼크, 또는 u, c, t쿼크만 섞으면 된다. 이론적으로는 앞에서 전류를 이용해 논의한 게이지 상호작용뿐 아니라 입자의 질량도 기본 입자의 물리학에 관여한다. 예를 들어, 쿼크에 질량을 주기 위한 쿼크와 힉

$+0.970$	$+0.242$
-0.242	$+0.970$

$+0.975$	$+0.221$	$+0.0039$
-0.221	$+0.974$	$+0.0171$
-0.0082	-0.018	$+0.999$

(a)   (b)

그림2 숫자들의 배열

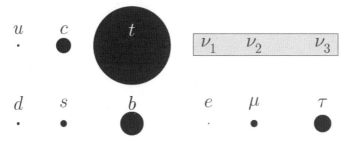

그림3 질량들의 상대적인 크기. 중성미자의 질량은 전자의 질량에 비해 1억분의 1 정도로 매우 작아서 그림에 나타낼 수 없다. 회색 띠 속에 작은 질량을 가진 중성미자가 있다는 것만 표시했다.

스 보손의 상호작용이 있다. 요약하자면, 입자족 간의 관계와 연관된 물리학을 입자족문제 또는 입자종문제라고 부른다.

쿼크와 렙톤의 질량은 그림3에 도식적으로 나타나 있다. 전자와 톱쿼크 사이에는 수십만 배에 해당하는 질량의 차이가 있다는 것을 알 수 있다. 그림2와 그림3에서 보이듯, 쿼크 영역에서 입자종 문제는 해결하기 매우 어려운 문제이다. 지금까지 우리는 자연이 그 비밀스러운 규칙성을 어떻게 드러내는지 찾아보았지만, 그림2와 그림3에서는 어떠한 단순한 규칙도 암시하고 있는 것 같지 않다. 이 입자종 문제는 현재 표준모형에 남아 있는 가장 중요한 이론적 문제이다.

경입자 영역에서도 역시 혼합이 있다. 우리는 이미 세 가지 입자족이 있다는 것을 알고 있으므로, 세 가지 렙톤족의 혼합에 대해 생각해 보자. 기묘도를 바꾸는 중성류를 일반화한 것이 입자종[07]을 바꾸는 중성류

---

07 '입자종'이라는 단어는 같은 약한상호작용 (그림5의 광자, Z, $W^{\pm}$에 의해 매개되는 상호작용)을 가지고 있지만 서로 다른 입자를 구분하기 위해 사용한다. 반대로 '색소'는 강한상호작용을 정의하기 위해 사용한다.

(FCNC)이다. 경입자 영역의 G_F 크기에서 FCNC가 없는 것은 뮤온이 전자와 광자로 붕괴하는 점, 즉 $\mu \rightarrow e + \gamma$의 비율이 뮤온의 붕괴율에 비해 무시할 만큼 작다는 점에서 확인된다. '입자종' 문제는 입자의 질량을 포함하기 때문에, 질량 생성 메커니즘은 '입자종' 문제 또는 그림2에 나열된 관측된 숫자들을 이해하는 데 중요하다. 아인슈타인에 따르면, 질량은 그의 유명한 공식 $E = mc^2$에서 알려진 바대로 에너지이다. 따라서 혼합은 고려 중인 대상의 에너지, 즉 운동에너지와 위치에너지와 함께 고려되어야 한다. 낮은 에너지에서 질량은 위치에너지에 속한다. 쿼크 영역에서는 우리가 선택한 실험에서 운동에너지가 훨씬 더 작으므로 질량에 의존하는 혼합만 고려하면 된다.

경입자 영역에서 $Q_{em} = -e$의 전하를 가진 경입자들이 대각화되는 질량들을 선택하자. 그리고 우리는 전하를 가진 경입자의 대각화를 걱정할 필요 없이 그림3의 중성미자 3개에 대해 논의할 수 있다. 관측된 중성미자의 운동에너지는 매우 넓은 영역에서 변한다. 라이네스와 코웬의 핵발전소에서 나오는 전자중성미자의 에너지는 수 MeV 정도이다. 브룩헤이븐 국립연구소(BNL)의 교류기울기 싱크로트론에서 나오는 레더먼, 슈워츠, 슈타인버거의 뮤온 중성미자는 200MeV이다. 타우중성미자 관측을 위해 T2K(토카이에서 카미오카까지) 실험에서 사용되는 중성미자는, 일본의 J-PARC에 있는 50 GeV 양성자에서 만들어진 것이다. 이 모든 운동에너지는 세 가지 중성미자의 어느 질량보다도 훨씬 크다. 그래서 중성미자 혼합 또는 경입자 영역의 '입자종' 혼합은 대부분 중성미자 운동에너지의 혼합 효과에 의해 관측된다. 이 운동에너지는 중성미자 질량

에너지의 차이와 비교된다. 계산해 보면 주된 혼합의 효과(또는 중성미자의 진동)는 중성미자 질량 제곱의 차이 Δm^2으로 나타난다. 혼합에서 혼합각은 위상에 있는 변수이기 때문에 차원을 가지고 있지 않다. 그리고 더 큰 질량 차이가 더 빠른 중성미자 진동을 주기 때문에 Δm^2은 위상에서 분자에 나타난다. 따라서 우리는 차원이 없는 변수로 $\Delta m^2 \times$(중성미자의 이동거리)/(운동에너지)를 예상할 수 있다. 이 공식은 1957년 러시아의 물리학자 브루노 폰테코르보가 전자중성미자와 반중성미자의 진동에서 처음 얻었다. 1956년에는 전자중성미자만이 알려져 있었기 때문에 폰테코르보는 ν_e와 $\bar{\nu}_e$진동을 생각했다.

세 개의 중성미자의 진동은 그림2(b)에 표시된 방식의 배열처럼 3개의 실수각이 필요하지만, 경입자 영역에서 그 값들은 쿼크 영역과 다르다. 중성미자 진동 실험은 중성미자가 이동한 거리에 따라 달라지기 때문에, 긴 기준선 실험, 짧은 기준선 실험, 심지어 태양 중성미자의 경우와 같이 아주 큰 거리 기준선 실험도 있다. 그림2(b)에서 3개의 수직 숫자 중 2개는 우주선 중성미자가 대기 중의 핵자와 충돌하는 것에서 처음 얻어졌다. 상대적으로 큰 질량제곱의 차이를 찾고자 하는 근거리 실험은 원자로 근처에 검출기를 설치해 진행된다. 레이먼드 데이비스(1914~2006)의 태양 중성미자 문제는 이론에 따라 계산된 만큼의 전자중성미자가 태양핵 안의 핵융합과정을 통한 관측에서는 나오지 못했다는 것이었다. 이 계산은 주로 존 바칼(1934~2005)이 한 것이었다. 반면, 긴 기준선 실험은 매우 작은 질량제곱의 차이에 따른 효과를 볼 수 있기 때문에 CP 깨짐을 더 잘 관찰할 수 있다. 이제 쿼크와 경입자 영역에서 관측된 CP 깨짐에 대해 논의해 보자.

우리는 세 가지 입자의 혼합을 나타내기 위해서 필요한 3개의 각에 대해 다루었다. 이러한 각들을 오일러각이라고 부르는데, 같은 모양의 두 물체에 대해 상대적인 방향을 표현하기 위해 레온하르트 오일러(1707~1783)가 도입했다. 그림4에서처럼 무게 중심이 원점에 있는 고체를 먼저 Z축 주위로 α각만큼 회전시킨 다음, N축 주위로 β각으로 회전시키고, 마지막으로 Z축 주위로 γ각만큼 회전시킨다. 여기서 α, β, γ를 3개의 오일러각이라고 부른다.

실수값으로만 이루어진 혼합은 CP 깨짐을 설명할 수 없다. 여기서 C는 전자를 양전자로 바꾸는 것과 같이 입자를 반입자로 변환하는 것이다. P는 공간 좌표를 바꾸는 것이다. 즉, x가 입자의 세 좌표를 나타내는 경우, 그 위치를 $-x$로 바꾸는 것에 해당한다. 이것이 반전성 P이다. 반전된 좌표와 함께 입자를 반입자로 바꾸는 변환이 입자의 CP 변환이다. 입자에 작용하는 힘 또는 상호작용은 그림5의 두 번째 고리에 있는, 스핀이 1인 입자들의 역할이다. 광자를 실수 입자로 설명하는 데는 아무런 혼란이 생기지 않는다. 양자역학적 변환은 유니타리 변환이므로, 광자는 C에 의해 다른 입자로 변하지 않는다. 마찬가지로, 글루온도 같은 방식으로 행동하며 C대칭성을 잘 따른다. 좌표 반전성에 대해서는, 1928년 이후로 QED가 P를 보존하는 것으로 알려져 있다. 중성류는 입자종을 보존하기 때문에 Z−보손에 의해 일어나는 상호작용에 신경 쓰지 않으며, FCNC를 걱정하지도 않는다. 글루온은 트리레벨에서 QED와 같

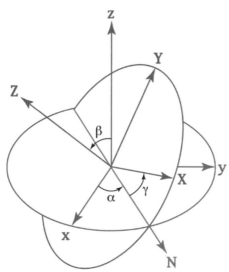

그림4 리오넬 브릿츠가 그린 오일러각

은 방식으로 행동한다.[08] 이제 $W^{\pm}$상호작용의 효과가 남아 있다. 즉, 물질 페르미온의 CC^Charged Current에 따른 효과이다. CC는 그림5에서 삼각형이 붙은 페르미온에 대해서만 정의되므로, C와 P는 깨져 있고 이 단계에서 약한상호작용의 CC에서 CP가 깨질 것임에 대해서는 반대가 없다. 만약 반입자가 그림2(b)의 실수 숫자들을 가지고 정확히 같은 방식으로 행동한다면, 우리가 입자를 보는지, 반입자를 보는지 판단할 방법이 없다. $W^{\pm}$로 인한 입자와 반입자의 상호작용에서 차이를 가지려면 추가적인 변수가 있어야 한다. 3개의 오일러각은 실수각이 벌써 그 역할을 하므로, 그 추가적인 변수는 위상에 있는 각일 수밖에 없다. 하나의 위상값

---

08 루프 효과를 고려하면 글루온 상호작용에 P 깨짐이 있으며, 이것을 강한상호작용에서 CP 깨짐이라고 부른다.

이 그림2(b)의 배열에 나타나야 한다. 이 가능성은 1972년 고바야시 마코토와 마스카와 도시히데가 발견했다. 즉, 그림2(b)의 일부 항에 위상인 $e^{i\delta}$가 나타난다. 마찬가지로, 경입자 영역의 숫자 배열에 위상이 나타나면 중성미자의 진동에 약한 CP 깨짐이 생기게 된다.

그림5에는 표준모형의 모든 기본 입자가 표시되어 있다. 그림5에 없는 새로운 입자를 표준모형을 벗어난(BSM Beyond-the-Standard Model) 입자라고 한다. 그림5의 모든 입자들은 입자물리 실험에서 확인되었다. 표준모형이 올바르다는 생각을 가진 후, 입자물리학자들은 지구 밖의 환경에서 표준모형 입자가 미치는 영향을 우주와 별과 같은 곳에서 찾고자 노력했다. 이제는 암흑물질과 암흑에너지를 통해 우주는 BSM 입자의 영향을 받으며 진화했다는 생각이 받아들여지고 있다. 하지만 이는 고전 그리스 시대의 원자론자들은 생각하지 못한 것이었다. 암흑물질 입자와 여분의 중성미자는 BSM 입자이다. 그림5에서 질량이 없는 입자들은 회색으로 나타났으며, 광자와 8개의 글루온이 해당된다. 다른 모든 입자들은 힉스 메커니즘으로 질량을 가지게 된다. 힘을 매개하는 입자는 두 번째 고리, 즉 강한상호작용의 글루온, 전자기 상호작용의 광자, 약한상호작용의 $W^{\pm}$와 Z가 있다. 그리스인들의 꿈에 해당하는 소위 물질 입자들은 바깥 고리에 위치해 있다. 강한상호작용을 하는 쿼크는 세 가지 색깔이 존재하며, 글루온의 전하에 따라 상호작용을 한다. 강한상호작용에 참여하지 않고 약하게 상호작용 하는 입자는 흰색으로 표시된 경입자이다. 왼쪽 나선성을 가진 경우는 삼각형, 오른쪽 나선성을 가진 경우는 동그라미가 입자 이름의 위에 표시되어 있다. 동일한 게이지 힘(상호

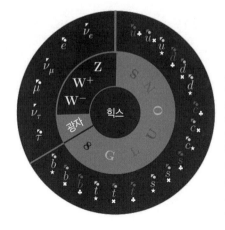

그림5 표준모형의 입자들. 회색 원반 안의 입자들은 질량이 없으며, 이 외의 다른 입자들은 모두 힉스에 의해 질량을 가진다. 쿼크는 세 번씩 반복되어 있으며 각각 클로버 표시, 엑스 표시, 별 표시로 표시되어 있다. 표시 없는 입자들은 색소를 가지고 있지 않다. 헬리시티는 삼각형으로 왼쪽 성분을, 동그라미로 오른쪽 성분을 나타낸다. 중성미자는 왼쪽 성분만 가지고 있다.

작용)을 가진 쿼크와 경입자는 세 번 반복되는데, 이것을 우리는 '자연에 3개의 입자족이 있다'라고 말한다. 가운데에는 질량이 125 GeV이고 힉스라 불리는 BEHGHK 보손을 두었다. '자발적 대칭 깨짐'을 고려하기 전에 복소수의 힉스 이중항은 4개의 실수로 된 장을 포함하고 있었다. '자발적 대칭 깨짐' 이후에는 그 4개 중 3개가 두 번째 고리에 있는 $W^{\pm}$와 Z의 평행성분이 되고, 남아 있는 하나의 실수 장이 바로 125 GeV 힉스 보손이 된다. BEHGHK 메커니즘은 수식적으로는 힉스 이중항의 한 원소에 진공 기댓값 V_{EW}을 할당함으로써 실현된다. 가장 간단한 방식에서 $V_{EW}=246GeV$인 표준모형의 값을 얻게 되었다.

1990년과 2012년 사이에는 새로운 발견이 없었다. 이론가들은 걱정할 필요 없이 BSM 물리학에 대해 자유롭게 생각할 수 있었다. 이 시기, 하늘을 향한 관측은 암흑물질과 암흑에너지를 원자만큼 잘 이해해야 하는 필요성에 맞닥뜨렸다. 그림5의 표준모형 입자는 암흑물질과 암흑에너지를 설명할 수 없기 때문에 BSM 입자를 고려해야 한다. 이렇게 우주론에서 암시하는 현상을 생각할 때는 중력에 관한 고전 이론도 함께 고려해야 한다. 최소의 요건은 중력에 대한 아인슈타인 방정식만 가지고 중력을 연구하는 것이다. 암흑물질과 관련해, 밀그롬(1946~)은 중력에 가속도 변수 $a \ll a_0 \sim 10^{-10} m/s^2$를 도입해 수정뉴턴역학이라고 이름을 붙였다. 그리고 야콥 베켄슈타인(1947~, 블랙홀 엔트로피에 대한 면적 법칙을 제시한 것으로 유명하다)이 이를 발전시켰다. 가속도 변수 a는 중력이 거리에 따라 변화하도록 만드는데, 그 관계가 거리제곱에 반비례하는 중력 법칙에서 벗어나게 했다. 그리고 근처에 있는 은하들에서 관측된 중력 효과를 좀 더 정확히 설명할 수 있게 했다.

이번 장의 나머지 부분에서는 BSM 물리학과 관련된 이론들에 대해 이야기하려고 한다. 대통일장이론, 초대칭, 초중력, 초끈, 암흑물질, 암흑에너지, 윔프들, '보이지 않는' 액시온, 인플레이션, 그리고 여분 차원들이다.

"표준모형의 축척 246GeV가 플랑크 질량 2.43×10^{18}GeV에 비해 작은 이유는 무엇인가?"[09]라는 질문은 표준모형에서 소위 게이지 계층성 문제라고 불리는 것이다. 쿼크나 경입자 같은 페르미온에 대해 왼쪽 성분과 오른쪽 성분이 적절히 일치하지 않을 경우, 플랑크 질량 척도에서는 그 질량을 무시할 수 있다. 여기서 '적절히'라는 단어는 모든 대칭성을 고려하는 것을 의미한다. 그림5에 나타난 대칭성은 표준모형의 게이지 대칭 $SU(3) \times SU(2) \times U(1)$이다. 예를 들어, 그림5의 중성미자는

---

09 플랑크 질량은 뉴턴 상수의 제곱근의 역수이다.

왼손 나선성만 가지는데, 이는 플랑크 질량 척도에서 중성미자 질량을 무시할 수 있음을 의미한다. 중성미자는 '카이랄하다'라고 표현한다. 그림5의 다른 모든 페르미온들도 표준모형 게이지군을 고려할 때 카이랄하다. 이러한 페르미온들은 표준모형이 BEHGHK 메커니즘에 의해 자발적으로 깨지면서 카이랄 특성을 잃게 된다. 현재로서는 게이지 계층성 문제에 대해 보편적으로 인정받는 해결책이 없다. 그럼에도 불구하고, 1979년 하워드 조자이가 강조했듯 최종이론에서 카이랄 성질을 요구하는 것은 매우 타당해 보인다. 기본적으로 이 요건은 1957년 'V-A' 사인방, 마샥-수다르샨-파인먼-겔만 이후에 시작되었다. 자신의 가장 중요한 업적이 무엇이냐는 질문을 받았을 때 파인먼은 'V-A 모형'이라고 대답했다.[10]

그림5에서 삼각형과 동그라미의 수를 세어보면, 클로버 표시, 엑스 표시, 별 표시는 2×18개이고 아무 표시 없는 것은 3×3개로, 총 45개가 있다. 그래서 표준모형에는 45개의 카이랄 장이 있다고 한다. 여기에는 세 가지의 입자족이 있기 때문에 한 입자족은 15개의 카이랄 장을 가지고 있다. 1974년 하워드 조자이와 셸던 글래쇼는 이 15개의 카이랄 장을 5개와 10개로 묶어서 통일 게이지군 SU(5)를 도입했다. 중성미자가 질량을 가지고 있는 것으로 알려져 있기 때문에, 중성미자의 오른손에 대응하는 입자를 도입하는 것이 때때로 도움이 된다. 이 경우, 한 입자족에 16개의 카이랄 장이 있는 것으로 생각할 수 있다. 16개의 카이랄장으

10 라이톤, 후칭스 (편집자), 『파인만 씨, 농담도 잘하시네!』(노턴, 뉴욕, 1985), ISBN 0-393-01921-7.

로 합칠 수 있는 SO(10) 게이지군은 조자이에 의해, 그리고 1974~1975년 하랄트 프리치와 페테르 민코프스키에 의해 고려된 바 있다. 쿼크와 경입자는 이러한 SU(5)와 SO(10) 군에서 동일한 군에 묶인다. 따라서 SU(5)와 SO(10)은 올바른 통일군으로 여겨졌으며, 대통일장이론이라고 불린다. 1973년 초, 요게쉬 파티(1937~)와 압두스 살람(1926~1996)은 쿼크와 경입자를 같은 방법으로 다루었다. 그 결과로 나온 그룹은 SU(5)만큼 단순하지는 않았지만 이 또한 GUT라고 불린다. GUT에서처럼 쿼크와 경입자를 같은 방식으로 다루기 때문에, 3개의 쿼크로 이루어진 양성자가 하나의 경입자로 변하는 것이 가능하다. 즉, 양성자는 GUT에서 붕괴하기 마련이다. 하지만 GUT 없이도 양성자 붕괴가 가능하기 때문에 양성자 붕괴의 발견이 GUT의 설득력 있는 증거가 되지는 못한다. 예를 들어, 초대칭으로 표준모형을 확장하는 경우가 그렇다.

질량이 없는 페르미온 입자와 관련해 그림5에 나온 바와 같이, 플랑크 질량 또는 GUT 척도에서 매우 작은 질량을 고려할 때 카이랄 개념은 자연스러운 것이다. 이 과정에서 많은 사람이 인용했음에도 잘 작동하지 않았던 유명한 아이디어는 전자 질량에 대한 칼루자—클라인의 아이디어였다. 당연히 칼루자—클라인의 아이디어에서 전자의 질량은 플랑크 질량 근처에 있었다. 1983년 제2차 셸터섬 회의에서 에드워드 위튼이 이를 수정했다. 이처럼 실현 불가능한 칼루자—클라인의 아이디어에는 시간을 들일 가치가 없었다. 현대 원자주의자들은 끈이론으로 옮겨 갔다.

카이랄의 개념은 그림5의 페르미온에 잘 적용된다. 이와 관련해,

지금까지 우리가 언급한 힉스 메커니즘은 $W^\pm$와 Z 게이지 보손에 평행 방향의 자유도를 더해주는 방법에 불과하다는 점에 주목하자. 오직 스티븐 와인버그만이 〈경입자의 모형〉이라는 논문에서 왼손 방향의 전자 중성미자와 왼손 방향의 전자를 하나의 이중항에 배정함으로써 1957년 V−A 사인방이 생각했던 왼손 방향의 전하류를 실현해 냈다. 표준모형의 페르미온이 가벼울 수 있다 해도 힉스 보손의 척도는 이 방식으로 설명되지 않는다. 거의 10^{-16}의 비율에 해당하는 (246 GeV) / (플랑크 질량=2.43×10^{18}GeV)를 이해하기 위해서는 페르미온의 카이랄성과 유사한 아이디어가 도움이 된다. 이것이 제대로 작동한다면, 힉스 입자의 질량은 플랑크 질량에 비해 매우 작을 수 있다. 그렇긴 해도 힉스 보손의 질량이 어느 정도에서 결정되는지는 또 다른 문제이다.

초대칭은 보손 입자에 '일종의 카이랄성'을 주는 데 도움이 된다. 초대칭의 선형적 실현은 카이랄 페르미온과 보손을 관계시킨다. 즉, 초대칭 변환은 보손을 페르미온으로 바꾸고, 또한 페르미온을 보손으로 바꾼다. 이 흥미로운 아이디어는 1974년 독일의 율리우스 베스(1934~2007)와 이탈리아의 브루노 추미노(1923~2014)가 연구했다. 일찍이 초대칭의 비선형적인 실현은 1971년 모스크바의 레베데프 물리연구소에서 열린 국제 세미나에서 드미트리 볼코프(1925~2015)의 발표에 나와 있었다. 이 발표는 자발적으로 붕괴된 내부대칭그룹의 개념을 푸앵카레 그룹을 부분그룹으로 포함하는, 새로운 형태의 그룹으로 일반화하는 새로운 방법에 관한 것이었다. 볼코프의 연구는 그의 학생 A. P. 아쿨로프와 함께했다. 그러나 논문의 제목에 나온 볼코프와 아쿨로프의 중성미자는 짝이 되는 보손을 가지고 있지 않다. 그래서 베스와 추미노의 선형 초대칭이 보손의 카이랄성을 할당하는 데 도움이 된다.

보손과 페르미온 사이에 일대일 짝을 지우는 $N=1$ 초대칭에서는 하나의 바일 페르미온에 해당하는 보손이 하나씩 있다. 바일 페르미온은 2개의 성분이 있으므로, 해당하는 보손도 2개의 성분을 가지거나 또는 복소수 스칼라이어야 한다. 초대칭이 있을 때, 그림5에 있는 45개의 카이랄 장은 45개의 복소수 스칼라를 동반한다. 스핀의 차이를 제외하면 이들 보손들은 그들의 페르미온과 같은 양자수를 가지고 있다. 특히 카이랄 양자수도 같다. 왼손 나선성을 가진 전자의 상대인 스칼라 전자도 왼손 나선성을 가진다. 그러므로 왼손 나선성을 가진 스칼라 전자는 카이랄성이 깨지지 않는 한 가벼운 상태를 유지한다.

계층의 차이가 10^{32} 정도로 매우 크기 때문에, 양자장이론의 고차항을 고려할 때도 보손을 가볍게 유지해야 한다. 고차항의 효과는 같은 효과를 가지는 모든 파인먼 다이어그램을 가지고 계산할 수 있다. 여기서 초대칭이 도움이 된다. 그림6에 파인먼 다이어그램에 대한 아이디어를 표현해 놓았다. 앞에서 우리는 중성미자의 진동에 대해 이야기하면서 관련된 파장의 길이가 중요하다고 언급했다. 파장의 길이는 그보다 작은 거리에서 무엇이 일어나는지 묻지 않는 어떤 척도를 나타내는 것이다. 그림6(a)에서 검은색 공 내부의 세부 사항은 실험을 통해 관측되지 않는다. 외부에서 관측 가능한 것이 같은 한 외부의 힌트를 찾아야 한다(공 바깥에 있는 2개의 실선과 2개의 점선). 그림6(b)에서처럼, 회색으로 나타낸 큰 파장의 측정자로는 내부의 세밀한 구조를 볼 수 없다. 그러나 내부 현상을

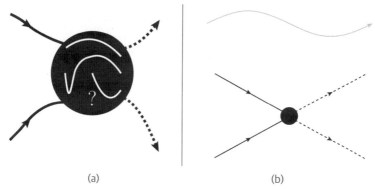

(a)   (b)

그림6 파인먼 다이어그램에 관한 아이디어. (a) 실선으로 표시된 2개 입자가 점선으로 표시된 입자로의 산란되는 것을 나타낸다. (b) 회색 긴 파장에 해당하는 것처럼 운동량이 작다면, 산란을 통해 입자의 내부를 볼 수 없다.

관측할 수는 없어도 양자장이론으로 내부에서 일어나고 있는 것을 상세히 계산할 수는 있다.

계층 문제에서는 힉스 보손의 질량이 문제이다. 그림7은 외부에 있는 2개의 점선으로 힉스 보손의 질량을 나타낸다. $N=1$ 초대칭으로 원루프에서 힉스 보존 질량에 대해 어떤 일이 일어나고 있는지 보여준다. 페르미온 고리(실선의 원)가 힉스 보손의 질량에 기여하는 경우, 5장의 그림5에서 본 페르미온의 반대칭 특성 때문에 음의 기여를 한다. 반대로 보손의 고리(점선의 원)가 힉스 질량에 영향을 준다면, 5장의 그림5에 있는 대칭성의 특성 때문에 그 기여는 양수이다. $N=1$ 초대칭의 경우, 이 둘의 기여의 절대크기가 정확히 동일해 두 기여가 서로 상쇄된다. 이것은 페르미온에 대한 결합 크기의 제곱이 그림7의 오른쪽에 있는 보손의 그것과 정확히 같다는 것을 의미한다. $N=1$ 초대칭은 이러한 동일성에 대해 합당한 이유를 제시한다. 이 방식으로 초대칭에서는 힉스 보손의 질량이 플랑크 척도에서도 생기지 않도록 유지할 수 있다. 기본 아이디어는 힉스 보손에 카이랄성을 부여하는 것이었다.

다음 문제는 초대칭이 있는 이론에서 어떻게 힉스의 기댓값 246 GeV를 만들어 내는가 하는 것이다. 여기에는 중력 상호작용의 도움이 필요하다. 초대칭으로 확장된 중력을 초중력이라고 부른다. 중력에서 뉴턴의 상수는 MKS 단위로 6.67×10^{-11}Nm²/kg²이다. 입자물리학자들은 흔히 $1/\sqrt{8\pi G_{Newton}}$ 라는 자연 단위를 사용한다. 이는 플랑크 질량 M_p=2.43×10^{18}GeV에 해당한다. 그래서 빛 입자의 에너지에 대한 중력 상호작용은 (에너지)/M_p라는 비율로 나타난다. 이 경우, 만약에 5×10^{10}GeV 정도의 중간 크기 에너지가 있다면 중력 상호작용은 대략 $(5 \times 10^{10}$GeV$)^2$/2.43×10^{18}GeV, 즉 1,000GeV에 해당하는 에너지 척도를 만들어 낸다. 이를 약전기 대칭성을 깨는 데 사용할 수 있다. 이 방법은 많은 물리학자가 표준모형을 초대칭으로 확장하는 데 동원되었다. 중간 크기의 에너지에 해당하는 척도를 만들기 위해 QCD에서 쿼크의 응축으로 카이랄 대칭성을 깨는 방법이 적용되었다. 이는 초대칭에서 다른 종류의 강한상호작용의 응축으로, 보통 숨겨진 영역의 속박하는 게이지 그룹이라고 불린다. 여기서 '숨겨진'이란 추가적인 속박의 힘이 표준모형의 입자와 상호작용 하지 않음을 의미한다. 그러나 그림5에 나열된 표준모형 입자의 초대칭 짝으로 예상한 것이 현존 최고의 에너지 가속기 LHC에서는 2019년까지 하나도 발견되지 않았다. "이제 불만의 겨울이 왔다." 셰익스피어는 이렇게 애통해했다.

지금까지 설명한 기본 입자들은 (콤프턴) 파장으로 정해진 측정의 크

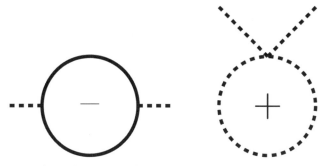

그림7 N=1 초대칭 모형에서 힉스 입자의 질량에 기여하는 파인먼 다이어그램

기를 가진 점 같은 입자들이다. 기본 입자들이 1장의 그림4에 있는 플라톤의 다면체처럼 어떤 모양을 가질 수 있을까? 아마도 끈 모양일 수 있지 않을까? 끈은 처음에는 '이중공명모형'이라는 이름으로 강하게 상호작용 하는 쿼크를 결합시키는 힘(앞에서 유카와의 아이디어로 언급했다)으로서 연구되었다. 이 책의 첫 번째 저자인 프램튼은 1968~1974년 동안의 일들을 정리해 1974년에 리뷰를 했으며, 이를 1979년에 출간했다.[11] 그리고 1986년 월드사이언티픽 출판사[12]에서 추가로 인쇄했는데, 초대칭 끈이론을 향한 새로운 관심으로 인해 초판보다 세 배나 더 많이 팔렸다.

그러나 1973년 점근적 자유도의 발견으로, QCD가 강한상호작용의 올바른 역학으로 받아들여지게 되었다. 그리고 적어도 강한상호작용으로서 이중공명모형은 잊히게 되었다.

한편, 기본 입자의 모양으로 가능한 것은 10차원 공간에서의 끈들

---

11 프램튼, 이중공명모형, (벤저민, 리딩, MA, 1974)

12 프램튼, 이중공명모형과 초끈 (월드사이언티픽, 싱가포르, 1986).

뿐이라는 사실이 알려지게 되었다. 여기에 한 가지 조건이 더 있다. 10차원의 끈은 초대칭을 따라야 한다는 것이다. 1972년 피에르 라몽(1943~), 앙드레 느뵈(1946~), 존 슈워츠(1941~)는 10차원 초대칭끈이론에 주목했다. 1974년 조엘 셰르크(1946~1980)와 슈워츠는 끈이론이 질량이 없는 스핀−2 입자를 포함했기 때문에 중력의 근원으로서 초끈이론을 옹호했다. 이 초끈 구조들은 지상 실험에 사용된 파장에서 보면 점 입자처럼 보여야 한다. 따라서 10차원의 초끈이론은 10^{-16}cm에 해당하는 전기약력의 척도보다 더 작은 규모에서 표준모형을 확장할 수 있는 후보가 될 수 있다. 10년 후인 1984년 초끈이론에 진정한 발전이 이루어졌다. 10차원 초끈이론들의 모든 일관성, 특히 소위 $E8 \times E'8$ 게이지 그룹을 가진 헤테로틱 끈이론에서 증명되었다. 이 게이지 그룹은 곧바로 엄청난 주목을 받게 된다. $E8$의 가지에서 통일장이론의 SO(10)그룹의 스피너 표현이 나오고, $E'8$은 초대칭 붕괴에 필요한 숨겨진 영역과 연관될 수 있기 때문이었다. SO(10)그룹의 스피너 표현은 GUT와 관련해 이전에 언급한 카이랄 표현에 대한 신호를 주는 것이다.

우리가 할 수 있는 첫 번째 명백한 질문은 "끈이 얼마나 클 수 있는가?"이다. 자연스러운 답은 아마도 플랑크 길이보다 약간 큰 크기인 $10^{-31} \sim 10^{-32}$cm정도일 것이다. 그렇다면 그림8(a)에 묘사한 대로, 우리가 10^{16} 정도의 배율을 가진 렌즈로 점과 같은 입자를 들여다보면 그림 8(b)처럼 보일 것이다. 헤테로틱 끈이론은 10^{-30}cm보다 작은 크기의 닫힌 끈만 포함하고 있지만, 열린 끈을 포함하는 다른 끈이론들도 있다. 참고로 힉스 보손의 콤프턴 파장은 10^{-15}cm이다. 다른 극한적인 경우는 캐

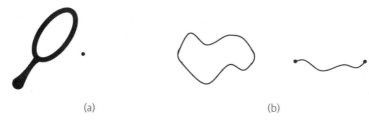

그림8 (a) 입자의 확대, (b) 닫힌 끈과 열린 끈

번디시 타입의 실험에서 긴 거리 힘에 대한 실험과는 어긋나지 않도록 하면서 끈의 길이를 가능한 한 크게 허용하는 것이다. 니마 아르카니-하메드(1972~), 기아 드발리(1964~), 사바스 디모포울로스(1952~)는 1mm 정도의 척도를 가진 끈이론을 처음으로 시작했다.

그러나 앞에 언급한 초끈은 10차원 시공간에 존재한다. 우리는 4차원 시공간에 살고 있으므로 10차원 헤테로틱 끈이론에서 표준모형을 얻는 적당한 방법이 필요하다. 이 과정을 차원줄임이라고 부르며, 10개 중 6개의 차원을 숨겨서 우리에게는 내부적인 차원인 것으로 보이게 하는 것이다. 내부의 6차원에 관한 연구를 통해 1985년 칼라비-야우 공간이 제시되었다.

차원줄임이라는 아이디어는 2개의 실수 차원을 1개의 실수 차원으로 콤팩트하게 만드는 것으로 쉽게 이해할 수 있다. 2차원 면인 A4 종이를 담배 모양으로 말아보자. 담배의 반지름을 더 작게 만들면 두꺼운 통에서 가는 선으로 보인다. 결과적으로, 관측할 수 있는 눈의 파장이 담배의 반지름보다 훨씬 크다면 우리는 1차원이라고 여기게 된다. 그림9는 3개의 복소수 칼라비-야우 공간에서 허수 부분을 제외한 모양이다.

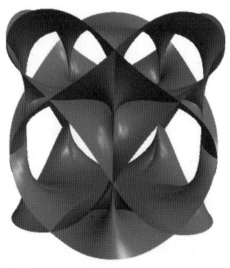

그림9 칼라비-야우 공간

6차원을 차원줄임하는 이 방법을 일반화하면 우리는 4차원이론을 얻게
된다. 초끈에서 시작했기 때문에 이 4차원이론은 초대칭이어야 한다. 그
래서 끈이 모든 기본 입자의 모체라면, 초대칭은 어떤 수준에서 반드시
나와야 할 것이다. 우리는 그때를 기다려야 한다.

   표준모형을 고에너지의 어떤 완벽한 이론으로부터 얻고자 하는 바
람이 있다. 중력을 포함한 일관된 이론을 얻기 위해, 이 책의 두 번째 저
자를 포함해 지난 30년간 끈이론에서 표준모형을 얻어내는 노력이 이루
어졌다. 오직 끈이론만이 계산 가능한 중력 상호작용을 지지하기 때문
이다. 현대의 원자론자들에게 이러한 노력은 충분하지 않다. 차원줄임
을 통해 표준모형의 모든 변수들을 정확하게 결정할 수 있어야 한다. 차
원줄임을 할 때 표준모형에 이르는 어떤 특정한 방법을 가정한다 하더

라도, 그것은 표준모형에 이르는 명확한 길이기 때문에 일종의 신의 설계에 속하는 것이다.

아인슈타인의 중력을 '메트릭'이론이라고 부른다. 아인슈타인의 중력이 메트릭텐서 $g_{\mu\nu}$의 방정식으로 이루어져 있기 때문이다. 양자역학에서는 플랑크 상수의 단위로 정의되는 '작용'이 양자역학적 효과가 얼마나 중요한지 이해할 수 있는 열쇠이다. '작용'은 라그랑지안(4장 끝부분에서 언급했다)의 적분인데, 라그랑지안은 $L(t)$=(운동에너지)-(위치에너지)와 같이 시간의 함수로 주어진다. 시간과 공간의 대칭성이 잘 나타나도록 표현하기 위해 $L(t)$를 $\mathcal{L}(x)$의 공간 적분 ($\int d^3x$)으로 나타내기도 한다. 즉, 작용은 라그랑지안 $\mathcal{L}(x)$의 시공간 적분 ($\int \mathcal{L}d^4x$)이다. 아인슈타인과 다비트 힐베르트(1862~1943)는 라그랑지안 $\mathcal{L}$과 메트릭텐서 $g_{\mu\nu}$의 행렬식을 곱한 것을 시공간에서 적분한 것으로부터 아인슈타인의 중력방정식을 얻을 수 있음을 알아냈다. 게다가 $\mathcal{L}$이 상수항을 가지고 있으면 이는 아인슈타인의 우주상수가 된다. 아인슈타인은 중력에 관한 자신의 첫 번째 메트릭 이론을 내놓은 지 1년 후인 1916년 이 항을 도입했다. 중력의 상호작용이 10^{-33}cm의 작은 척도에서 주어진다면, 우주상수의 값에 대한 첫 번째 추측은 $(10^{+33})^4$cm^{-4}이 될 것이다. 그러나 관측값은 이보다 10^{-120}배 더 작다. 이것이 바로 물리이론에 나타나는 계층문제 중 가장 심각한 우주상수 문제이다. 차원줄임을 하는 과정에서는 우주상수를 계산할 수 있다.

1998년 천체물리 관측에서 우주가 $(0.001eV)^4$의 우주상수 값에 해당하는 정도로 가속하고 있다는 것을 확인했다. 앞에서 언급한 $(10^{+33})^4$cm^{-4}

은 이보다 10^{+120}배 더 크다. 마이클 더글러스(1961~)에 따르면, 차원줄임한 끈이론에서 이 정도 값을 가진 모형의 개수는 10^{500}개 정도 된다. 엄청나게 많은 진공이 존재하는 데 반해, 우주상수가 $(0.001eV)^4$보다 작은 값을 가지는 진공도 존재한다. 이러한 점에서 '풍경'이라는 시나리오가 나오게 된다. 적어도 우주상수에 관한 한 끈이론의 차원줄임에서 얻은 무한히 많은 우주 중에는 현재 우리가 살고 있는 우주처럼 오랜 역사를 가지고 진화한 우주가 존재할 수 있다. 관측된 우주상수를 가지지 않는 다른 우주들은 인간이 진화할 만큼 긴 역사를 가지지 못하기 때문에 배제된다. 이러한 풍경 시나리오는 스티븐 와인버그가 지적한 인류발생론의 원리에 속하는 것으로, 따라서 진화의 패러다임에 속한다.

쿼크들이 알려지지 않았다면 우리는 45가지 카이랄 장의 모습을 완성하지 못했을 것이다. 이는 멘델레예프가 원소들을 찾아낸 이후로 그 원소들의 껍질을 벗기는 첫 순간이었다. 이제 우주의 쿼크들이 어떤 방식으로 밝혀지게 되었는지 알아보도록 하자.

7장

혼돈이 정리된 질서를 찾아서

1960년대 메손과 바리온을 통해 하드론을 체계화하게 된 과정에 대해 이야기하기에 앞서, 먼저 1954년과 1956년에 출판된 혁신적인 두 논문에 대해 설명하려고 한다. 이 두 논문 모두 양전닝(1922~)이 저자로 포함되어 있다. 두 번째 논문은 6장에서 잠시 언급했는데, 이 장의 끝에서 다시 다룰 것이다.

첫 번째 논문은 양전닝과 로버트 밀스(1927~1999)가 함께 작성한 것으로, 양자 전기역학(QED)을 일반화할 수 있는 결정적인 방법을 제시했다. 그 당시 QED는 전자와 광자를 설명하는 완벽한 이론으로 확립되었고, 전례가 없는 수준의 정확도로 실험과 일치했다. 오늘날에는 QED에서 계산한 뮤온의 자기 모멘트가 1조분의 1 정도의 정확도로 실험과 일치한다. 이는 지금까지 발견한 이론들 중 가장 정확한 이론이다.

전자기력이 작용하는 거리는 실제로 무한히 길다. 전자기파의 파장이 충분히 길면 대부분의 경우에(6장의 그림6(b)의 빨간색) 한 파장이 그림

6(b)의 동그라미 전체를 휩쓸고 가게 된다. 전자기력 외에 기본적 힘이 두 가지 더 있다. 전자기력에 비하면 짧은 거리에 작용하는 힘이며, 렙톤과 하드론은 이 힘에도 반응한다. 짧은 거리의 힘에는 강한상호작용과 약한상호작용이 있다. 원자핵의 경우, 이 힘은 오직 원자핵 안에서만 작용한다. 그림6(b)에서 동그라미를 원자핵이라고 한다면, 이 검은색 동그라미 안에서만 작용한다는 의미이다. 렙톤의 경우, 강력은 작용하지 않으며 약력의 작용 범위는 하드론의 크기와 비슷하다. 이런 이유로 약력은 종종 '약한 핵력'이라고도 불린다. 약력 또는 약한상호작용에 대해서는 8장에서 다시 이야기할 것이다.

강한상호작용은 양의 전하를 가진 양성자들 사이에서 전기적으로 서로 밀어내려는 힘을 누르고 원자핵을 좁은 공간에 꽉 잡아둔다. 강력은 원자핵 내부에서만 작용하기 때문에 매우 짧은 거리에 작용하는 힘이다. 강력의 작용 거리가 짧은 이유는 약력의 경우와는 완전히 다르다. 이제 질문은 "어떻게 하면 강력과 잘 맞도록 QED를 일반화시킬 수 있을까?" 하는 것이다.

QED의 성공과 그 유일함의 바탕에 있는 본질적인 대칭성은 바로 국소 게이지불변성이다. QED에서 힘을 매개하는 것이 광자로서 게이지 원리와 함께 나타나는 게이지 입자이다. 파이온은 원자핵들을 함께 잡아두는 강력의 매개자라고 생각되었지만, 게이지 원리에서 말하는 스핀 1인 입자는 아니다. 광자를 설명하기 위한 U(1) 게이지 원리를 소개하기 전에 먼저 전자기 전하의 보존에 관해 생각해 보자.

양자역학에서 전하의 보존은 5장에서 다룬 위상대칭에 해당한다.

관측 확률인 $\Psi^*\Psi$가 변하지 않도록 하면서 위상을 $\Psi \rightarrow e^{ie\theta}\Psi$(여기서 e는 전자의 전하)와 같이 변화시키는 것을 말한다. 이러한 위상변환에 대해 $\Psi^*\Psi$가 변하지 않으면 '광역' U(1) 대칭이라고 부른다. '광역'인 이유는 θ가 우주의 모든 시공간에서 같은 값을 가지기 때문이다. QED에서는 그 위상이 위치에 따라 변하도록 만든다. 즉, $\Psi \rightarrow e^{ie\theta(x)}\Psi$이다. 여기서 q는 전하량이고 변수 $\theta(x)$(또는 전체 값 $e^{ie\theta(x)}$)는 위치 x에 따라 다른 값을 가지는 위상이다. QED는 양자역학에서 나온 것이므로 그 위상변환은 유니타리 변환이다. x에 의존하는 변수로 $\theta(x)$ 단 하나가 존재하는데, 이 때문에 U(1) 게이지이론이라고 불린다. 여기서 우리는 서로 바꿀 수 있는 두 단어를 사용하고 있다. 즉, (게이지)=(국소적)으로 바꾸어 사용할 수 있다. 전자를 다루는 양자역학에서 전하란 전자기적 전하 $q=-e$를 의미한다.

그림1(a)는 광역 회전을 보여준다. '광역'이란 모든 공간에서 같은 값을 가진다는 의미이다. 만약 양성자의 주위를 돌고 있는 전자(이런 종류의 전자에게는 원자가 전 우주에 해당한다)를 생각한다면, 이 전자의 파동함수는

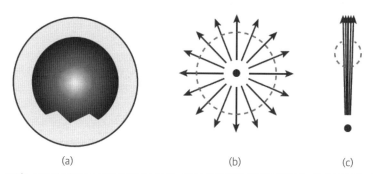

(a)   (b)   (c)

그림1 U(1)에 대해 (a) 광역 회전 (b) 전하 q에서 만들어진 게이지 장(E장). 회색 점선은 전하를 둘러싸고 있는 가우스 표면을 나타낸다. (c) 그림(b)에 나타낸 E장의 선들을 한 방향으로 모은 것. 여기서 점선은 모아놓은 장의 선들을 둘러싸고 있다.

그림1(a)의 짙은 색 구름처럼 표현하고 $\Psi(x)$로 나타낼 수 있다. 앞에서 언급한 광역 위상대칭의 경우, 그 회전 $e^{i e \theta}$가 어떤 지점 x에서든 같다. Ne전하의 경우, 전체 광역 수는 어떻게 계산할까? 먼저 커다란 가방, 가장 간단하게는 구면으로 그 전하들을 둘러싼다. 이런 면을 가우스 면이라고 한다. 예를 들어, 그림1(a)에서 옅은 색으로 칠해진 구면을 생각하자. 그리고 이 가우스 면 안에 있는 모든 전하를 세는 것이다. 이것이 광역 전하를 세는 방법이다.[01] 위상회전은 이 옅은 색 면 안에 있는 전체 파동함수에 대해 적용된다. 즉, $\Psi \rightarrow e^{iN e \theta}\Psi$이다.

U(1) '게이지' 혹은 '국소' 대칭에서, 다른 시공간의 점들에서 파동함수의 차이는 주로 테일러 전개로 나타낸다. 연속적인 극한에서 이는 $\frac{\partial}{\partial x^{\mu}}$에 대한 전개를 포함하게 된다(간편하게 ∂_{μ}로 나타내기도 한다). 만약 θ가 x에 의존한다면, 즉 $\theta(x)$라면 근처에 있는 점들과의 차이는 $\partial_{\mu}\Psi(x)$를 포함하다. 그러면 $\partial_{\mu}(e^{iN e \theta}\Psi)$에서 ∂_{μ}가 $e^{iN e \theta}$에도 작용한다. 회전에 대한 대칭성을 만들기 위해 이 효과가 나타나지 않도록 하려면 이 미분을 상쇄하는 어떤 장이 필요하다. 이 장은 게이지장 A_{μ}라고 불리며, ∂_{μ}처럼 시공간 첨자 μ를 가지고 있다. QED에서 광자도 이런 방식으로 도입된 것이다.

QED에서는 가우스면 안에 있는 전하를 어떻게 계산할 수 있을까? $\theta(x)$가 x에 의존하기 때문에 그림1(a)에서처럼 계산할 수는 없다. 그러나 그림1(b)처럼 가우스면에는 양의 전하에서 뻗어나가는 전기력선이 있다. 우리는 가우스면 위의 각 점에서 전기장을 알고 있으며, 가우스면

---

01 렙톤과 바리온 수도 이런 방식으로 헤아린다.

전체에 대해 전기장을 모두 더할 수 있다. 그 총합은 가우스면 내부에 있는 전체 전하의 양에 비례한다. 만약 그 면이 닫혀 있지 않다면 전하량을 정확히 측정할 수 없다. 예를 들어, 그림1(c)에서처럼 작은 구멍으로 대부분의 전기력선이 지나갈 수 있기 때문이다.

강한 핵력과 약한 핵력처럼 짧은 거리에 작용하는 힘을 국소적인 것으로 만들기 위해서는, 앞의 U(1) 경우처럼 광역 대칭에서 시작하는 것이 좋다. 강력은 100MeV의 에너지에서 3개의 파이온에 의해 매개된다. 그러므로 매개입자가 하나뿐인 U(1)은 강력의 후보가 될 수 없다. 약한 핵력은 양과 음의 전하를 띤 두 가지 전류에 의해 효과적으로 나타난다. 따라서 여기서도 U(1)은 약한 핵력에 적합하지 않음을 알 수 있다.

중성자를 발견한 직후인 1932년, 양성자 p와 중성자 n을 같은 방식으로 바라보면서 하이젠베르크는 유용하게 쓰일 수 있는 근사적 대칭을 찾아냈다. 중성자와 양성자의 질량은 각각 939.6MeV, 938.3MeV이기에, 그 차이가 1.3MeV로 전체 질량에 비해 매우 작기 때문이다. 이는 1933년 채드윅과 골드하버가 처음으로 측정했다. 중성자–양성자 질량차는 평균 질량의 0.15%밖에 되지 않으며, 따라서 하이젠베르크는 두 입자가 첫 번째 근사에서 같은 입자라고 생각했다. 이 경우, 양성자와 중성자는 강력에 관한 한 똑같은 방식으로 행동한다. 이러한 특징을 아이소스핀 그룹 SU(2)로 나타낸다. SU(2)의 기본 표현은 2차원이며 양성자와 중성자로 나타낼 수 있고, 이것을 이중상태라 부르며 $(p,\ n)$으로 나타낼 수 있다. 이를 일반화해 N개의 입자를 같은 방식으로 바라보는 것이 SU(N)이고, 그 기본 표현은 N–중항 $(\psi_1, \psi_2 \cdots, \psi_N)$이 된다.

유니타리 변환은 양자역학에서 변환의 규칙이다. N—중항에 대해 이 변환은 행렬곱으로 주어진다. $\Psi_k \rightarrow [e^{iM_{ij}\theta_{ij}}]_{kl}\Psi_l$, 여기서 i, j, k, l은 1부터 N까지 변한다. U(N)의 유니타리 조건으로부터 지수의 ij에 가능한 수는 모두 N^2개이지만, SU(N)의 경우는 여기서 1을 빼야 한다(SU(N)변환의 행렬식이 1이기 때문에 S를 붙여서 특별한 유니타리 그룹으로 표현한다). 그러므로 SU(N)에서 θ_{ij}에 가능한 변수의 수는 N^2-1개이다.

광역 U(1)에서 국소 U(1)으로 일반화했던 것처럼, 광역 SU(N)에서 국소 SU(N)으로 일반화하는 것은 간단한 문제처럼 보인다. 양과 밀스의 아이디어는 이러한 종류의 더욱 일반적인 위상변화를 고려하자는 것이었다. 즉, 변수 $\theta_{ij}(x)$를 x에 의존하게 하면서 일관성을 가지도록 하는 것이었다. $\Psi_k \rightarrow [e^{igM_{ij}\theta_{ij}(x)}]_{kl}\Psi_l$, 여기서 g는 게이지 결합상수이고 M은 $N \times N$ 행렬이다. $N \times N$ 행렬은 일반적으로 가환이 되지 않으며, 간단하지 않은 어떤 비가환 대수를 만족한다. 이러한 이론의 라그랑지안을 양—밀스이론 또는 비가환 게이지이론이라고 부르는데, QED 라그랑지안을 일반화하는 것이다. 이때 미분은 공변 미분으로 바꾸고, 운동항은 공변 미분을 이용해 공변 운동항으로 바꾼다. 이 이론을 적절히 응용하게 되는 것은 몇 년 뒤의 일이지만, 양—밀스의 생각이 올바른 이론의 핵심 요소라고 일반적으로 인식되었다. 놀랍게도, 양—밀스의 논문은 노벨상으로 고려된 적이 없었지만 이 논문으로 인해 적어도 20개의 노벨상이 나오게 되었다.

양—밀스이론의 공변 미분은 SU(N) 게이지 장의 공변 미분에 비선형항을 포함하는 특별한 항이 필요하다. 이러한 비선형항은 점근적 자유성과 인스탄톤의 기원이 된다.

　1960년까지는 실험실에서 발견된 많은 수의 하드론, 바리온, 메손으로 인해 혼란스러운 상황이었다. 아무런 논리적 이유를 알 수 없는 이 상황 속에서 1961년 마침내 겔만의 돌파구가 나왔다. 겔만은 하이젠베르크의 광역 $SU(2)$인 아이소스핀에 하나의 열을 추가해 대칭그룹을 광역 $SU(3)$로 확장해야 한다는 것을 깨달았다. 추가된 열은 기묘도 양자수 S를 포함하기 위한 것이었다. 기묘도 양자수는 강한상호작용에 의해 붕괴되지 않는 메손과 바리온의 일부분을 설명하기 위해 겔만이 1955년 일찍이 도입했다.

　그림1(a)에서 설명한 대로, 파동함수에서 또는 전체 우주에서 $U(1)$의 광역 양자수를 측정할 수 있다. 이는 단지 1개의 양자수에 대한 것이다. 하이젠베르크의 $SU(2)$는 비가환 광역군이지만 $SU(2)$의 한 대각 양자수만 고려한다. 대각화할 수 있는 양자수의 개수를 그 군의 랭크라고 부른다. 대각화가 가능한 것들은 서로 가환이 되며, 원래 그룹의 랭크와 같은 차원을 가진 카르탄 부분대수를 형성한다. 비대각 행렬을 포함하면 비가환 대수를 만들어 낸다. 그래서 비아벨 게이지 그룹은 비가환 대수를 가진다. 비아벨은 비가환을, 아벨은 가환을 의미한다. 만약 우리가 2개의 양자수를 생각한다면, $U(1) \times U(1)$을 고려해야 한다. 이 2개의 $U(1)$은 서로 가환이다. 그러나 1개의 $U(1)$을 하이젠베르크의 $SU(2)$로 고치면, 랭크가 2인 $SU(2) \times U(1)_S$를 고려할 수 있다. 여기서 양자수 $U(1)_S$는 기묘도 양자수 S를 가지고 변환하는 군을 의미한다.

　겔만의 업적은 $SU(2) \times U(1)_S$군 전체를 아이소스핀 $SU(2)$와 기묘도

U(1)ₛ로 이루어진, 랭크가 2인 단순군으로 만든 것에서 시작한다. 랭크가 2인 단수군은 제한적이며, 4개의 고전적인 군 SU(3), SO(4), SO(5), Sp(4)와 1개의 예외적인 군 G_2가 여기에 속한다. 여기서 SO(4), SO(5), Sp(4)군은 매우 작아서 그 당시까지 축적된 하드론 데이터를 설명할 수 없었다. 겔만은 SU(3)에서 자신의 팔정도를 찾았으며, 필요한 랭크 2인 비가환군은 SU(3)라고 선언했다. 여기서 흥미로운 점은, 이휘소를 비롯해 펜실베이니아대학의 연구그룹은 G_2를 밀고 나갔다는 것이다. 하지만 자연은 팔정도와 SU(3)를 선택했다. 한 가지 강조하자면, 여기에 사용된 비아벨군 SU(3)는 게이지군이 아니라 광역군이다. 8장에서 다루겠지만, 연속적 대칭에 대해 현재 우리가 이해하고 있는 바에 따르면, 스핀이 0인 유사스칼라는 모체가 되는 광역 대칭이 자발적으로 깨져 생기기 때문에 가벼울 수 있다. 만약 이것이 게이지 대칭이라면 우리는 스핀 0의 유사스칼라에 대해 이야기하지 않고 스핀 1인 게이지 보존에 대해 이야기한다. 따라서 유사스칼라 메손을 해석하기 위해서는 그 대칭이 광역이어야만 한다. 그러나 1960년대의 물리학자들에게는 이 점이 명확하지 않았다.

　여기서 고려한 광역 SU(3)를 입자종 SU(3)라고 부르며, 메손들은 이 SU(3)의 단일 상태와 팔중항 상태의 기약표현에 해당한다. 실제로 그림2에 표시한 대로 π와 K를 포함하는 유사스칼라 팔중항 상태와, ρ와 K^*를 포함하는 벡터 팔중항 상태가 있다. 주어진 기약 표현에 있는 메손과 바리온들은 공통된 스핀과 패리티를 가지고 있으며 J^P로 나타낸다. 겔만이 발견한 이런 규칙성은 매우 놀라운 것이었다. 멘델레예프가

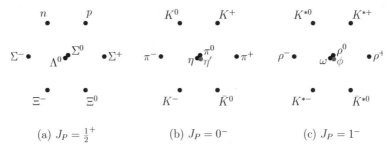

(a) $J_P = \frac{1}{2}^+$ (b) $J_P = 0^-$ (c) $J_P = 1^-$

그림2 팔정도: (a) 바리온 (b) 유사스칼라 중간자 (c) 벡터 중간자

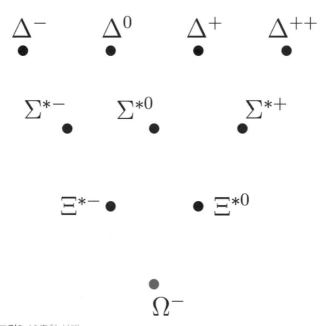

그림3 10중항 상태

1859년 화학원소의 주기성을 찾은 이래 처음이었다. 겔만의 SU(3)는 표에 나타내기보다는 평면 위에 그리는 것이 더 이해하기 쉽다. 이 경우는 랭크가 2이므로 2개의 대각화가 가능한 양자수를 사용한다. 즉, 보통 x

좌표는 아이소스핀의 세 번째 요소를 사용하고 y좌표로는 기묘도 S를 사용한다. 때로는 기묘도를 바리온 수만큼 더한 양자수 '초전하' $Y \equiv (S+B)$를 y좌표로 사용하기도 한다. $J^P = \frac{1}{2}^+$인 바리온 팔중항 상태는 그림2(a)에, $J^P = 0^-$와 $J^P = 1^-$인 메손 팔중항 상태는 그림2(b)와 그림2(c)의 검은색 동그라미로 나타나 있다.

그림3에는 $J^P = \frac{3}{2}^+$인 10중항 상태가 그려져 있다. 1962년 스핀 $\frac{3}{2}$인 바리온들을 연구하던 중, 겔만과 오쿠보 스스무(1930~2015)는 한 가지 요소가 빠진 것을 발견했다. $J^P = \frac{3}{2}^+$이고 질량이 1,690MeV, 기묘도가 S=−3인 Ω^-입자였다. 특히 겔만은 Ω^-입자가 주로 $\Omega^- \rightarrow \Lambda^0 + K^-$와 $\Xi^0 + \pi^-$로 붕괴할 것이라고 구체적으로 예견하기도 했다.

니콜라스 사미오스(1932~)와 그의 동료들은 BNL의 실험에서, 겔만과 오쿠보가 예견한 것과 똑같은 성질을 가진 Ω^-입자를 발견했다. 이로 인해 겔만은 명성을 얻게 되었고, 그가 '팔정도'라 부른 SU(3) 분류 방법이 유효하다는 것이 증명되었다. 그리하여 혼돈스러웠던 상황은 입자이론의 첫 번째 진정한 승리를 통해 질서를 찾아가게 되었다.

SU(3) 입자종 대칭성의 성공에 이어 겔만은 1964년 SU(3)의 기본표현을 제시했다. 이것은 삼중항 상태이며, 이로부터 모든 하드론들이 만들어지게 된다. 우리는 6장에서 1957년 사타나 쇼이치도 SU(3)의 기본표현을 고려했다고 이야기했다. 그러나 바리온의 팔중항 상태는 이 방식으로 만들어지지 않는다. 겔만의 3개의 쿼크(그는 하드론의 구성 요소를 쿼크라고 불렀는데, 이는 제임스 조이스의 소설《피네간의 경야》로부터 따온 것이었다) u, d, s로부터 양성자 (uud), 중성자 (uud), Ω^- (sss)를 만들 수 있다. 조지 츠바이그(1937~)도 독립적으로 이와 같은 구성요소를 생각했으며, 이를 에이스라고 불렀다. 초기에 쿼크는 단순히 수학적 약칭으로 사용되었다. 하지만 시간이 지나 1960년대 말에 이르러, 쿼크는 물리적이며 실제로 하드론을 구성하는 점 같은 입자라는 것이 명확해졌다.

쿼크는 스핀 $\frac{1}{2}$의 페르미온이므로, SU(3)에 스핀을 합해 SU(6) 광역 대칭으로 확장할 수 있고, $J=\frac{1}{2}$인 바리온 팔중항 상태와 $J=\frac{3}{2}$인 바리온 십중항 상태가 여기에 함께 합해진다. 여기서 하나의 표현에 들어 있는 56개의 $(8 \times 2 + 10 \times 4)$항과 SU(6)는 우리에게 이렇게 말한다. "아하, 56은 쿼크들의 교환에 대해 완전히 대칭적이구나." 구체적으로 예를 들면, $\Omega^- = (sss)$에 대해 모든 스핀이 위 방향이면 $s^\uparrow s^\uparrow s^\uparrow$ (이것은 56에 포함되어 있다), 임의의 두 쿼크를 바꾸어도 변하지 않는 대칭성이다. 그러나 쿼크 s는 페르미온으로서 5장의 그림5(a)의 스핀-교환자 정리에 따라 반대칭이어야 한다. 이는 쿼크 모형에서 넘기 어려운 큰 장애물이었으며, 오스카 그린버그는 페르미-디랙, 보즈-아인슈타인 통계 외에 파라통계를 만들기도 했다. 하지만 정확한 해답은 한무영(1934~2016)과 난부 요이치로(1921~2015)가 또 다른 비아벨 게이지군을 도입하는 것으로부터 나왔다. 이 게이지군은 팔정도에서처럼 3개의 쿼크가 바리온을 만든다는 가정 아래 SU(3)이어야만 했다. 그러나 추가적인 SU(3)를 도입했음에도, 쿼크들의 전자기적 전하를 정확하게 예견하는 데는 실패했다. 사실, 그들이 정수의 전하를 가진 쿼크를 도입한 것은 겔만의 분수 전하를 가진 쿼크에 대한 힌트가 이 우주에는 없었기 때문이다. 전자기 전하는 전기약작용 부분에 속하는 것으로, 강한상호작용에 관해서는 아무런 문제가 되지 않는다. 따라서 우리는 강한상호작용에서 스핀–통계에 맞도록 추가로 SU(3)를 도입한 최초의 물리학자라는 공은 한무영과 난부 요이치로에게 있다고 믿는다. 겔만의 전하와 일치하는 올바른 전하는 겔만과 하랄트 프리츠슈(1943~)에 의해 1972년 발견되었다. 그리고 SU(3)를 이용해 강한상호작용을 설명하는 양–밀스 이론이 제시되었다. 이를 양자색소역학(QCD)이라고 부른다. 팔정도의 SU(3)와는 다른 것으로, 입자종에 작용하는 것이 아니라 '색소'라고 이름 붙여진 새로운 양자수에 작용하는 것이다. 각각의 쿼크는 세 가지 색소(빨강, 초록, 파랑)로 나타난다. QCD는 적어도 현재 우리가 접근할 수 있는 에너지 영역에서는 강한상호작용을 설명하는 올바른 이론으로 받아들여지고 있다.

지금까지 우리는 강력에 대해, 그리고 강력이 쿼크를 핵의 내부에 속박하는 역할, 그리고 결과적으로 하드론에 나타나는 규칙성에 대해 이야기했다. 여기에는 세 가지 기본 쟁점이 있다. 첫 번째는 '강력은 어떻게 쿼크들이 함께 붙어 있게 하는가'이고, 두 번째는 짧은 파장의 검침기로 이를 보는 것이다. 그리고 마지막은 QED에서 장방정식의 해로서 전자기파가 전파해 나가는 것처럼, QCD에서 장방정식도 의미 있는 해를 가지는가이다.

두 번째 쟁점에 대해서는, SLAC의 (그 당시의) 고에너지 전자빔으로 매우 짧은 거리 규모에서 실험했을 때 데모크리토스의 아이디어가 쿼크–파톤 모형으로 되살아났다. 제임스 비요르켄(1934~)이 제시한 SLAC의 고에너지 비탄성산란 실험으로 쿼크가 기본 입자라는 점이 명백해졌다. 에마뉘엘 파스코스(1944~)와 함께 쓴 논문에서, 비요르켄은 양성자

내부를 보기를 원한다면 강한 빛을 그곳에 쐬어야 한다고 지적했다. 고에너지 전자와 중성미자의 원자핵에 대한 산란 실험에서 관측된 바는 3개의 밸런스 쿼크를 포함하는 쿼크–파톤 모형과 완벽하게 일치했다. 이 성공은 QCD가 작은 간격에서는 약하게 상호작용을 하는 것처럼 행동하기 때문에 가능한 것이었다. 우리는 이를 점근적 자유도라고 부른다. 점근적 자유도는 하버드의 물리학자 데이비드 폴리처(1949~)와 프린스턴의 물리학자 데이비드 그로스(1941~), 프랭크 윌첵(1951~)이 발견했다. 이 외에 떠다니는 쿼크와 글루온이 있다. 그래서 양성자 안에는 3개의 밸런스 쿼크(uud)와 떠다니는 쿼크들 $(u\bar{u})$, $(d\bar{d})$, $(s\bar{s})$, $(c\bar{c})$,… 그리고 글루온들이 주위에 돌아다니고 있는 것이다. 쿼크와 글루온은 실제로 존재하는 물리적인 입자이다.

첫 번째 쟁점에 대해서는, 점근적 자유도로 인해 QCD 결합상수는 낮은 에너지(거리 간격이 클 때)에서 매우 강해진다. 따라서, 아직 엄격하게 증명되지는 않았지만 쿼크속박과 카이랄 대칭성의 붕괴를 설명할 수 있다. 쿼크속박은 쿼크들이 하드론 속에 영원히 갇혀 있고 하나씩 따로 만들어지지 않는 이유를 간단히 말해주는 단어이다. 색소 SU(3)에 의해 변환하는 변수의 개수는 이전에 언급한 대로 3^2-1개며, 따라서 8개의 글루온이 있다. QCD는 깨져 있지 않기 때문에 6장의 그림5에서 글루온을 질량이 없는 것으로 나타냈다. 역시 이전에 언급한 대로, 글루온의 질량이 없더라도 강력은 쿼크속박 때문에, 또는 더 일반적으로 색깔을 가진 모든 입자, 즉 쿼크와 글루온의 속박 때문에 짧은 거리에만 작용한다.

세 번째 쟁점에 대해서는 그림1(b)를 보자. 3차원 공간에서 점선으로 표시된 구면은 그 구를 둘러싸고 있는 풍선과 같은 것이다. 이 풍선을 우리는 2차원 구라고 부르며 S_2로 나타낸다. 4차원 시공간에서 그림 1(b)는 세계선이 된다. 세계선은 입자의 궤적을 나타내므로 그림1(b)는 하전 입자의 궤적이 된다.

우리는 4차원 구를 둘러싸는 면을 생각할 수 있을까? 이를 위해, 4차원 유클리드 공간 E_4를 떠올려 보자. 하지만 우리는 4차원 물체의 상을 그리지 못한다. 그러니 그림4(a)를 4차원 공이라고 상상해 보자. 이것의 표면은 3차원 구이며 S_3로 나타낸다. 액션이 $\int d^4x\mathcal{L}$인 것을 생각하면, 4차원에서 한 점은 헤밀토니안이나 라그랑지안과 유사하다.

그림4(a)의 표면 S_3 위에 E 또는 B장을 할당할 수 있을까? 그림4(a)의 S_3 위의 점에 완벽하게 연결시키기 위해 게이지장은 내부군 공간과 같은 기하학적 구조를 가져야 한다. S_3은 3차원이기 때문에 내부 공간에도 3개의 방향이 필요하다. 이는 SU(2)(비아벨군에서 이야기한 수는 $2^2-1=3$이다.) 내부공간으로 가능하다. 우리가 계속 이야기한 대로 유니타리 변환은 위상이다. 즉, 반지름이 1인 구면 위에 놓여 있다는 것을 의미한다. SU(2)는 3개의 변수가 있으므로 단위 반지름의 면 위에서 S_3를 나타낸다. 그래서 SU(2) 게이지장은 그림4(a)의 S_3 위에 놓일 수 있다. 이러한 해들이 그림4(b), 인스탄톤 해이다. '인스탄톤'이라는 이름은 4차원 시공간의 한 점(그림4(a)) 또는 한 순간에 일어나기 때문에 붙은 것이다. SU(2)는 SU(3)의 부분군이기 때문에 인스탄톤 해와 관련된 물리적 성질들은 색소 SU(3)군과 모든 비아벨 게이지군의 부분군에도 성립한다. 하나의 구체적인 인스탄톤 해는 구소련의 물리학자 알렉산드르 벨라빈(1942~),

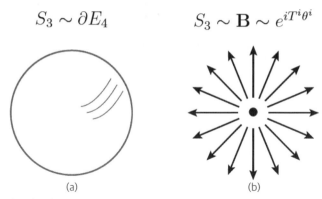

$$S_3 \sim \partial E_4 \qquad\qquad S_3 \sim \mathbf{B} \sim e^{iT^i\theta^i}$$

(a)   (b)

그림4 인스탄톤

알렉산드르 폴랴코프(1945~), 알베르트 시바르츠(1934~), 유 톱킨이 제시했다. 인스탄톤 해의 발견은 이전에는 알려지지 않았던 QCD의 또 다른 변수 θ를 찾는 시발점이 되었다.

그림4에서 필연적으로 공의 크기가 나타나게 된다. 게이지장의 비선형항이 인스탄톤 해의 원인이기 때문에 그 크기는 대략 비아벨 게이지군이 강해져 그 기여가 거의 O(1) 정도가 되는 척도에 해당한다. 만약 인스탄톤의 크기가 상대적으로 더 작다면, 인스탄톤 해는 크기 O(1)에 비해 기하급수적으로 감소한다. QCD 인스탄톤의 경우, 크기 O(1)은 몇 100MeV에서 나타난다. 만약 TeV 에너지에서 많은 입자가 존재해 QCD가 매우 높은 에너지에서 강해진다면 우리는 더 작은 규모의 인스탄톤을 고려할 수도 있다. 하지만 이렇게 극단적으로 작은 인스탄톤을 생각할 필요는 없다.

만약 θ가 0이 아닌 값이 존재한다면 QCD는 CP 깨짐을 일으키게 된다. QCD 상호작용은 입자종 대칭을 깨지 않으므로, 강한상호작용에

서 CP 깨짐의 효과는 중성자의 쌍극자 모멘트로만 볼 수 있다. 양성자의 경우에는 쌍극자가 존재한다 하더라도 전기적 전하 때문에 관측하기가 어려워진다. 따라서 정적인 성질을 가진 중성자가 전기쌍극자를 측정하기에 가장 좋다. 중성자 전기쌍극자에 대한 현재의 상한값은 $10^{-26}e$ cm이며, 중성자의 크기가 약 $10^{-14}e$ cm라는 것을 고려하면 QCD의 $|\theta|$가 10^{-12}보다 작아야 한다. QCD의 $|\theta|$는 존재한다 할지라도 그 값이 매우 작아야 하기 때문에 새로운 형태의 계층문제가 된다. QCD에서는 이를 강력의 CP 문제라고 부른다.

지금까지 우리는 기본입자로 여겨졌던 양성자를 들여다보았으며, 실제로는 그 안에 글루온과 쿼크 같은 더욱 기본적인 입자가 있다는 것을 알아보았다. 쿼크가 없다면 우리는 6장의 그림5에 있는 입자들을 채우지 못하고 있을 것이다. 이 이야기를 계속하다 보면, 우르스 또는 프리온이라는 이름을 가진 더 기본적인 입자들의 복합물이 쿼크와 렙톤일 가능성도 생각하게 된다. 하지만 이러한 시도는 지금까지 성공하지 못했다.

게이지 대칭은 입자물리학에서 선호하는 대칭이다. 한 가지 이유를 그림5에서 볼 수 있다. 이 그림은 달과 지구에서 같은 각만큼 회전시키는 것을 나타낸다. 지구에서 θ만큼 회전시켰다는 정보가 달에 도착하는 데는 빛의 속력으로 1.3초가 걸린다. 그래서 양쪽에서 같은 각도만큼 동시에 회전시킨다는 것은 논리적으로 허용되지 않는다. 그러나 회전이 위치 x에 따라 다르다면 달에서의 회전각이 지구에서의 회전각과 같을 이유가 없다. 그래서 입자물리학자들은 국소 대칭을 선호한다.

그림5 광역 회전

입자물리학의 표준모형에서 국소 대칭은 기본 입자의 힘으로 사용된다. 간단히 정리하자면, U(1)게이지 대칭은 전자기작용에, SU(2) 게이지 대칭은 약한상호작용에, SU(3)게이지 대칭(앞에서 우리는 이를 색소라고 불렀다)은 강한상호작용에 사용된다. 그래서 표준모형을 게이지군 $SU(3) \times SU(2) \times U(1)$에 바탕을 둔 게이지이론이라고 한다. 색소 게이지 대칭 $SU(3)_{colour}$는 깨져 있지 않지만, 여기에는 색소의 속박 과정이라는 중요한 미해결 문제가 있다. 이제 전기약작용 게이지군 $SU(2) \times U(1)$에 관해 이야기해 보자.

이 장의 도입부에 소개한 양전닝의 두 논문은 표준모형의 발견에 중심적 역할을 했다. 패리티 깨짐은 카이랄 페르미온이 필요하다는 것을 알게 만들었기 때문에 결정적인 요소라고 말할 수 있다. 이 부분에 대해 8장에서 더 자세하게 다루겠다. 패리티가 보존된다면 양자 비정상이 자연스럽게 없었을 텐데, 패리티가 깨져 있으므로 이 비정상을 상쇄시키기 위해 제약조건이 생기게 된다.

양자역학의 초기인 1956년까지는 $x \rightarrow -x$로 공간 좌표를 바꾸는 패리티에 대해 자연은 대칭이며 이는 신이 내려준 것이라는 믿음이 있었다. 1924년 오토 라포르테(1902~1971)는 원자의 파동함수가 대칭이거나 또는 반대칭일 것이라고 제시했다. 얼마 후인 1927년 유진 위그너(1902~1995)는 라포르테의 규칙이 패리티 대칭을 가진 자연의 한 측면이라고 결론 내렸다. 현재 우리가 알고 있는 대로, 원자의 세상에서 작동하는 가장 중요한 힘인 QED는 패리티 대칭성을 잘 보존하고 있다. 볼프강 파울리는 입자물리학자들이 패리티 보존을 믿도록 하는 데 매우 커다란 영향을 미쳤다. 원자물리학에서는 패리티 깨짐에 대한 힌트를 얻는 것이 매우 어려웠다. 표준모형이 알려진 이후조차, 초기에는 원자물리학에서 패리티 붕괴를 측정하는 것이 입자물리학에서보다도 더 어려웠다.

패리티가 깨져 있으면 약한상호작용에서, 특히 상대적으로 수명이 긴 입자들의 붕괴에서 발견되어야 한다. 6장에서 이미 우리는 타우-세타 퍼즐을 통해 이를 이야기한 바 있다. 패리티 깨짐이라는 아이디어가 ICHEP-6 로체스터 학회에서 언급된 이후, 리정다오와 양전닝은 Λ붕괴와 ^{60}Co붕괴 같은 약한 붕괴에서 증명할 수 있다고 제시했다. 회전에 대한 대칭을 고려한다면 패리티 작용은 '거울 대칭'과 동일함을 보인다. 거울에서는 왼쪽(L)과 오른쪽(R)이 바뀐다. 왜 그럴까? 우리가 서 있기 때문이다. 그러니 입자가 서 있는 실험을 고안해 보라. 이 경우, 스핀의 방향이 잘 정의된다.

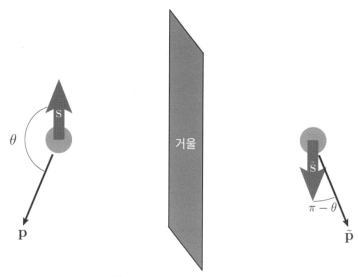

그림6 거울 대칭. 우젠슝이 ^{60}Co 붕괴 실험을 위해 사용한 구성이다.

그림6에 거울 반사의 핵심적인 부분이 나와 있다. 거울 왼쪽에서는 스핀의 방향이 서 있는 사람처럼 위로 주어져 있다. 거울 오른쪽에서는 스핀의 방향이 뒤집혀서 아래로 향한다. 이는 각운동량의 방향이 뒤집히는 것과 같다. 거울 안에서는 궤도가 반대 방향이 되기 때문에 각운동량의 방향도 뒤집히게 된다. 왼쪽에서 운동량 p를 가지고 운동하고 있는 입자는 거울 속에서 p̃의 운동량을 가지고 운동한다. 약한상호작용에 의한 입자의 붕괴에서 패리티 깨짐을 처음으로 확인한 것은 이렇게 간단한 도식으로부터 나왔다. 우젠슝(1912~1997)이 컬럼비아대학에서 이 실험을 수행했다. 이때 사용한 핵은 반감기가 5.3년인 방사성 동위원소 ^{60}Co로, 자연에는 존재하지 않는다. 그러나 인공적으로 제조가 가능하며, 우젠슝은 자석을 이용해 핵에 자기쌍극자가 생기도록 만들었다. 그래서 스

핀 방향이 그림6(a)처럼 위를 향하도록 조정했다. 핵의 붕괴로부터 운동량 p를 가진 입자가 각도 θ의 방향으로 나온다고 가정해 보자. 이 상황의 거울 대칭이 그림6(b)에 나와 있다. 거울 대칭에서는 스핀의 방향에 대해 $\pi-\theta$로 나아가게 된다. 따라서 자연이 패리티 대칭이라면, 핵의 위쪽과 아래쪽에서 같은 수의 입자가 측정되어야 한다. 우젠슝이 이 실험에서 발견한 것은 위쪽보다는 아래쪽에서 더 많은 전자가 나오며, 패리티가 붕괴 과정에서 깨져 있다는 것이었다. 핵에서의 베타붕괴는 약한 상호작용의 과정이고, 결국 약한상호작용에서는 패리티가 최대로 깨져 있다는 것이 확립되었다.

8장

전기약작용의 통일

6장의 그림5에서 우리는 고대 원자주의자들이 꿈으로만 꾸었던 입자들을 열거했다. 이번 장에서는 이 입자들의 카이랄 성질과 연관된 측면을 이야기하려 한다. 특히 표준모형에서 약력과 전자기력이 어떻게 전기약장용으로 통일되는지 설명하려 한다. 구체적으로는, (1)표준모형의 페르미온들이 어떻게 가벼운 상태로 남아 있는가, (2)가벼운 힉스 보손 질량의 비밀, (3)카이랄 성질은 그대로 유지하면서 표준모형을 대통일이론(GUT)으로 합치는 가능성에 대해 이야기할 것이다.

약한상호작용 현상은 앙리 베크렐(1852~1908)이 1896년 우라늄염에서 투과성이 있는 방사선이 자발적으로 방출되는 것을 우연히 발견해 알려지게 되었고, 20세기 후반부에 완전히 이해되었다. 10^{-16}cm보다 더 큰 거리척도에서 기본입자의 세모 조각을 6장의 그림5에 맞추어 넣기 위해서는 7장에서 이야기한 쿼크의 실체성이 매우 중요하다. 입자물리학자들은 이렇게 완성된 모형을 입자물리의 표준모형(SM)이라고 부른다. 표준모형의 모든 기본입자들이 6장의 그림5에 나와 있으며, 이것이 바로 고대 그리스인 이래 원자주의자들이 꿈꾸던 심장이다. 여기서 우리는 "어떻게 기본입자들이 밀고 당기는가" 하는 질문, 즉 기본입자들의 상호작용에 대해서도 이야기할 것이다. 이 질문은 마침내 답이 나왔다.

우리는 우주와 그 안에 있는 입자들을 연구하고 있으며, 숫자로 확실하게 계산할 수 있는 어떤 시점 이후에 한해서이다. 우리는 철학자가 아니며, 신실한 성직자들이 말하는 우주의 창조에 관한 질문은 하지 않는다. 그래서 우리는 이번 장이 끝날 때까지 진화론자이다. 제1원리로부터 숫자를 계산할 수 있는 경우에만 우리는 그것을 과학적 지식이라고 자신 있게 말할 수 있다.

우주가 창조된 직후, 우주의 온도는 충분히 낮았기 때문에(GUT 에너지에 비하면), 표준모형에 기반해 계산이 가능하다. 우리의 계산은 우주 팽창 이후 10^{-12}초 시점에서 시작했다. 그 당시 우주는 섭씨 10^{16}도 정도로 매우 뜨거웠다. 이때 모든 표준모형의 입자는 빛의 속력으로 움직이고 있었다. 우주의 온도가 낮아짐에 따라 무거운 입자들은 대부분 운동에너지를 잃게 되고 거의 정지 상태가 된다. 어떤 면으로는, 꼬리곰탕이 식어가는 것과 비슷하다. 꼬리곰탕을 끓일 때 고온에서는 지방이 물에 녹아들지만, 온도가 낮아지면서 지방 성분은 하얀색 고체로 응고된다. 비슷한 현상이 기본입자에도 일어나는데, 이 경우에는 입자물리의 법칙을 따른다. 입자물리학자들이 보통 eV라는 에너지 단위로 측정하는 일정한 온도 이하에서는, 그 온도의 입자의 질량이 빛의 속도로 이동하기를 멈춘다. 그 입자들은 쌍소멸하고, 이후에 오는 관측자에게는 아무 흔적도 없이 사라져 버린다. 우리 인간은 140억 년이 지난 후에 표준모형이라는 도구상자를 가지고 나타났는데, 그 무거운 입자들이 우주 초기에 어떻게 움직였는지 알 방법이 없다. 답해야 할 질문은 "어떤 입자들이 지금 여기에 있는가?" 또는 "어떤 입자들이 10^{-12}초의 시간에 빛의 속도로 움직이도록 허용되는가?"이다. 우리는 어떤 입자들이 지금 여기에 있는지 알고 있다. 그것들은 6장의 그림5에 나와 있다. 그러나 두 번째 질문에 답하기 위해서는 10^{-12}초에 적용되는 물리학 지식이 있어야 한다. 아마도 이 문제는 계층문제와 연관되어 있을지도 모른다. 베크렐이 관측한 베타 붕괴는 소위 전하류의 약한상호작용에서 발생한 것이었다.

이 단계에서 우리는 "어떤 입자들이 빛의 속력으로 움직이도록 남아 있는가?"라는 질문을 던져본다. 그림1에서 L과 R를 두꺼운 화살표로 그렸는데, 이는 스핀 각운동량의 방향을 나타내는 것이다. 먼저 이

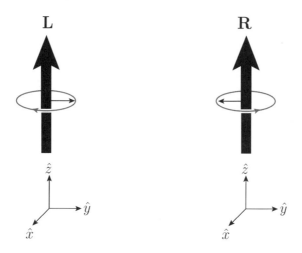

그림1 본문에서 사용한 L과 R의 회전 개념

것이 궤도 각운동량이라면 얼마나 큰 값이 되는지 한번 생각해보자. 궤도 각운동량은 회전하는 팔의 길이(수평 방향의 작은 파란색 화살표)와 회전하는 점의 속도의 곱에 비례한다. 회전하는 팔의 길이가 0이라면 궤도 각운동량은 0이다. 만약 입자가 빛의 속도로 움직이고 0이 아닌 각운동량을 가지고 있다면, 각운동량의 세 성분 중 두 성분은 운동 방향 $\hat{z}$에 수직이어야 한다. 즉, (xy)평면에 놓여 있거나 또는 동등하게 L과 R 방향이다. 우리가 입자의 진행 방향을 바라본다면, 즉 그림1의 바닥에서 위를 바라본다면 L은 반시계 방향(오른손 좌표계에서 −1)으로, R는 시계 방향(오른손 좌표계에서 +1)으로 회전한다. 입자가 질량이 있다면 그 속도는 빛의 속도보다 작으므로 운동속도를 바꾸어 각운동량이 (xy)평면에서 벗어나도록 만들 수 있다. 그러나 빛의 속도로 움직이는 입자의 각운동량은 운동 방향만 가능하다. 입자가 $\hat{z}$방향으로 나아갈 때, 각운동량을 주는 거의 (xy)평면을 도는 나선형의 궤도 운동 모양을 본떠서 우리는 이를 헬리시티라고 부른다. 또 다른 용어는 편광이다. 가장 좋은 예는 2개의 편광을 가진 빛이다. 스핀 각운동량을 가지고 있는, 질량이 없는 입자들도 2개의 수직 편광을 가진다. 이런 의미에서 스핀−2 중력자는 2개의 헬리시티, +2와 −2를 가진다.

약한상호작용에서 패리티 깨짐이 발견된 지 1년 후인 1957년 'V−A' 4인방, 즉 마샥, 수다르샨, 파인먼, 겔만은 'V−A' CC(전하류) 약한상호작용을 제시했다. 표준모형에서는 와인버그가 'V−A' CC 약한상호작용을 제시했는데, 6장 그림5에 있는 전자중성미자와 왼쪽성분 전자를 이중항 $(v_{eL}e_L)$으로 만들어 약한상호작용 안에 같은 방식으로 표현했다. 그림1에서 두꺼운 화살표는 이러한 구성을 나타내는 것으로, L은 반시계 방향의 회전, R를 시계 방향의 회전이다. 6장 그림5의 $(v_e)_L$ 과 $(e)_L$은 $W^{\pm}$ 보손과 정확하게 같은 방식으로 L로만 상호작용한다. 이 그림에서 동그라미가 붙은 전자는 절대로 $W^{\pm}$보손과 반응하지 않는다. 하워드 조자이는 이 간단한 사실을 GUT와 확장된 GUT에 진지하게 적용해 질량에 관한 생존 가정을 제시했다. 여러 가능성 중에서 어떤 것을 골라야 할지 확신이 없을 때 하는 추측과 비슷한 가정이었다. 이론들의 기반에는 많은 수의 '만약'이 들어 있다. 수학에서의 공리처럼 입자물리학에서 한 가지 확실한 것은 7장에서 이야기한 게이지 대칭성이다. 게이지 대칭에 불연속 대칭이나 광역 대칭 같은 더 많은 장식을 더한다면, 입자이론은 거의 무한한 가능성을 가질 수 있다.

생존 가정은 게이지 전하가 같은 L과 R를 모두 가진 임의의 쌍은 고려 중인 온도, 즉 섭씨 10^{16}도에서 질량을 가진다고 제시한다. 이는 꼬리곰탕의 지방이 낮은 온도에서 응고하기 시작하는 것과 같다. 그러나 짝이 없으면 질량을 가질 수 없게 된다. 6장 그림5에서 왼쪽 성분만 가진 중성미자는 오른쪽 성분의 짝이 없으므로 10^{16}도에서 질량을 가지지 못한다. 전자에서는 왼쪽 성분의 전자가 오른쪽 성분의 전자(동그라미가 있는 것)를 찾지만, 그것들의 게이지 전하는 다르다. 완전한 짝이 아닌 것이다. 그래서 왼쪽 성분의 전자와 오른쪽 성분의 전자는 10^{16}도에서, 또는 에너지 단위로 $10^{12}eV$에서 질량이 없는 상태로 남게 된다. 이러한 방식으로 표준모형의 입자들은 $10^{12}eV$보다 낮은 온도에서 질량이 없는 상태로 남는다. 반복하면, 이 결과를 처음 제시한 사람들은 1957년의 'V−A' 4인

방이었다. 이러한 방식으로 이야기한 것은 아니었지만 말이다.

스핀-0인 입자들은 스핀이 없기 때문에 카이랄성을 정의할 수 없다. 이 입자들의 질량은 매우 무거울 것으로 예상할 수 있다. 수직으로 편광된 게이지 보손처럼 빛의 속도로 진행하는 스핀-0 입자는 질량이 0이어야 한다. 각운동량을 가질 수 없으므로, 그림1에서 그 운동방향은 $\pm \hat{z}$방향이어야 한다. 그러나 스핀-0인 입자의 자연적인 질량은 0이 아니다.

물속에서 지방을 저어주면 응고를 잠시는 늦출 수 있다. 완벽하게 쌍을 이루는 L성분과 R성분의 스핀-$\frac{1}{2}$ 페르미온들도 여분의 조건들, 즉 더 많은 대칭성으로 휘저어 주면 $10^{12}eV$ 아래에서 질량이 없도록 만들 수 있다. 스핀-1 게이지 보손들은 게이지 대칭 때문에 질량이 없다. 그러나 스핀-0 입자들은 질량을 가진다.

2.7°K의 온도인 현재, 표준모형 입자들은 6장 그림3에 나오는 것처럼 매우 무겁다. 톱쿼크의 질량은 173GeV로, 현재 온도 2.7°K의 1,000조 배에 해당한다. 2.7°K는 초기 우주의 온도에 비하면 너무 낮아서, 표준모형의 입자들이 결국에는 질량을 가지게 된다. 6장의 그림5를 보면 원형밴드 각각에 하나씩 총 세 가지 질문이 있다. 첫 번째, 중심에 있는 힉스와 관련해 "표준모형의 입자들은 어떻게 질량을 가지게 되는가?"이다. 두 번째, 중간에 있는 스핀-1 입자들과 관련해, 7장에서 다룬 글루온에 더해 "약한상호작용과 전자기 상호작용을 매개하는 입자는 왜 네 가지의 입자만 있는가?"이다. 세 번째, 바깥쪽 고리에 있는 스핀-$\frac{1}{2}$ 페르미온들과 관련해 "왜 카이랄 입자는 45개인가?"이다.

두 번째 질문에 대한 답은 1960년 셸던 글래쇼(1932~)가 발견한

SU(2)×U(1)이다. 그 이전에는 글래쇼의 박사과정 스승인 줄리언 슈윙거 (1918~1994)가 1957년에 시도했다. 그러나 그는 약한상호작용에 관한 정확한 실험 정보가 없었기 때문에 잘못된 시도를 했다. 때때로 약력과 전자기력 둘 다 게이지이론으로 취급해야 한다는 의미에서 이를 약력과 전자기력의 통일이라고도 한다. 1865년 맥스웰의 전기와 자기의 통일 이후 약력을 끌어들여 만든 최초의 성공적인 통일이었다. 그러나 표준모형에는 여전히 SU(2)와 U(1) 각각에 해당하는 결합상수 α_2와 α_1의 2개가 남아 있다. 중력을 제외한 모든 입자의 힘을 1개의 결합상수로 통일하는 것이 GUT라는 이름으로 10년 후에 (성공하지는 못했지만) 시도되었다.

$W^{\pm}$와 Z^0에 질량을 부여하는 것은 더 어려운 문제로 드러났다. 1960년 글래쇼는 표준모형의 전기약작용 게이지 구조를 발견한 논문에서, 게이지 보손의 질량을 일시적으로 무시해야만 하는 '장애물'이라고 표현했다. 이는 한 가지 중요한 문제를 해결하면서 동시에 다른 문제의 해결방법은 의도적으로 지연시키는 흥미로운 예에 해당한다.

$W^{\pm}$와 Z^0의 질량으로 인해 양성자, 중성자, 뮤온과 다른 가벼운 페르미온의 약한상호작용의 경우, 약한 CC(전하류)는 페르미 상수 G_F로, 약한 NC(중성류)는 또 다른 결합상수로 표현된다. 보통 이 두 결합상수는 G_F와 약작용 혼합각 $sin^2\theta_w$로 나타낸다. 그래서 약작용 혼합각 $sin^2\theta_w$의 한 가지 변수로 모든 약한 중성류의 실험을 맞추게 되면서 처음으로 실험적 확인을 하게 된다.

약한 중성류는 1973년 CERN에 있는 가가멜 거품상자에서 처음 발견되었다. SU(2)×U(1) 의 게이지 구조를 확인하는 데 있어 첫 번째 어려움은 패리티를 깨는 Z^0와 전자의 상호작용을 찾는 것이었다. 약한 상호작용의 한 가시 측면은 패리티 깨짐이라는 점에 주목하사. 이는 eeZ 결합으로부터 어떤 가스를 관통하는 편광된 빛이 광학적으로 회전해야 된다고 예견한다. 그러나 시애틀과 옥스퍼드에서 이루어진 실험에서는 회전이 성공적으로 관측되지 않았다. 1978년까지 이러한 원자 실험들은 이 모델에 대해 심각한 의심을 제기했다.

그러나 1978년 eeZ 결합, 즉 약한 중성류의 효과가 직접적으로 측정되었다. 찰스 프레스콧(1938~)과 리처드 테일러(1929~2018)가 SLAC에서 중수소에 편광된 전자를 산란시킨 것이다. 이 훌륭한 실험은 주된 전자기효과보다 10배나 작은 크기의 효과를 검출했다. 테일러가 일본 도쿄에서 열린 ICHEP 1978 학회에서 이 실험 결과를 발표한 후, 입자물리학계는 표준모형이 올바르다는 확신을 가지게 되었다. 실제로, ICHEP 1978의 마지막 날 저녁, 일본 국영 텔레비전 방송국은 표준모형 이야기를 다룬 다큐멘터리를 방영했다.

1년 후인 1979년 노르웨이 베르겐에서 열린 중성미자에 관한 국제 학회에서 $sin^2\theta_w$의 값이 0.233이고 Z^0의 질량이 91GeV라는 것이 이 책의 두 번째 저자를 포함한 그룹에 의해 보고되었다. 이 질량을 가진 스핀-1 게이지 보손인 Z^0는 사실 1983년 CERN의 양성자─반양성자 가속기(SPS)에서 만들어졌으며, CERN에 있는 두 곳의 실험 그룹이 이를 보고했다. 카를로 루비아(1934~)가 이끄는 UA1 그룹과 또 다른 UA2 그룹이었다. 이 발견은 표준모형을 실험적으로 확인한 것으로, 이 시기에 측정한 혼합각 0.233의 정밀한 중성류 데이터는 CERN의 강입자가속기(LHC)에서 이루어진 최근의 실험 데이터와도 잘 일치한다. 약한 전하류의 원인인 게이지 보손 $W^{\pm}$ 역시 1983년 CERN의 UA1 그룹과 UA2 그룹이 발견했다.

글래쇼의 문제였던 '장애물', 즉 $W^{\pm}$와 Z^0의 질량은 6장 그림5의 중심에 있는 첫 번째 문제의 핵심이다. 글래쇼의 '장애물'은 1964년 프랑수아 앙글레르(1932~), 로버트 브라우트(1928~2011), 피터 힉스(1929~), 제럴드 구럴닉(1936~2014), 칼 하겐(1937~), 토머스 키블(1932~2016)이 연구한 힉스메커니즘에 의해 제거되었다.

힉스메커니즘은 표준모형의 게이지군 $SU(2) \times U(1)$에서 정확하게 사용되었다. 앞에서 언급한 대로, 게이지 대칭으로 인해 모든 게이지 보손은 수직 편광을 가지고 있다. 헬리시티는 운동 방향으로 측정한 회전 감각이다. 그림1의 L은 −1로, R은 +1로 나타낸다. 스핀−0인 입자의 자연스러운 질량은 0이 아니다. 스핀−0인 입자가 수직 편광의 게이지 보손과 합쳐지기 위해서는 스핀 외에도 똑같은 특성을 가져야 한다. 첫째, 게이지 변환이 같은 유사스칼라입자여야 한다. 둘째, 각운동량을 가지지 않지만 방향은 $\hat{z}$에 평행해야 한다. 셋째, 빛의 속도로 운동해야 한다. 그래야 같은 방향을 향해 빛의 속도로 움직이고 있는 게이지 보손에게 "안녕" 하고 인사하며 움직일 수 있다. 빛의 속도로 움직이기 위해서는 질량이 0이어야 한다. 그런데 앞에서 이야기했듯, 스핀−0인 입자의 자연스러운 질량은 0이 아니다. 그러나 이 문제는 광역 대칭이 자발적으로 붕괴하는 경우에는 피해갈 수 있다.

질량이 없는 게이지 보손에 질량을 주려면 스핀−1 게이지 보손의 수직 편광 외에 평행 방향의 편광(운동 방향의 앞이나 뒤 방향)이 필요하다. 스핀-0 유사스칼라는 이 평행 성분을 제공해 준다. 3개의 게이지 보손 $W^\pm$와 Z^0 모두 질량을 가지려면 3개의 유사스칼라가 필요하다. 그러나 스핀 차이 외에는 다른 특성이 앞에서 언급한 것처럼 모두 같아야 한다. 이러한 게이지 보손은 SU(2) 변화에 대해 복잡하게 변하기 때문에 유사스칼라 역시 SU(2) 변화에 대해 같은 방식으로 복잡하게 변해야 한다. 스티븐 와인버그와 압두스 살람은 2개의 복소수 스칼라 또는 4개의 실수 스칼라를 복소수 이중상태로 묶는 것을 제시했다.

5장에서 언급한 막스 보른과 양전닝의 양자역학 해석에 따르면, 양자역학은 위상역학이다. 우리는 지금 스핀-1인 보손과 스핀-0인 보손을 다루고 있다. 스칼라의 게이지 변화는 위상에서 일어난다. 그래서 3개의 스칼라는 위상에서 적히고, 이 3이라는 숫자는 SU(2) 게이지 보손 3개에 대응한다(7장에서 이야기한 대로, SU(N) 게이지이론에는 N^2-1개의 게이지 보손이 있다). 우리가 도입한 4개의 스칼라 중 하나는 어디로 갔을까? 그것은 지수항 앞에 곱해진 실수 계수에 속해야 한다. 우리는 유니타리 변환을 사용하기에, 이 방식으로 스칼라의 개수를 세는 것은 유니타리 게이지이다. 이러한 구성에서 남아 있는 스칼라의 특성이 진공 또는 바닥상태의 특성이 된다. 과학 서적에서는 진공 기댓값(VEV)이라고 말하는 것을 볼 수 있다. 어떤 스칼라 장이 VEV를 가져서 대칭성이 깨어질 때 이를 '자발적인 대칭성 붕괴'라고 말한다.

이 실수 스칼라는 힉스 보손이라고 불리는데, 2012년 CERN에서 125GeV의 질량으로 마침내 밝혀졌다. 이것이 바로 힉스메커니즘으로,

SU(2) × U(1) 전기약작용 대칭을 U(1) 대칭으로 깨면서 $W^\pm$와 Z^0에 질량을 준다. 우리가 단지 3개의 유사스칼라를 사용했기 때문에 1966년 톰 키블이 지적했듯 남아 있는 다른 게이지 보손에는 질량을 줄 수 없다. 남아 있는 다른 게이지 보손이 바로 광자이다. 힉스메커니즘의 가장 큰 장점은 재규격화를 보존한다는 것이다. 이는 마르티뉘스 펠트만(1931~)과 헤라르뒤스 엇호프트(1946~)가 처음 증명했고, 이휘소(1935~1977)와 장진—저스틴(1943~)이 잘 이해할 수 있는 방식으로 증명했다. 이로 인해 표준모형은 QED처럼 매우 높은 정확도로 양자역학적으로 일관성 있게 계산할 수 있게 되었다.

비상대론적인 응집물질의 특성으로부터, 힉스메커니즘의 본질은 1950년대 말 난부 요이치로(1921~2015)와 필립 앤더슨(1923~)이 이미 알아낸 바 있었다. 바로 앞의 문단에서 이야기한 대로, 입자물리학에서 자발적인 대칭 붕괴의 상대론적 형태는 제프리 골드스톤(1933~)이 시작했고, 골드스톤과 와인버그, 살람이 국소게이지 대칭성 없이 논의했다. 피터 힉스는 골드스톤이 제시한 것과 같은 형태를 사용하기는 했지만 국소게이지 대칭을 집어넣었다. 그리고 물리적으로 관측 가능한 실수 스칼라가 남게 된다는 것을 발견했다.

게이지 대칭의 자발적 붕괴는 이따금 키블 메커니즘을 통해 자기홀극을 만들어낸다. 공간의 모든 지점에 힉스장의 진공기댓값을 할당할 수 있다. 기댓값이 모든 곳에서 같다면 그 효과는 어떤 게이지 보손에 질량을 주는 것이며, 그저 평행 성분을 가지는 게이지 보손을 세기만 하면 된다. 4차원 시공간에서는 7장의 그림4에 나오는 대로 인스탄톤을 게이지

장의 값으로 나타냈다. 이제 우리는 힉스장의 값을 다루려 한다. 깨지지 않은 U(1) 게이지이론이 자발적 대칭붕괴에 의해 일어났다고 가정해 보자. 표준모형의 SU(2)×U(1)이 깨질 때 나오는 U(1)$_{em}$은 여기에 적용되지 않는다. U(1)이 깨지기 전과 후에 모두 존재하기 때문이다. U(1)에 대한 변환은 원이며 수학적으로는 1차원인 원, 즉 S$_1$으로 나타낸다.

원이 없는 것에서 S$_1$원을 만들 때 재미있는 상황이 생긴다. 일반적으로, 비가환 단순군의 군공간은 S$_1$을 가지고 있지 않다. 우리는 양자역학적 변환은 위상이라고 말한 바 있다. 이는 단위 구의 표면 위에 있음을 의미한다. 이러한 점에서 U(1)은 하나의 원 위에 놓인다. 즉, 2차원 원반의 둘레 위에 놓이는 것이다. SU(2) 인스탄톤 해는 S$_3$ 위에, 즉 4차원 구의 표면에 놓여 있었다. 우리는 국소적인 입자를 원하기 때문에 3차원 구의 표면 S$_2$를 생각할 것이다(모든 단순군은 SU(2)를 부분군으로 포함한다). 그래서 SU(2)군의 방향을 3차원 공의 표면에 놓을 수 있다. 만약 여기서 SU(2) 게이지 대칭이 U(1) 게이지 대칭으로 깨진다면 무슨 일이 일어날까? 전기홀극의 경우, 7장의 그림1에 나와 있다. 그러나 맥스웰 방정식은 자기홀극을 포함하지 않는다. 즉, 자기장은 끝에 전하가 되는 점을 가지고 있지 않은 것이다. 만약 SU(2)와 같은 단순군이 U(1) 게이지이론으로 깨진다면 자기홀극이 나타날 수 있을까? 그렇다. 우주의 온도가 낮아짐에 따라 힉스장의 기댓값에 대한 키블 메커니즘 때문에 나타난다. 엇호프트와 알렉산드르 폴랴코프(1945~)가 이를 발견했다. 이때 만들어지는 자기홀극을 엇호프트-폴랴코프 자기홀극이라고 부른다.

힉스장은 적어도 4개의 실수 성분을 가지고 있으며, 그중 3개가

SU(2) 대칭과 관련되는 위상이 될 수 있다고 했다. 힉스장의 기댓값은 그림2(a)처럼 고슴도치 모양의 방향을 가질 수 있다. 원점에서의 기댓값은 0이다. 여기 표시한 대로 바깥으로 향하는 자기장 B를 계산한다고 생각해 보자. 실제로 엇호프트와 폴랴코프는 큰 반지름 r에서 $1/r^2$에 비례하는 자기장이 나타남을 알아냈다. 그러므로 원점에 자기홀극이 있어야 한다. 하지만 게이지이론이기 때문에 U(1)전하는 플럭스로 계산해야 한다. 만약 모든 자기장 B를 그림2(b)처럼 하나의 선으로 옮긴다고 가정해 보자. 그러면 그 플럭스는 작은 원반 위에서 계산할 수 있고, 스토크스 정리를 따르면 원반의 경계(그림2(b)의 회색 점선)에서 계산할 수 있다. 그래서 바깥으로 나가는 플럭스를 실험에서 관측하지 못하게 하려면, 하나의 원 위에서 위상을 옮기는 것은 같은 값, 즉 $e^{i2\pi\, integer}$을 주어야 한다. 이로 인해 자기홀극의 양자화 조건이 생기게 되는데, 이는 힉스의 기댓

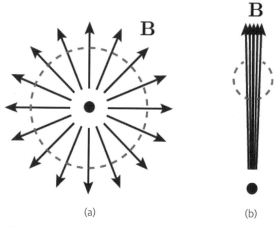

(a)   (b)

그림2 자기홀극

값에 의존한다. 즉, SU(2)가 어떻게 U(1)으로 깨지는가에 따른다. 그래서 자기홀극의 질량은 (기댓값)/e 정도로 주어진다.

이는 SU(5) 같은 GUT에서 지대한 결과를 준다. 만약 GUT가 자연이 선택한 것이라면, SU(5)가 U(1)요소를 포함한 표준모형으로 깨지고 10^{16-17}GeV의 질량을 가진 자기홀극이 나타나야 한다. 존 프레스킬(1953~)이 지적한 대로 이렇게 무거운 자기홀극이 있으면 현재의 우리 우주가 될 수 없다. 그렇다면 우리는 어떻게 해야 하는가? 현재는 우주의 평평함과 등방성 문제가 중요한 이유로 여겨지지만, 앨런 구스(1947~)는 자신이 제시한 인플레이션 시나리오에서 자기홀극 문제를 하나의 동기로 사용했다.

6장 그림5의 가장 바깥에 있는 스핀$-\frac{1}{2}$ 페르미온 입자들과 관련된 세 번째 질문은 입자종 문제, 또는 입자족 문제이다. 7장에서 하드론의 질서를 얻은 이후, SU(3) 입자종 대칭이 확립되었다. 그러나 입자종 SU(3)(또는 3개의 쿼크 u, d, s)를 가진 하드론들은 기묘함이 변하는 약한상호작용의 반응에서 명백히 심각한 문제를 겪고 있었다. 이 문제는 1970년 하버드의 세 물리학자, GIM(셸던 글래쇼, 이오아니스 일리오풀로스(1940~), 루치아노 마이아니(1936~))가 매혹charm(c)이라고 불리는 네 번째 입자종의 쿼크를 예견함으로써 해결되었다.[01] 매혹쿼크는 새뮤얼 팅(1936~)이 시작한 소위 1974년 11월 혁명에서 극적으로 발견되었다. 이로 인해 1974년 이

---

01 글래쇼, 일리오풀로스, 마이아니, 렙톤–하드론 대칭을 가진 약한상호작용, Phys. Rev. D 2, 1285 (1970).

후, 겔만의 수학적 쿼크는 원자론 세상에서 실체로 인정받았다.

두 가지 쿼크(또는 입자종)가 각각 1977년과 1995년 추가로 발견되었다. 바닥쿼크(b)와 탑쿼크(t)였다. 이에 따라 렙톤의 세 가지 입자족, 즉 전하를 가진 렙톤들 e^-, μ^-, τ^-와 중성미자들 v_e, v_μ, v_τ에 부합하게 된다. 이것들은 모두 6장 그림5의 가장 바깥쪽 고리에 있는 45개의 카이랄 페르미온이다. 사실 1972년 지적된 바 있듯, 표준모형의 재규격화를 유지하기 위해서는 같은 수의 입자종(렙톤이 세 종류면 쿼크도 세 종류)이 필요하다.

표준모형의 시간 역전 대칭이 약한 전하류상호작용에 의해 깨지려면, 3개의 쿼크 입자족이 필요하다. 시간 역전은 영화를 거꾸로 돌리는 것과 비슷하다. 표준모형에서 시간 역전 대칭은 한 입자를 원점에 대해 반대쪽에 있는 지점에서 그것의 반입자로 바꾸는 것과 같다. 이를 CP 대칭이라고 부른다. CP로 이야기하는 편이 실험가들에게는 더 낫다. 시간을 거꾸로 돌리는 실험기구를 만들기란 어렵기 때문이다. 표준모형의 약한상호작용에서 CP를 깨기 위해 세 가지 입자족이 필요하다는 조건은 두 명의 일본인 물리학자, 고바야시 마코토(1944~)와 마스카와 도시히데(1940~)가 발견했다. 2006년 이후 지금까지, 입자물리에서 약한상호작용의 CP 깨짐을 위해 어떤 다른 원인이 필요하다는 것을 밝혀낸 실험은 존재하지 않았다.

세 가지 입자족의 전하류를 이야기하는 것은 왼쪽성분의 카이랄성을 가진 6개의 쿼크($\frac{2}{3}e$의 전하를 가진 3개의 쿼크와 $-\frac{1}{3}e$의 전하를 가진 3개의 쿼크)를 논의하는 것과 동일하다. 같은 전하를 가진 u, c, t 쿼크들 사이에는 혼합이 가능하다. 쿼크들의 혼합은 니콜라 카비보가 발견했다. 약한 전하류 상호작용에 관한 일반적인 쿼크 혼합에는 3×3 유니타리 행렬이 필요하다. 가장 일반적이며 물리적으로 의미 있는 3×3 유니타리 행렬은 3개의 실수 각과 하나의 위상으로 나타낼 수가 있으며, 이를 CKM 행렬이라고 한다. 여기서 하나의 위상은 고바야시와 마스카와가 발견해 KM위상이라고 부른다. 두 사람은 이 공으로 노벨위원회의 인정을 받아 2008년 노벨상을 수상했다. 1983년 링컨 울펜슈타인(1923~2015)은 실험가들이 쉽게 사용할 수 있는 형식으로 CKM 행렬을 적었다. 현재 대부분의 하드론 데이터는 이 형식을 사용해 분석하고 있다. 이 근사적 형태는 0.01보다 큰 행렬의 값에 대해서는 거의 정확하다. 1985년 스웨덴의 세실리아 야를스코(1941~)는 임의의 모양의 CKM행렬에 대해 같은 값을 가지는 하나의 간단한 수 J를 도입했다. 노벨위원회가 고바야시와 마스카와를 인정한 이유는 모든 하드론 실험에서 J가 0.0001보다 약간 작은 값으로 수렴했기 때문이다. 그래서 정확한 유니타리인 CKM 행렬을 표현해 데이터를 분석할 필요가 있었다.

마찬가지로 렙톤 영역도 세 가지 입자족을 가지고 있다. 전자, 뮤온, 타우는 양쪽 카이랄성(L과 R)이 모두 존재한다. 5장에서 그리고 6장 그림5에서 이미 살펴본 대로, 전자 중성미자 v_e, 뮤온 중성미자 v_μ, 타우 중성미자 v_τ, 이 세 가지 중성미자는 한쪽 카이랄성 L성분만 존재한다. 1930년대 핵의 베타 붕괴에서 볼프강 파울리(1900~1958)가 중성미자를 도입한 것은 중성미자의 질량을 위한 것이었으며, 핵자의 질량 정도에 해당했다. 그러나 이는 'V–A' 4인방의 이야기가 알려지기 전이었다. 표준모형에서는 재규격화가 가능한 수준에서 중성미자의 질량은 0이다.

파울리의 대담한 가정은 1934년 약한상호작용에 관한 페르미 이론에 포함되었고, 이어서 나오는 모든 이론에도 포함되었다. 하지만 중성미자는 1956년까지 직접적으로 발견되지 않다가, 마침내 프레더릭 라이너스(1918~1998)와 클라이드 코원(1919~1974)이 사우스캐롤라이나에 있는 서배너강의 핵발전소에서 발견했다. 바로 이것이 지금 우리가 전자중성미자라고 부르는 것이었다. 1962년 리언 레더먼(1922~2018), 멜빈 슈워츠(1932~2006), 잭 스타인버거(1921~)는 중성미자가 적어도 두 가지 종류가 있다는 것을 실험으로 증명했다. 현재는 세 가지 중성미자 v_e, v_μ, v_τ가 있다는 증거가 있으며, 6장 그림5의 45개 카이랄 입자들을 채우게 된다.

표준모형과 SU(5) GUT에서는 중성미자의 질량이 없는 것으로 가정하며, 왼쪽성분의 바일 스피너로 표현한다. 질량이 없는 중성미자는 빛의 속도로 움직이며, 앞에서 언급한 대로 정해진 헬리시티를 가진다. 즉, 전하류에 따른 베타붕괴 실험에 따르면 왼쪽성분의 헬리시티만 가진다.

1998년 일본의 슈퍼-카미오칸데 실험 후 모든 것이 바뀌었다. 이 실험은 지구 대기에 들어온 중성미자가 입자종을 바꾸거나 또는 진동한다는 것을 명백히 보여주었다. 이는 중성미자가 질량을 가진다는 것을 의미한다. 더 많은 실험에서 이 사실이 확인되었다. 따라서 3개의 중성미자에도 쿼크의 CKM 행렬처럼 복잡한 3×3 행렬이 존재하게 된다. 중성미자의 진동으로 인해 연구 분야가 크게 확장되었다. 특히 유일하게 표준모형에서 확실히 벗어난 것으로 밝혀졌기 때문일 것이다.

쿼크 영역에서는 낮은 에너지에서 혼합 실험을 논의할 때 하드론의 질량이 들어온다. 하지만 대부분의 중성미자 실험에서 중성미자는 거의 빛의 속도로 움직이며 운동에너지가 훨씬 중요하다. 그래서 중성미자의 혼합 실험은 중성미자의 에너지를 사용한다. 중성미자 진동의 정확한 공식은 1957년 러시아 물리학자 브루노 폰테코르보(1913~1993)에 의해 전자중성미자와 그 반입자 사이에 주어졌다. 그 당시 다른 중성미자는 아직 알려지지 않았기 때문이다. 중성미자는 전하를 가지고 있지 않으므로 중성미자와 반중성미자의 진동이 가능하다. 따라서 일반적으로는 6×6 행렬을 고려할 수 있다. 그러나 CKM 행렬과 평행한 방식으로 생각하기 위해, 우리는 중성미자와 반중성미자의 작은 진동은 무시하고 3×3 혼합 행렬을 사용한다. 이는 마키 지로, 나카사와 마사미, 사카타 쇼이치(1911~1970)를 따르는 것으로, MNS 행렬이라고 부른다. 하지만 대부분의 물리학자는 PMNS 행렬이라고 한다. CKM행렬은 CP를 깨는 위상을 하나 가지고 있다. 3개의 각 중 2개는 매우 작으며, 가장 큰 카비보 각은 약 13도이다. PMNS 행렬에서는 반대로 혼합각이 더 큰데, 하나는 최대인 45도 정도이고, 또 하나는 34도 정도, 가장 작은 것은 9도이다.

이러한 질적 차이는 쿼크와 렙톤이 불연속 입자종군의 다른 표현에 속해야 한다는 것을 의미한다. 또 다른 차이는 중성미자 질량이 전하를 가진 렙톤이나 쿼크의 질량보다 100만 배나 작다는 것이다.

표준모형 입자들만 존재하는 세상에서 질량이 0이 아닌 중성미자의 질량을 만들기 위해서는 표준모형 입자들 사이에 재규격화가 되지 않는 상호작용을 고려하면 가능하다. 어떻게 이런 상호작용이 생기는가는 이론적 모형의 구체적 사항에 따라 달라진다. 와인버그는 1977년 쿼크의 질량 행렬로서 이러한 비재규격화 항을 고려했다. 2×2 행렬에서 하나의 대각 원소는 매우 큰 값 M으로, 2개의 비대각 원소는 매우 작은 값 v로, 그리고 나머지 대각 원소는 0으로 두는 것이다. 행렬식은 변하지 않으므로 2개의 고윳값이 M과 v^2/M으로 주어진다는 사실을 알 수 있다. 이것이 시소 메커니즘의 기본이다. 즉, M이 커질수록 다른 고윳값 v^2/M은 작아지는 것이다. 여기서 v는 어떤 스칼라 장 σ의 기댓값이고, $\frac{1}{M} \bar{d}_{LS_R} \sigma\sigma + \cdots$가 유효한 비재규격화 라그랑지안이다. 이러한 비재규격화 쿼크 상호작용은 바리온 수를 보존해야만 한다.

중성미자의 작은 질량을 설명하는 가장 명쾌한 방법은 시소 메커니즘이다. 1977년 피터 민코프스키가 제안한 대로 오른쪽성분의 무거운 중성미자를 적어도 2개, 보통은 3개 이용하는 것이다. 여기서 주목할 부분은, 표준모형에서는 왼쪽성분의 중성미자만 있으며, 질량을 주는 비재규격화 상호작용은 마요라나 형태로서 렙톤수를 깬다는 점이다. 시소 메커니즘도 마찬가지이다. 그러나 비재규격화 상호작용이 렙톤수를 깨기 때문에 렙톤수의 붕괴가 반드시 포함되어야 한다. 이는 무거운 SU(2)×U(1) 단일항의 중성미자를 도입해 이룰 수 있다. 확인하자면, 그래서 시소 메커니즘은 오른쪽성분의 중성미자가 존재하는 경우 이것을 무겁게 만드는 데 도전하게 된다. 가벼운 중성미자가 세 가지 있다면, 가장 쉬우면서도 간단하게 일반화하기 위해서는 무거운 중성미자 세 가지가 필요하다.

표준모형에는 결합상수가 2개(G_F와 $sin^2\theta_W$) 있기 때문에 진정한 결합상수의 통일이라고 할 수 없다. 우리는 표준모형에서 손으로 그냥 집어

넣은 와인버그 혼합각에 대해 이야기했다. 하나의 게이지 결합상수를 가지기 위해서는 대통일장이론 (GUT)을 생각해야 한나. GUT에서는 혼합각 $sin^2\theta_W$이 자동적으로 결정된다. 실험에서 결정된 $sin^2\theta_W$ 값은 전기약작용 에너지에서 0.233이다.

하워드 조자이와 셸던 글래쇼가 SU(5)에서 했던 것처럼, 6장 그림5의 오른쪽 성분(동그라미)들을 반입자로 바꾸어 왼쪽성분으로 만들어 사용할 수 있다. 이렇게 한쪽 성분의 카이랄 상태 L만 이용하기 때문에 카이랄 표현이라고 한다. 이것이 바로 양자장론(QFT)의 마법이다. 조자이와 글래쇼가 마법사 역할을 했다. QFT의 마술은 어떤 입자에 의해 정의된 양자장은 한 입자를 생성할 수도 있고 반입자를 소멸시킬 수도 있다는 것이다. 스핀$-\frac{1}{2}$인 페르미온의 반입자는 반대 카이랄리티를 가진다. 한 입자의 양자장을 사용하든, 또는 그 반입자의 양자장을 사용하든 상관없이 한 입자를 만들어 낼 때 똑같은 결과를 얻게 된다. 만약 우리가 입자의 양자장을 사용한다면 우리는 생성 연산자를 사용한다. 반대로 반입자의 양자장을 사용한다면 소멸 연산자를 사용한다. QFT에서 또 다른 마법 같은 효과는 전자의 양자장에 의해 만들어진 모든 전자는 완전히 동일하며 전 우주에서 구별이 불가능하다는 점이다.

6장 그림5의 한 입자족에 있는 15개의 카이랄 장을 전자기적 전하의 합이 0이 되도록 5개의 무리와 10개의 무리로 나눌 수 있다. 이는 게이지군 SU(5)에서 가능하다. 5개의 무리는 왼쪽성분 전자 중성미자, 왼쪽성분 전자, 세 가지 색소에 해당하는 왼쪽성분 반입자 d-쿼크이다. 6장 그림5에서 우리는 왼쪽성분 입자와 오른쪽성분 입자를 모두 사용했지만, 조자이와 글래쇼는 왼쪽성분 카이랄 표현만 사용했다. 그러면 동그라미가 있는 입자는 모두 삼각형이 붙은 입자로 바뀔 수 있다. 전자기 전하와 색소 전하 양쪽에 대해 반대 전하를 가지는 것이다. 따라서 d쿼크 반입자의 전하는 $+\frac{1}{3}$이 되고, 이 무리에 있는 모든 전자기 전하의 합은 $(0)+(-1)+\frac{1}{3}+\frac{1}{3}+\frac{1}{3}=0$이 된다. 색소 전하의 합을 계산하기 위해서는 7장에서 이야기한 아이소스핀의 세 번째 요소 및 초전하와 비슷하게 두 가지 수를 고려해야 한다. 다만 이때는 색소 게이지군 $SU(3)_{colour}$에서 비슷한 방식으로 계산한다. 쿼크의 삼중상태 또는 반삼중상태는 그 색소 아이소스핀의 합이 0이고, 색소 초전하도 마찬가지이다. 5개가 들어 있는 이 무리는 SU(5)군의 기본표현이다. SU(5) GUT의 본질은 여기 5개 입자의 무리에 들어 있다.

SU(5) 모형에서는 전하의 양자화를 얻게 된다. 전자기 전하의 합으로부터 d쿼크의 전자기 전하는 $-\frac{1}{3}$로 결정되며, 이는 u쿼크의 전하를 $+\frac{2}{3}$로 결정한다. 그러므로 uud로 이루어진 양성자의 전자기 전하는 +1이 된다. GUT는 전자와 양성자의 전하 합이 0이 되는 오래된 문제를 해결해 준다. 우주가 수소 원자로 가득 차 있다면 그 전체 전하의 합은 0이다. 모든 무거운 원소는 수소 원자와 전기적으로 중성인 중성자를 가지고 만들 수 있다.

와인버그 혼합각 $sin^2\theta w$도 결정된다. 기본적으로 이 혼합각은 표준 모형에 있는 2개의 결합상수의 비로 정해진다. GUT는 하나의 결합상수만 존재하므로 그 비도 고정된다. SU(5) GUT에서는 혼합각이 $\frac{3}{8}$으로 정해진다. 그러나 이 값은 게이지군이 통일되어 있을 때의 값이다. 만

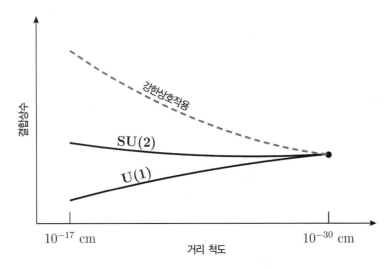

그림3 결합상수의 크기

약 10^{16}GeV 에너지에서 또는 10^{-30}cm 거리에서 GUT군이 깨져 표준모형의 군이 되면, 더 큰 거리에서 그 결합각들이 그림3처럼 변하게 된다. QCD 결합상수는 회색 점선으로 표시되어 있다. SU(2)와 U(1) 결합상수는 검은색으로 되어 있으며, 두 곡선의 비가 약한 혼합각이다. GUT 에너지에서 $\frac{3}{8}$인 값이 작아져 전기약작용 에너지에서는 0.233에 가까운 수가 된다. 이는 GUT가 거둔 커다란 성공이었다.

그림3은 우리가 10^{-17}cm에서 척도를 중단한 이유를 보여주지 않는다. 페르미 연구소의 테바트론이나 CERN의 LHC 같은 여러 고에너지 가속기에서 강한상호작용의 결합상수가 10^{-17}cm에서 0.118이라는 것이 확인되었다. 회색 점색 선을 계속 이어나가면 10^{-14}cm에서 그 값이 O(1)이 된다. 실제로, 낮은 에너지에서 강한상호작용은 10^{-14}cm 거리에서 결정되며, 양성자 크기보다 더 큰 길이 척도에서는 더 이상 쿼

크로써 물리를 이야기하지 않는다. 어떤 게이지 결합상수가 10^{-18}cm에서 O(1)이 된다면 이 방법은 전기약작용에도 적용될 수 있다. 그림3에는 이에 해당하는 곡선이 나와 있지는 않다. 이런 식의 아이디어를 1970년대 레너스 서스킨드(1940~)와 스티븐 와인버그는 '테크니칼라'라고 불렀다. 10^{-30}cm와 10^{-17}cm 사이의 큰 격차를 설명하기 위해 제시된 아이디어였다. 이 방법은 차원이 없는 결합상수가 차원변환이라는 이름으로 O(1)이 될 때 길이 척도(또는 질량 척도)를 만들어 내는 것이다. 그러나 이 방법은 관측된 쿼크와 렙톤의 질량을 설명하지 못했고 입자종 문제에서 실패했다.

쿼크와 렙톤의 질량을 제대로 주기 위해서는 힉스에 의한 유카와 결합이 반드시 필요하다. 실제로 힉스 보손은 2012년 CERN의 LHC에서 발견된다.

열려 있는 질문들, 즉 아직 답이 나와 있지 않은 질문들을 열거하기에 앞서, 계층 문제를 이해하기 위한 시도들에 관해 이야기하려 한다. 계층의 차이는 그 비가 10^{16}으로 너무 커서 지수인자가 주로 사용되었다. 6장에서 초대칭과 초끈을 이러한 관점에서 다룬 바 있다.

한 가지 시도는 고차원에서 어떤 종류의 곡률을 도입하는 것이었다. 그 곡률이 어떤 내부의 차원에서는 엄청나게 크고 우리의 4차원에서는 0이라면, 지수인자가 나타날 수 있다. 리사 랜들(1962~)과 라만 선드럼(1964~)이 휘어진 공간에서 이 아이디어를 제시했다. 그 지수 인자는 메트릭에 $e^{-k|y|}$의 요소를 가정함으로써 나타난다. 여기서 y는 내부 공간의 크기와 비슷하다. 뉴턴의 중력상수 G_{NEWTON}은 자연단위에서 플랑크 상수

$Mp=1/\sqrt{G_{NEWTON}}=2.43\times10^{18}$GeV로 표현된다. 이 값의 역수 $\frac{1}{2}\cdot10^{-32}$cm 를 플랑크 길이라고 한다. 내부 공간의 크기를 끈의 길이 10^{-32}cm 또는 다른 어떤 것으로 잡을 수 있다. 지수인자 10^{-16}은 $k|y|\simeq36.84$의 값을 넣어 $e^{-k|y|}$에서 얻을 수 있다. 36.84라는 값은 누가 정했을까? 또 다른 종 류의 끼워 맞추기가 아닐까? 만약 우리가 이 값을 35로 바꾼다고 치자. 그러면 지수인수는 6.3×10^{-16}이 되고 Z^0 보손의 질량은 573GeV가 된 다. 만약 이 값을 40으로 하면? 지수인수는 0.0042×10^{-16}이고, Z^0 보손 의 질량은 0.38 GeV가 된다. 지수값을 $k|y|\simeq36.84$로 잡는 것에는 근 본적인 이유가 전혀 없어 보인다. 그것은 내부공간의 크기를 결정하는 신의 설계에 속한다.

지수인수를 얻기 위해 이루어진 또 다른 시도는 와인버그와 서스 킨드의 속박하는 힘으로, 테크니칼라라고 불린다. 하지만 이는 입자종 문제에서 초라하게 실패했다. 스칼라는 $N=1$ 초대칭에 의해 카이랄성 을 부여받는다. 초대칭에서는 그 초대칭을 깨기 위해 속박하는 힘이 필 요하다. 여기서 문제는 어떻게 힉스 이중상태의 기댓값을 246GeV로 만들어 내는가 하는 것이었다. 최고의 아이디어는 다시금 그림3에서 언급한 차원변환이다. 만약 새로운 속박하는 힘이 숨겨진 영역에 있다 면, 그림4처럼 10^{10}GeV보다 더 큰 에너지에서 일어나야 한다. 이 그림 에서는 6장에서 언급한 중력 상호작용은 고려되지 않았다. 스칼라가 5×10^{10}GeV에서 기댓값을 가지면, 중력의 효과에 의해 그 초대칭 짝의 질량은 $(5\times10^{10}$GeV$)^2/2.43\times10^{18}$GeV정도, 즉 1,000GeV 정도의 값이 된다. 스칼라가 10^{11}GeV에서 기댓값을 가지면, 중력의 효과는 초대칭

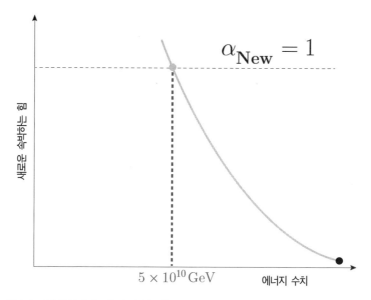

$$\alpha_{\mathbf{New}} = 1$$

새로운 속박하는 힘

$5 \times 10^{10}\,\mathrm{GeV}$　에너지 수치

그림4 숨겨진 영역의 새로운 속박하는 힘

짝에 4,000 GeV정도의 질량을 만든다. 초대칭을 이용해 계층 문제를 해결하는 방법은 아직 배제되지 않았으며, 심지어 더 높은 에너지를 필요로 한다. 검은색 동그라미가 있는 지점의 에너지에서 결합상수는 그 아래 에너지에서의 모든 물리를 결정한다. 누가 α_{New} 값을 결정했는가? 이는 어떤 완벽한 고에너지이론에서 표준모형의 다른 결합상수와의 관계에 따라 결정된다. 이러한 의미에서 이 아이디어는 다원주의에 속한다.

앞의 두 문단에서 우리는 게이지 계층 문제를 해결하는 두 가지 방법을 살펴보았다. 아마도 그 이론은 다윈과 셰익스피어의 중간 정도에 위치해 있는 것 같다.

9장

열려 있는 질문들

19세기 말, 한 유명한 물리학자는 선언했다. 뉴턴의 고전역학과 맥스웰의 고전 전기역학이 공식화됨에 따라 기본적인 물리학은 닫혀버린 책이다, 즉 본질적으로 끝났다고 말이다. 1900년 켈빈 경은 말했다. "이제 물리학에서는 새롭게 발견될 것이 없다. 이제 남은 일은 더 정확하게 측정하는 것뿐이다." 이러한 낙관론은 너무 이른 것이었음이 곧 밝혀졌다. 20세기 1분기에 양자역학과 상대성이론의 발견으로, 뉴턴과 맥스웰의 이론은 관련된 변수의 제한된 영역 안에서는 여전히 적용 가능하지만 심각하게 불완전하다는 것이 드러났기 때문이다.

우리가 21세기의 1분기 끄트머리에 다가가는 현재, 분별 있는 물리학자라면 이와 비슷한 선언은 하지 않을 것이다. 입자이론의 표준모형은 어떤 의미에서든 최종이론의 후보가 분명 아니기 때문이다. 주된 문제는 실험에 맞추어야 하는 변수가 너무 많다는 것이다. 일단 이 점이 해결된다면 이 이론은 놀랄 만큼 성공적일 것이다. 그러나 최종이론은 대부분 또는 모든 변수를 설명해야 한다. 그래서 우리가 이야기하려는 것은, 성공하지는 못했지만 더 많은 발전을 이루고자 하는 시도로 사용되어 온 아이디어들이다. 이번 장에서 다루어지는 많은 열린 질문은 입자이론이 닫혀버린 책이 아니라, 미래에 연구할 만한 흥미로운 프로젝트로 가득 차 있음을 명확히 해줄 것이다.

입자이론의 표준모형에 있는 자유 변수들을 열거해 보자. 쿼크와 렙톤은 각각 여섯 가지 입자종이 있는데, 현재 우리는 이 중 어떤 질량도 이해하지 못하고 있다. 즉, 이론에서 계산할 수 없는 12개의 질량이 존재한다. 이는 페르미온 질량의 스캔들로 불려왔다. 우리가 여전히 페르미온의 독특한 스펙트럼을 이해하지 못한다는 것은 놀랍고도 초라한 일이다. 쿼크와 렙톤에는 작은 계층이 각각 존재하지만, 이는 단지 정성적인 진술일 뿐이다. 예를 들어, 어떤 물리학자가 질량비 M_μ/M_e를 확실하게 유도한다면 판도를 완전히 바꾸게 될 것이다.

쿼크와 렙톤의 혼합 행렬은 각각 4개와 6개의 변수를 가지고 있다. 입자종 대칭을 사용해 이 변수들을 계산하는 데 제한적으로 성공하기는 했다. 게이지군 $SU(3) \times SU(2) \times U(1)$에는 3개의 게이지 결합 상수가 있다. 전기약작용의 대칭성을 깨기 위해서는 두 가지 변수가 더 필요하다. 예를 들어, W의 질량(80GeV 근처)과 힉스 보손 질량(125GeV 근처)을 사용할 수 있다. 마지막으로, 강력의 CP 변수 $\bar{\Theta}$가 있다. 중성자의 전기 쌍극자 모멘트와 같은 실험과 일치하려면 이것은 매우 작은 값이어야 한다.

이 목록에는 실험을 통해 정해야 할 총 28개의 자유 변수가 있다. 완전한 이론은 이 변수들 대부분을 더욱 심오한 원리에서 계산할 수 있게 해주지 않을까? 우리는 이 변수들을 더 자세히 다룰 것이다.

아직 답하지 못한 다른 질문들이 또 있다. 표준모형은 우주에 있는 에너지의 5%만 성공적으로 설명한다. 우주의 질량 에너지 중 95%는 신비한 암흑물질과 암흑에너지의 형태로 되어 있다. 우주의 물질−반물질 비대칭은 만족스러운 설명이 나오지 않았다. 중력은 통합되지 않았다. 페르미온의 입자족이 3개인 것도 표준모형에서 설명되지 않는다.

먼저 우주론에서 열린 질문부터 시작하자. 에너지의 95%(암흑에너지가 약 70%이고 암흑물질이 약 25%)를 차지하는 암흑의 영역이 가장 큰 문제이다. 둘 중에서 암흑에너지가 더 신비하므로 이것부터 시작하려 한다.

우주의 대부분을 차지하는 암흑에너지의 필요성은 1998년 관측 가능한 우주의 팽창이 가속화되고 있다는 사실이 확인되면서 발견되었다. 이는 예상하지 못한 일이었다. 거의 모든 사람이 에너지 보존을 단순히 적용해 우주는 팽창이 감소할 것으로 기대했기 때문이다. 감속의 정도를 나타내기 위해 감속변수를 정의해 사용했는데, 이제는 그 값이 음수가 되어버린 것이다. 아인슈타인의 장 방정식을 등방적이고 균일한 공간에 적용했을 때 얻게 되는 프리드먼의 팽창방정식에 따르면, 관측된 가속 팽창은 우주상수가 0이 아닌 것으로 해석할 수 있다. 또 다른 설명 방법들도 있긴 하지만, 우주 상수는 확실히 가장 간단하며 현재까지의 모든 관측과 잘 일치한다.

우주상수가 가진 100년의 역사는 아인슈타인이 일반상대성이론을 발표한 1916년으로 거슬러 올라간다. 이듬해 그는 중력파의 존재를 예측했다. 중력파는 정확히 100년 후인 2016년 발견되었다. 그다음 해인

1917년 아인슈타인은 새로운 중력이론을 우주론에 적용했고 자신의 간단한 장방정식이 우주 팽창으로 이어진다는 것을 발견했다. 그 당시 관측 데이터에 대해 자신이 알고 있던 정보를 바탕으로 아인슈타인은 우주가 정지 상태라고 믿었다. 따라서 시간에 의존하지 않는 해를 만들기 위해 새로운 항을 추가했다. 이 선택은 두 가지 이유로 불운한 것이었다. 첫째, 아인슈타인의 정적인 해는 아주 작은 변화에도 불안정해 만족스럽지 못했다. 둘째, 베스토 멜빈 슬리퍼(1875~1969)는 우주의 팽창을 암시하는 관측 증거들을 1912년 이래로 이미 가지고 있었다. 하지만 1917년 아인슈타인은 이를 알지 못했다. 그 증거들은 또한 흐릿하고 어두운 빛의 조각처럼 관측되는 성운들이 우리은하 밖의 다른 은하라는 것을 암시했다.

그 당시 해결되지 않았던 한 가지 질문은, 눈에 보이는 우주가 단지 우리은하인가 아니면 훨씬 더 큰 것인가 하는 점이었다. 올바른 해답은 우리은하 자체가 태양계보다 큰 만큼 우주도 우리은하보다 훨씬 더 크다는 것이다. 결국 관측된 팽창의 신호는 후퇴할 때 생기는 적색 이동 스펙트럼이 접근할 때 생기는 청색 이동 스펙트럼보다 우세하다는 것이었다. 적색편이는 잘 알려진 도플러 효과에 의해 부분적으로 생기지만, 더 중요한 요소는 공간 자체의 확장 때문에 일어난다.

이러한 팽창은 슬리퍼의 데이터에 의해 증명되었다. 또한 은하들 중 일부는 우리은하 밖에 있다는 생각을 불러일으켰다. 진실은 10년이 지나지 않은 1920년대에 분명해졌으며 에드윈 허블의 결과에 이르게 된다. 허블은 우리은하 바깥에 많은 은하가 있으며, 그 평균 후퇴 속도는 거리에 거의 비례한다는 사실을 확인했다. 이것이 허블의 법칙이고, 속도/거리 선의 기울기를 허블상수라 부른다. 이 값은 그 후로 점점 더 정확하게 측정되었다.

허블상수의 현재 값은 적절한 단위로 약 70이다. 거리를 잘 알 수 없었던 터라 허블이 측정한 값은 500에 가까웠다. 20세기 후반 서로 다른 관측 그룹들이 낸 값은 50 또는 100으로 제각각이었다. 오늘날에도 측정 방법에 따라 그 값이 약 68과 72 사이에서 통계적으로 의미 있는 불일치를 보여준다. 이러한 차이를 해결한다면 중요한 정보를 얻을 수 있을 것이다.

1931년 1월 캘리포니아를 방문했을 때, 아인슈타인은 허블을 만나 그의 자료를 연구했다. 그리고 1917년 논문에서 우주상수를 더한 것은 큰 실수였음을 알게 되었다. 1931년과 1998년 사이에는 우주의 나이에 관한 일시적 문제 때문에 우주상수항이 종종 고려되기도 했다. 하지만 1998년 이후로 우주상수는 확실히 0이 아니며 양수의 아주 작은 값을 가진다는 사실이 알려져 있었다. 또는 우주상수가 아니지만 비슷한 다른 무언가일 수도 있는데, 이러한 것을 우리는 암흑에너지라고 부른다.

암흑에너지는 아인슈타인이 사망한 1955년보다 훨씬 늦게 발견된 관측 자료에 근거한다. 그러니 암흑에너지에 대한 업적을 아인슈타인에게 돌리는 것은 너무 관대한 일이다. 하지만 그는 암흑에너지의 가능성이 일반상대론의 대칭성과 잘 일치한다는 것을 이해하고 있었다. 1998년 가속팽창의 발견은 멀리 떨어진 초신성을 관측해 그 적색편이 거리를 허블곡선과 비교해 이루어진 것이다. 가장 먼 초신성은 허블 법칙에 의해 예측된 것보다 확실히 희미했다. 그 이후, 우주배경복사와 바리온 진동을 비롯해 여러 다른 측정으로도 그 결과를 확인했다. 이제는 초신성 데이터가 없이도 우주가속팽창을 유도할 수 있다.

이론적 관점에서 볼 때 가장 놀라운 점은, 아직 완전한 이론은 없지만 간단하면서도 그럴듯한 양자 중력으로 추정한 값보다 실제로 관측된 우주상수 값이 10^{120}보다 더 작다는 것이다. 이 엄청나게 작은 값은 이전에 믿었던 0이라는 값보다 훨씬 더 놀랍다. 0이라는 값은 어떤 발견되지 않은 대칭성의 결과일 수 있기 때문이다.

이렇게 극히 작은 값은 아직 설명이 되지 않았다. 모든 이론물리학에서 가장 큰 도전 중 하나로 남아 있다. 한 가지 시도를 언급하자면, 초끈이론에는 에너지 밀도가 작은 것부터 거대한 플랑크 규모까지 이르는 엄청난 수의 진공이 존재한다. 한 가지 해석은 다중우주라고 부르는 엄청난 수의 우주가 존재하고 우리는 그중 관측된 우주상수 값을 가진 우주에서 살고 있다는 것이다. 이를 '인류원리'라는 이름으로 부르는데, 그 평가는 독자들에게 맡긴다. 우리 중 많은 사람은 인류원리를 과학의 밖에 있는 것으로 여기며 공허한 설명에 지나지 않는다고 생각한다.

아주 진지하게 받아들인다면, 인류원리는 우주상수를 계산하는 것은 쓸데없는 일이며 우주상수는 단지 우리우주의 환경적 속성일 뿐이라고 암시한다. 쿼크와 렙톤의 질량에 대해서도 동일한 결론에 도달할 수 있다. 그러면 그 질량들은 단지 무작위적인 숫자에 불과하며 계산할 수 있는 가능성은 없어지는 것이다. 이는 매우 패배주의적이고 부정적인 견해이다. 인류원리는 인간의 이해를 높이는 데 도움이 되지 않는다. 우리는 더 이상 이에 대해 논의하지 않을 것이다. 과학적 관점에서 다중우주와 인류원리는 모두 지적 절망의 행동으로 보일 수 있다.

암흑에너지는 밀어내는 중력을 나타내는 음수의 압력을 가지고 있다. 에너지 밀도에 대한 압력의 비를 그 에너지의 상태 방정식이라고 하며, 보통 ω로 나타낸다. 우주상수는 $\omega=-1$에 해당한다. 암흑에너지에 대한 또 다른 접근법은 퀸테상스라고 불리는 방법이다. 스칼라 장을 이용하는 것으로, $\omega>-1$이고 암흑에너지가 시간 또는 적색편이에 따라 변한다. 현재 이를 뒷받침하는 증거는 없다.

그러나 또 다른 가능성이 있다. $\omega<-1$의 유령 암흑에너지이다. 이 경우, ω가 상수라면 우리우주는 유한한 시간 후 대파멸에서 끝난다는 특징을 가지고 있다. 여기에는 에너지 밀도가 음수가 되는 문제가 있으며 해석에 어려움이 있다. 이 이론에서 우주는 무한한 크기로 기하급수적으로 빠르게 성장하면서 미래의 유한한 시간에 '종료'된다. 이러한 시나리오에서 재미있는 점은 우주의 팽창과 수축이 무한히 반복되는 순환 우주론에 적용될 수 있는 것이다.

순환 우주론은 빅뱅의 대안으로, 우주 초기의 특이성 문제를 피할 수 있다. 이론우주론의 초기에 아인슈타인을 비롯해 대부분의 주요 이론가들은 순환성을 선호했다. 하지만 리처드 톨먼(1881~1948)이 볼츠만의 열역학 제2법칙에 의해 나타나는, 명백히 극복할 수 없는 장애물을 발견하게 된다. 열역학 제2법칙은 우주의 엔트로피가 단순하게 증가하도록 요구한다. 따라서 미래에는 그 주기가 점점 커지고 길어지며, 과거에는 점점 작아지고 짧아진다는 것을 의미한다. 만약 충분히 먼 과거로 간다면 빅뱅이 또 존재해야 하는 셈이다. 빅뱅을 피하는 것이 이 이론의 전체 아이디어였는데 말이다! 1931년 톨먼은 이러한 노고$^{No-go}$정리를 증명했으며, 이로 인해 1998년 암흑에너지가 발견될 때까지 순환우주론에 대한 연구는 대체로 중단되었다.

순환우주론은 20세기에 소멸했지만, 1960년경에는 빅뱅이론과 연속적 생성이론 사이에 경쟁이 있었다. 연속적 생성이론에서는 우주 팽창을 거부한다. 이 경쟁은 1964년 CMB의 발견에 의해 빅뱅이론의 승리로 판명되었다. 그 당시에는 단순히 이분법으로 생각되었으나 사실은 삼분법이었다. 세 번째 가능성으로 순환우주론이 있었기 때문이다. 당시에는 거론되지 않았지만 말이다.

암흑에너지의 발견으로, 톨만 정리를 극복하는 새로운 가능성들이 나타났다. 이제 이분법은 '뱅' 또는 '바운스' 사이에 있는데, 아마도 후자가 힘을 얻고 있다. 순환우주론은 네 가지 단계를 가지고 있다. 그 네 가지는 팽창, 선회, 수축, 그리고 바운스이다. 무한한 순환이 있을 수 없다는 것을 보이기 위해 사용되었던 엔트로피는 이제 그 선회지점에서 엔트로피를 버림으로써 반대 역할을 할 수 있다.

바운스가 빅뱅의 매력적인 대안이지만 관측으로 둘을 구분하기는 어렵다. 바운스에서 예리하게 예측하는 것은 매우 정확하게 $\omega=-1$이라는 점뿐이다. 반면, 빅뱅이론에서는 $\omega=-1$ 근처의 작은 범위에 있는 것도 허용된다. 따라서 관측에서 $\omega \neq -1$인 것이 발견된다면 바운스이론은 관심을 잃을 것이다. 현재 관측 데이터는 $\omega=-1$과 완전히 일치하고 있으며, 적색편이에 대해 암흑에너지가 변한다는 증거는 없다.

암흑에너지는 이론에 대한 큰 도전이다. 양자 중력에 올바르게 접근할 수 있는 단서를 제공해 줄지도 모른다. 아직 만족스러운 양자 중력 이론은 없으며, 입자이론의 표준모형에도 포함되어 있지 않다. 양자 중력의 효과는 매우 작을 것으로 예상되고 있다. 실험적 단서가 없는 상황에서 수학적 이론을 공식화하는 방법을 어떻게 알아내는지가 문제이다.

그럼에도 불구하고 암흑에너지는 이론우주론에 대한 우리의 관점을 완전히 바꾸어 놓았다. 이론우주론자들은 우주 에너지의 대부분이 수수께끼라는 사실에 겸손해질 수밖에 없다. 무한히 많은 순환과 바운스를 가지고 있는 순환우주론은 한때 버려졌지만 다시 삶을 가지게 되었다. 그리고 빅뱅이론에 있는 초기 특이성의 불편함을 피할 수 있게 되었다. 우주의 궁극적 운명은 우주의 기원과 함께 중요한 주제이다.

양자 중력에 대한 야심찬 접근법 중 하나는 수학적 우아함에만 의존하는 탑다운 방식의 접근이다. 역사적으로 이 접근은 제대로 작용하지 못했다. 모든 성공적인 이론들은 실험에 의한 현상에 기반해 만들어졌다. 그러나 항상 최초의 순간은 있을 수 있다. 지금까지는 성공하지 못했지만, 초끈이론을 탐구하기 위해 많은 사람이 반세기 동안 노력했다.

1968년부터 2019년까지의 초끈이론의 역사는 이례적이다. 초끈이론은 1968년 강한상호작용의 S-행렬을 설명하기 위해 직관적인 수학적 추측으로 만든 베네치아노 모델로 시작되었다. 닫힌 형태의 이 간단한 추측은 많은 제약조건을 충족시키며 사람들에게 큰 놀라움을 주었다. 강한상호작용에 관한 박사논문을 막 끝낸 이 책의 첫 번째 저자도 그중 하나였다. 그 후 첫 번째 저자는 시카고의 박사후연구원으로 옮겼는데 그곳에서 난부 요이치로는 베네치아노 모형의 끈 해석을 곧바로 이해했다.

이 모형은 처음에는 강한상호작용 현상에 사용되었고 이중 공명 모형이라 불렀다. 그리고 1968년부터 1974년까지 강한상호작용의 이론으로서 QCD가 대체할 때까지 인기를 끌었다. 특히 1968년 난부 요이치로는 이 '마법' 같은 공식의 물리적 기초에는 점 입자의 개념을 일반화해 1차원으로 확장한 끈이 있다는 것을 증명했다.

끈이론은 1970년대에 초대칭이 도입되면서 초끈이론이 되었다. 또한 초대칭을 표준 모형에 적용해 최소 초대칭 표준 모형이 만들어졌고, 이는 풍부한 현상들로 이어졌다. 1976년에는 일반상대성에 적용되어 초중력이 나오게 된다.

일반상대성이론을 일반화하기는 쉽지 않은 일이었다. 하지만 초중력은 초대칭이 자연에서 자연스러운 위치를 가질 수 있다는 것을 보여주었다. 초중력은 초끈이론에서 결정적인 역할을 하며, 곧 다루게 될 M이론의 11차원 시공간에서 한 극한에 해당한다.

그러나 그 우아함 자체가 현실세계와 연결된다는 것을 보장하기에 충분하지는 않다. 폴 디랙은 방정식의 아름다움은 올바른 이론을 확인하는 데 매우 중요하다고 말하곤 했다. 하지만 디랙 자신의 이론 중 하나는 그 반례를 보여주는 것 같다. 1931년 그는 맥스웰 방정식을 확장해 전기와 자기가 대칭적인 아름다운 이론을 제안했다. 이 이론은 자기 홀극의 존재를 필요로 했다. 즉, 항상 우리가 관측하는 것처럼 남극과 북극이 동시에 존재하는 것이 아니라, 남극 또는 북극 중 하나만 존재하는 것이다. 이 종잡을 수 없는 자기 홀극을 발견하기 위해 많은 연구가 이루어졌다.

1982년 2월 14일 스탠퍼드에서 초전도 양자 간섭 장치(SQUID)를 사용해 한 사건을 측정했다. 이 측정 결과는 자기 홀극이 SQUID를 지나서 통과한 것을 명확히 보여주는 듯했다. 1982년 4월 담당 실험가들은 채플힐에서 열린 국제학회에서 이를 발표했고, 두 명의 노벨상 수상자를 비롯한 저명한 청중들에게 실험 결과가 진짜라는 확신을 주었다.

이 논문의 제1 저자는 전문 학술지 〈물리학 투데이〉로부터 디랙에게서 적절한 인용구를 찾아달라는 요청을 받았다. 80세인 디랙은 탈라하시의 플로리다 주립대학에 있었다. 그는 이 '발견'을 알지 못했지만, 자신의 이론이 확인되기를 반세기 이상 기다린 터라 분명 회의적이었다. 디랙의 인용구는 이러했다. "그들이 그것을 병에 넣어 가져와야 믿겠다."

시간이 흘러 더 민감한 실험들이 이루어졌지만 같은 결과를 내지 못했다. 디랙의 말이 옳았다. 이는 분명 자연에 의해 채택되지 않은 우아하고 아름다운 이론의 완벽한 예이다. 초대칭도 비슷한 경우인지는 두고 봐야 한다. 하지만 지금 분명한 사실은 힉스 보손을 가볍게 하기 위해 필요한 TeV 스케일 또는 그 이하에서 깨어진 초대칭은 아마도 존재하지 않는다는 것이다.

초이론이라고 할 수 있는 세 가지 이론, 초대칭, 초중력, 초끈은 40년 넘게 이론물리학에서 우세한 주제였다. 이 이론들의 수학적 일관성은 매우 인상적이다. 초끈이론의 선두는 에드워드 위튼이었다. 그는 피리 부는 사람처럼 많은 젊은 물리학자을 끈이론 연구로 이끌었다. 초이론들은 연구지원금과 교수 채용을 결정하는 데 큰 영향을 미침으로써 스스로 굴러가는 기업이 되었다. 그 결과, 순수 수학에서 큰 발전을 이루는 등 훌륭한 수학적 성과를 이루어 냈다. 하지만 절망스럽게도 반세기가 지나도록 현실과의 연결고리는 부족한 상태이다.

이론물리학의 역사에서, 그토록 복잡하고 매혹적으로 일관된 수학 구조를 가지고서 실제 물리학의 많은 것을 감질나게 건드리면서도 그 약속을 지키지 않은 것으로는 초끈이론만 한 전례가 없다. 어떤 의미에서 초끈이론은 일반상대성이론과 표준모형의 기저를 이루는 양—밀스이론의 수학을 포함하고 있다. 위튼 자신이 이러한 이론은 반드시 실제 세상에 적용되어야 한다고 주장했다. 단지 시간만이 말해줄 것이다. 위튼은 1990년 수학에서 가장 권위 있는 상인 필즈상을 받았다. 물리학자가 이 상을 받은 것은 처음이었다.

1984년 단지 다섯 가지 특정 초끈이론만이 일관성이 있다는 것이 밝혀졌다. 이 일로 초끈이론은 큰 자극을 받았다. 이 책의 첫 번째 저자가 1974년 이중공명 모형에 관한 책을 출간했는데, 아무도 관심을 갖지 않아 처음에는 1,200부밖에 팔리지 않았다. 그러다 1986년 같은 책이 재발간되었을 때는 금방 4,000부가 팔렸다. 초판 후 12년이나 지났는데 말이다. 분명 수천 명의 젊은 초끈이론가들이 그 책이 오래되긴 했어도 금덩어리를 담고 있으리라 생각한 것이다.

초끈은 10차원 시공간에서만 완전히 일관성이 있다. 이 경우에만 일반화된 로렌츠 불변성에 비정상이 없기 때문이다. 우리는 단지 4차원의 큰 시공간에 살고 있기에, 측정에서 벗어날 만큼 충분히 작은 크기로 6개의 공간 차원을 축소할 필요가 있다. 이는 일반상대성이론 초기 칼루자와 클라인의 아이디어를 일반화하는 것이다. 칼루자와 클라인은 맥스웰의 전자기를 중력과 통합하기 위해 하나의 공간 차원을 더했는데, 부분적으로 성공을 거두었다.

1985년에 적절한 6차원 칼라비–야우 다양체가 발견되어 초끈이론을 일관성 있게 차원줄임을 할 수 있게 되었다. 처음에는 표준 모형과 유사한 점을 보여주었다. 그 당시, 이 방법으로 입자물리의 자유 변수를 전부 또는 일부 설명할 수 있을 것이라는 열정이 일시적으로 최고조에 달했다.

1995년 초끈이론은 필연적으로 막이라고 불리는 고차원 실체를 포함한다는 것이 확립되었다. 위튼은 알려진 5개의 초끈이 모두 동등하며 M이론이라고 불리는 기저이론의 극한이라는 것을 보여주었다. 여기서 M은 막을 의미한다. M이론의 구체적 형태는 아직 확립되어야 한다. 단지 어떤 종류의 극한만이 알려진 상태이다. 문제의 한 부분은, 그 극한에서 어떤 결합상수들은 크기가 작아 섭동으로 처리할 수 있는 반면, M이론의 일반적인 영역에서는 결합상수가 작지 않다는 것이다.

시간이 지날수록 초끈이나 M이론의 그 명백한 유일성은 10^{500}개 이상의 엄청나게 많은 진공이 가능하다는 사실이 드러났을 때 훨씬 더 모호해졌다. 따라서 예리한 예측을 할 가능성은 더욱 희박해졌다. 보다 최근에는 초끈 진공의 소위 풍경 시나리오 외에 늪지대 진공도 있다는 것이 논의되고 있다. 늪지대 진공은 효과적인 장이론에서는 등장할 수 있지만 일관성 있는 고에너지 완결성을 가질 수 없다. 초끈의 풍경에는 존재하지 않기 때문이다.

한 예로, 입자이론의 가장 간단한 표준모형은 퀸테상스 스칼라장이 추가되지 않는 한 늪지에 있다. 이것이 M이론에 치명적인 문제가 될 필요는 없다. 차원줄임은 퀸테상스 역할을 할 수 있는 스칼라를 많이 만들어 내며, 우리가 실험에서 어떤 추가적인 스칼라를 찾아야 하는지 알려줄 수 있기 때문이다. 비록 우리가 앉아서 초끈과 M이론의 놀라운 수학적 일관성에 감탄하고 지지할지라도, 실제 현상과의 거리는 2020년에도 1985년과 마찬가지로 여전히 크다고 말할 수 있다. 오직 시간만이 끈이론과 그것의 하향식 아이디어가 성공할 것인지 알려줄 것이다.

초이론들에 대한 논의는 다음 주제인 암흑물질로 자연스럽게 넘어간다. 암흑 물질은 안정적이어야 하고 적어도 우주의 나이보다 수명이 길어야 한다. 강한상호작용에도 전자기 상호작용에도 반응하지 않으므로 전하도 색소도 없다. 암흑물질의 어떤 이론에서는 약한상호작용에 반응하기도 한다.

암흑물질은 당연히 중력에 반응한다. 이 중력 상호작용을 바탕으로, 1933년 프리츠 츠비키(1898~1974)는 코마 은하단에 비리알 정리를 적용해 암흑물질을 발견했다. 은하계에서 보다 일반적으로는 1970년대 베라 루빈(1928~2016)과 공동연구자들이 은하의 회전곡선을 통해 암흑물질을 발견했다.

츠비키는 칼텍의 창의적인 천체물리학자로, 독창적 아이디어를 많이 고안해 냈다. 비리알 정리는 중력에 의해 속박된 시스템의 운동에너지와 위치에너지를 연결시킨다. 코마 은하단은 1,000개 이상의 은하를 포함하고 있으며 지구에서 약 100Mpc 떨어져 있다. 츠비키가 발견한 사실은, 코마 은하단에 있는 은하들이 너무 빨리 움직이고 있어서 눈에 보이는 물질만으로는 속박을 유지할 수 없고, 전체 질량의 90%에 해당하는 보이지 않는 물질이 있어야 한다는 것이었다. 그는 이것을 암흑물질이라고 불렀다. 하지만 1970년대까지 그 존재는 일반적으로 받아들여지지 않았다.

만약 은하에서 빛나는 별들이 물질의 전부라면, 바깥에 있는 별들의 회전 속도는 은하 중심으로부터의 거리에 따라 감소할 것이다. 그러나 루빈의 연구그룹이 많은 수의 은하를 연구한 후에 알아낸 바에 따르면, 뉴턴 법칙의 이러한 결과는 나타나지 않는다. 그리고 눈에 보이지는 않으나 중력 작용을 하는 물질이 다섯 배나 더 많이 있어야 한다. 이 암흑물질은 별과 달리 빛을 내지 않는다는 점이 주요한 특징이다.

암흑물질의 유력한 후보는 약하게 상호작용 하는 무거운 입자 윔프 (WIMP)이다. 이 가상의 입자는 100~1,000GeV의 질량을 가지고 약한상호작용을 할 것으로 예상된다. 그렇다면 왜 암흑물질은 약한상호작용을 해야 하는가? 이는 초대칭 MSSM에서 비롯된 것이다. MSSM은 초대칭의 쌍으로, 스핀-$\frac{1}{2}$이고 약한상호작용을 하는 뉴트랄리노를 포함하고 있다. 이 입자는 양성자의 안정성 때문에 도입된 Z_2 대칭에 의해 안정되게 유지된다. 이것은 이미 1980년대에 암흑물질의 유력한 후보로 거론되었다. 윔프를 찾기 위해 많은 실험장치들이 만들어졌다. 하지만 아직까지 반복 가능한 결과는 얻지 못하고 있다.

암흑물질에 대해 두 번째와 세 번째로 유력한 후보들이 있다. 두 번째 후보는 표준 모형에서 28개의 자유변수 중 하나인 강력 CP 위상과 관련이 있다. 이 위상은 CP를 깬다. 그러나 강한상호작용에서 관측된

적 없는 CP 깨짐을 피하기 위한 한 가지 기발한 아이디어는 광역 U(1) 대칭을 가정해 진공이 CP를 보존하도록 만드는 것이다. 이 대칭이 자발적으로 깨질 때 액시온이라고 불리는 가벼운 유사스칼라가 만들어진다. 이 책의 두 번째 저자는 1979년 이 주제에 관해 중심축이 되는 논문을 발표하였다.

액시온은 입자이론에서 가장 간단한 표준 모형의 단점을 해결하기 위해 도입되었던 터라, 암흑물질의 성분이 된다는 것이 매우 흥미롭다. 무척 가벼운 질량을 가진 액시온이 존재하는 것을 확인하고자 많은 실험이 진행 중이다. 초끈이론에서도 수백 또는 수천 가지의 유사한 스칼라들이 존재한다. 딜라톤이나 모듈라이의 형태이며, 일반적으로 액시온-비슷한 입자(ALP)라고 부른다. 하지만 이는 유사스칼라가 아니고, 강력의 CP 문제를 해결하는 데 사용되는 종류의 액시온이 아니다. 그러니 엄밀히 말해 잘못된 이름이다.

그럼에도 불구하고 강력의 CP 문제와의 연결은 액시온들이 존재할 수 있는 좋은 이유를 제공한다. 일부 물리학자는 이러한 연결을 벗어나 초경량 ALP가 암흑 물질을 구성한다고 생각하고 있다. 이 암흑물질은 은하 중심의 뾰족함이나 너무 많은 위성은하 같은 우주 구조 형성의 문제들에 기반하고 있으며, 그 질량이 많은 차수에서 차이가 난다. 이는 천문학에서 영감을 받은 입자이론의 한 예이다.

세 번째이자 마지막 후보는 원시 블랙홀(PBH)이다. 이것은 좀 더 많은 논의가 필요하다. 우주의 블랙홀은 두 가지 유형으로 나뉜다. 첫 번째 유형은 무거운 별이 중력 붕괴해 생기는 결과이다. 두 번째 유형의 원시 블랙홀(PBH)은 높은 밀도와 매우 큰 불균일성 및 섭동의 결과로 초기 우주에서 형성된다.

첫 번째 유형의 블랙홀은 암흑물질을 100% 설명할 수 없다. 우주의 바리온 수는 빅뱅 핵합성(BBN) 계산으로 아주 잘 알려져 있기 때문이다. 바리온은 전체의 5% 미만이며, 암흑물질은 25%이다. 따라서 중력 붕괴 블랙홀이 아닌 PBH만이 암흑물질을 모두 설명할 수 있는 후보이다.

여러 관측에 따르면 PBH의 질량은 $20M_\odot$에서 $2000M_\odot$의 중간 범위에 있어야 한다. 이 같은 중간 질량 정도의 PIMBH를 발견하는 가장 좋은 방법은 마이크로렌징이다. 이 방법은 1990년대 호주 캔버라 근처의 스트롬로산 천문대에서 MACHO 그룹이 수행한 유명한 실험에서 최대 $20M_\odot$의 PBH까지 탐색이 가능한 것으로 나타났다.

칠레 북부의 세로 톨롤로에 위치한 블랑코 4-m 망원경에서 진행 중인 실험은 DECam이라는 카메라를 사용한다. 암흑에너지 연구 프로젝트(DES)에서 암흑에너지를 연구하기 위해 설치된 카메라이다. 원래는 미국의 페르미 연구소가 테바트론을 멈추고 새로운 임무로 암흑 에너지를 선택한 뒤, 이 카메라에 자금을 지원했다. 2018년 완료된 DES의 결과는 암흑에너지의 상태 방정식이 $\omega = -1$과 일치하고 측정 가능한 정확도에서 적색편이에 따른 변화가 없다는 점에서 실망스러웠다. 이 망원경은 호주에서 MACHO 암흑물질 탐색에 사용된 것보다 더 강력하며, DECam은 5억 2,000만 화소의 대형 카메라이다. 따라서 암흑물질이 PIMBH인지 확인할 수 있다고 믿을 만한 이유가 충분하다. 만약 그렇다면 천문학이나 우주론에는 혁명적인 발견이 될 것이고, 윔프와 액시온 형태의 암흑 물질을 직접 발견하고자 하는 모든 지상 실험은 좌절 될 것이다.

초기 우주에서 수많은 PIMBH가 형성될 수 있는 이유는 엔트로피 때문이다. 입자이론에서는 엔트로피를 잘 언급하지 않는다. 엔트로피 는 일반적으로 매우 많은 수의 입자를 포함하는 통계적 개념이며, 하나 의 입자에는 적용할 수 없어서 그렇다. 한 가지 예외는 그 크기의 물체 가 최대한으로 가질 수 있는 특별히 많은 엔트로피를 가진 블랙홀이다.

우주에 알려진 모든 물체의 엔트로피를 계산해 보면 대부분은 은하 중심에 위치한 초거대질량 블랙홀에서 나온다. 그 비는 거의 1에 가까 우며, 1과의 차이는 0.000000000000001 정도일 것이다. 이 엔트로피 를 1,000배 정도 크게 증가시키는 것은 암흑물질이 PIMBH로 만들어 진 경우에만 가능하다.

따라서 자연은 엔트로피를 크게 증가시킬 수 있는 방법을 초기우주 에서 선택했고, 그중 가장 효율적으로 엔트로피를 집중시킬 수 있는 방 법은 블랙홀에서 일어난다고 가정할 수 있다.

암흑에너지와 암흑물질은 야심 있는 이론가들에게 매우 도전적인 것이다. 이제 이 문제들은 우주론과 입자이론 사이에서 명백히 구분되지 않는다. 초기 우주의 뜨거운 온도에서 같이 합쳐지기 때문이다.

우주로부터 구식 입자이론의 미시적 세계로 돌아가기 위해, 표준 모형에 남아 있는 변수들의 상태를 체계적으로 다시 조사해 보자. 그중 두 가지, M_W와 M_H는 전기약작용 대칭성 붕괴를 나타낸다. 여기서 또 다른 질문을 할 수 있다. 왜 M_H=125GeV는 그렇게 가벼울까? 이론적으로는 M_H가 GUT 스케일 $\sim 10^{16}$GeV 또는 플랑크 스케일 $\sim 10^{19}$GeV 정도로 훨씬 커야 한다고 믿을 만한 충분한 이유가 있다.

이것이 그 유명한 계층 문제이다. 전성기 때는 초대칭이 이 문제를 해결해 줄 것으로 기대했지만, 그 위력이 과장된 면이 있다. 초대칭이 계층의 차이를 기술적으로 자연스럽게 만들기는 해도, 그것을 진짜로 설명하지는 못한다. 여전히 손으로 맞추어 주어야 하는 점이 있다. 그래서 힉스 질량이 가벼운 문제는 여전히 열린 질문이다.

핵심은, 힉스 보손이 표준모형의 입자 메뉴에서 유일하게 스핀-0인 입자라는 점이다. 섭동이론에서 더 큰 스핀(1/2 또는 1)을 가진 입자는 로그 발산을 가지고 있으므로 재규격화 과정에서 흡수될 수 있다. 하지만 힉스 질량은 이와 달리 제곱으로 발산한다.

스핀-0인 힉스 보손의 경우, 그 질량은 새로운 물리 법칙에 기인하는 고에너지 한계값 정도가 될 것으로 기대되므로 이 값은 임의적으로 높아질 수 있다. 그런데도 왜 힉스 질량이 125GeV로 작은지는 심오한 수수께끼이다. 한 가지 낙관적인 해석은, 몇몇 TeV와 같이 상대적으로 낮은 스케일에 새로운 물리가 존재해야 한다는 것이다. 이 새로운 물리는 스칼라 질량에 대한 양자 수정에 한계값으로 작용한다.

반대로, 전기약작용에 대한 복사수정은 관측된 질량에 가까운 스칼라를 요구하며 훨씬 더 높은 질량은 작동하지 않는다는 사실을 우리는 알고 있다. 그럼에도 불구하고, 왜 질량이 관측할 수 없는 더 높은 크기로 휩쓸려 가지 않았는지 의문을 제기하는 것은 개념적 문제이다. 비록 그 입자가 기본입자이고 유일한 스핀-0인 상태처럼 보이지만, 아마도 비슷한 질량 영역에는 다른 유사한 상태들이 있을지도 모른다. 이에 대한 증거는 아직 없다.

다른 접근 방식으로는, 힉스 입자가 합성물이고 QCD보다 강하며 아직 알려지지 않은 테크니칼라라고 불리는 어떤 강한 힘에 의해 합성된 상태로 생긴다고 가정하는 것이 있다. 이 접근은 오랫동안 초대칭의 대안으로 여겨졌으나, 이러한 방식으로 올바른 모델을 만들려던 시도들은 대개 실패했다. 지금까지 두 접근법 모두 완전히 성공적이지는 못했다. 이는 가벼운 힉스 질량이 여전히 깊은 곳의 열린 질문으로 남아 있다는 것을 의미한다.

다음 세 가지 변수는 표준 모형의 게이지 결합상수 $\alpha_i(\mu)$, $i=1, 2, 3$이다. 오직 하나의 결합상수만 가지는 SU(5) 또는 SO(10) 같은 GUT군의 대통일이론에서는 세 가지 결합상수가 서로 연관될 수 있다. 또는 다른 방법으로 퀴버 이론을 사용하는 것도 가능하다. 이 이론에서는 계층 구조를 개선해 GUT 에너지가 4TeV까지 낮아질 수 있다.

게이지 그룹 $SU(3)_C \times SU(2)_L \times U(1)_Y$가 단순한 그룹에 포함된다는 것은 매력적인 생각이다. 표준모형의 쿼크와 렙톤 사이에서 삼각형 비정상이 상쇄되는 방식을 보면, 그 입자들이 통일 게이지군의 공통된 표현에 속해 있음을 알 수 있다. 이는 SU(5)의 $10+\bar{5}$와 SO(10)의 16에 해당된다. 가장 간단한 SU(5) GUT는 1974년 발명된 이후로 1984년 양성자 수명에 대한 하한선이 이론과 일치하지 않을 때까지 황금기로 보였다.

가장 단순한 GUT의 실패는 입자이론 공동체에 놀라움으로 다가왔다. SU(5)가 예측한 대로 양성자 붕괴가 나타날 것으로 기대하고 있었기 때문이다. 지나고 나서 보니, 약력의 에너지와 GUT 사이의 12지수에 달하는 에너지 영역에 새로운 물리가 존재하지 않으리라는 것은 너무 엄청난 가정이었다. 그럼에도 불구하고, 우리 중 상당수는 대통일이론에 어떠한 진실이 있으며 적용하는 방식이 아직 부족하다고 생각하고 있다.

GUT를 만드는 게이지군은 헤테로틱 끈이론을 차원줄임 하는 과정에서 발생하는 예외적 그룹 E_8의 하위그룹으로 자연스럽게 나타난다. 이 사실은 1980년대 중반 큰 흥분을 불러일으켰다. 그 당시에는 모든 것이 합쳐지고 표준모형의 변수들이 계산 가능한 것처럼 보였다. 나중에 생각해 보니, 끈이론의 유일성은 과대평가된 것이었다.

쿼크의 혼합행렬은 3개의 혼합각 θ_i와 CP를 깨는 하나의 위상 δ_{KM}을 가지고 있다. 부분적으로나마 이를 설명하는 한 가지 방법은 불연속적인 입자종 대칭성을 사용하는 것이다. 이러한 방식으로 혼합각을 맞출 수 있다. 렙톤 영역도 비슷한 방법으로 PMNS 행렬의 혼합각을 이해할 수 있다.

이상적으로는, 쿼크와 렙톤 영역에 모두 동일한 입자종 대칭이 적용된다. 많은 논문에서는 간단하다는 이유로 렙톤 영역만 고려해 렙톤의 혼합행렬만 설명한다. 분명히 쿼크와 렙톤의 혼합행렬을 동시에 설명한다면 더 좋은 것이다. 예를 들어, 2진 사면체 군 T'을 사용하면 가능하다.

쿼크 및 렙톤의 혼합행렬은 상당히 다른 계층을 가지고 있다. 이 둘을 함께 설명하기 위해서는 렙톤과 쿼크에 다르게 할당하는 것이 필요하다. 렙톤에는 삼중항 상태가 적절하고, 쿼크는 이중항 상태를 할당해 다른 두 입자족과 아주 약하게 혼합하는 세 번째 입자족을 구분할 필요가 있다.

쿼크의 혼합행렬은 단위행렬과 크게 다르지 않은데, 중요한 차이점은 첫 번째 쿼크 입자족과 두 번째 쿼크 입자족 사이의 (작은) 카비보 각이다. 렙톤의 혼합행렬은 단위행렬과는 전혀 다르다. 두 번째 입자족과 세 번째 입자족이 거의 최대로 섞여 있고 첫 번째와 두 번째는 크게 섞여 있다.

그럼에도 불구하고, 입자종 대칭을 사용하면 쿼크 혼합행렬에 있는 3개의 혼합각 $\theta_i(i=1,2,3)$과 렙톤 혼합행렬의 혼합각 $\Theta_j(j=1,2,3)$을 성공적으로 끼워 맞추거나 예측할 수 있다. CKM 행렬의 CP 붕괴위상 δ_{KM}은 잘 이해되고 있지만, PMNS 행렬의 CP 위상 3개는 측정이 잘되지 않고 있다.

입자종 대칭의 가장 큰 실패는 렙톤과 쿼크 질량에 관한 것이다. 어떻게든 혼합은 질량보다 더 쉽게 설명할 수 있다. 아마도 이러한 질량을 미리 예측하거나 또는 나중에라도 설명하지 못하는 점이 표준모형을 넘어 나아가는 데 가장 어려운 문제로 남아 있다고 말해도 좋을 것이다.

모든 시도를 좌절시킨 그것이 바로 12개의 페르미온 질량이라고 할 수 있다. 인류원리의 접근법으로는 그것들이 무작위적인 수일 수도 있다. 물론 입자족의 구조에는 계층적 모양이 있지만, 질량을 정량적으로 예측하기에는 불충분하다.

쿼크의 입자족들 (u, d), (c, s), (t, b)은 순서대로 더 큰 질량을 가진다. (u, d) 쿼크는 그중 가장 가볍고, 일상생활에 그리고 우주 전체에 가장 중요한 것이다. 톱쿼크 t는 놀랍도록 무겁고, 전기약작용 대칭성이 깨지는 척도와 비슷하다. 그래서 어떤 물리학자들은 힉스가 톱쿼크와 그 반입자의 속박 상태라고 생각하기도 했다. 하지만 자세하게 계산했을 때 이 아이디어는 잘 맞지 않았다. 톱쿼크는 매우 무거워 빨리 붕괴하기 때문에 c-중간자나 b-중간자 같은 속박 상태의 토포늄을 만들지 못한다. c-중간자나 b-중간자는 거의 비상대론적인 상태로서 QCD를 연구할 때 이용된다.

톱쿼크는 모든 기본 입자 중에서 가장 무거운 입자로, 큰 질량 때문에 부분적으로만 드러난다. 그 질량은 1% 이내의 정확도로 모든 쿼크 중에서 가장 정확하게 알려져 있다. 게다가 힉스 질량과 함께 표준모형의 유효 퍼텐셜에서 지배적 역할을 한다. 결국 진공이 절대적으로 안정적인지 여부를 결정하게 된다.

2012년 힉스 입자가 발견되고 그 질량이 125GeV에 가까운 것으로 결정된 직후, 2013년 상세한 계산 결과가 나왔다. 이에 따라 새로운 물리가 없는 상태에서 전기약작용 진공이 준안정 상태에 있는 것으로 밝혀졌다. 이 결과는 질량 M_H와 M_t에 민감하다. 만약 힉스 질량이 125GeV가 아닌 127GeV로 2GeV만 높아도, 또는 톱쿼크가 173GeV가 아닌 171GeV로 2GeV만 낮아도 진공은 절대적으로 안정적이 될 것이다.

진공이 준안정 상태라 하더라도 그 수명은 우주의 나이보다 훨씬 더 길어서 무려 10^{100}년이나 된다! 하지만 여기에는 준안정 상태가 전기약작용 붕괴의 기원에 대한 단서가 되는가에 대한 의문이 있다. 그리고 아마도 무거운 톱쿼크 질량에는 특별한 중요성이 있을 것이다.

열린 질문이 몇 가지 더 있다. 하나는 우주에 존재하는 물질과 반물질의 비대칭이다. 현재 우주에는 물질이 반물질보다 훨씬 많이 존재하고 있지만, 초기 우주에서는 동일한 양으로 존재했을 것으로 예상되고 있다. 1967년 사하로프(1921~1989)는 이러한 비대칭을 설명할 수 있는 세 가지 조건을 열거했다. (i)B 깨어짐, (ii)C 깨어짐과 CP 깨어짐, (iii)열적 평형상태에서 벗어남이다. 마지막 조건 (iii)은 초기 우주의 팽창에서 만족할 수 있다. 대통일이론은 대개 조건 (i)을 만족한다. 표준모형의 CP 깨짐은 너무 작아서 적절한 비대칭을 생성할 수 없으므로 CP를 깨는 또 다른 원인이 필요하다.

블랙홀을 양자역학적으로 다룬 최근 연구는 CP 깨짐의 새로운 원인에 대한 힌트를 제시한다. 이것이 물질-반물질 비대칭에 도움이 될 수 있는지 여부는 여전히 확인해야 하는 문제이다. B 깨짐이 있는 대통일이론의 대안으로는, 시소 메커니즘에 나타나는 무거운 오른쪽성분의 중성미자가 CP를 깨는 붕괴를 하면서 렙톤수 L을 생성하는 가능성이다. 이를 렙토제네시스라고 하며, L 비대칭은 이후 비섭동 효과에 의해 전기약작용 상전이 때 필요한 B 비대칭으로 변환된다.

알려진 모든 은하가 반물질이 아니라 물질로 이루어져 있다는 것은 우주론의 놀라운 사실이다. 만약 그렇지 않다면, 물질과 반물질의 소멸에 의해 생성된 수많은 감마선의 증거가 있을 것이다. 초기 우주에서 반물질이 물질과 함께 대칭적으로 생성되었다고 가정한다면 그럴듯한 가정이다. 하지만 그 이후의 소멸 과정에서 완전하게 없어지지 않고 10억분의 1도 안 되는 적은 양의 물질이 살아남아서 현재 관측되는 은하와 우리가 만들어진 것이다.

따라서 일반적으로 받아들여지고 있는 사하로프 조건에 따르면, CP 깨짐은 입자이론의 표준모형에서 세부적인 내용 이상의 그 무엇이다. 즉, 우리가 관측하고 있는 우주를 만들기 위해서 필수적인 것이다. 그것은 정확히 "우리가 왜 존재하는가"로 묘사되어왔다. 이미 언급했듯이, 1964년부터 카온 붕괴에서 시작해 2000년경 B-메손 붕괴에서 관측된 CP 깨짐은 물질-반물질 비대칭성을 생성하기에 충분하지 않다. 이는 열린 질문 중에서 가장 중요한 것 중 하나이다.

또 다른 열린 질문은 세 가지 쿼크-렙톤 입자족이 나타나는 것이다. 한 가지 매력적인 아이디어는 아노말리를 상쇄하는 것으로 설명하는 것이다. 표준모형의 전기약작용 게이지군 $SU(2)_L \times U(1)_Y$을 $SU(3)_L \times U(1)_X$로 일반화하는 과정에서 볼 수 있다. 이 책의 첫 번째 저자가 제안한 한 가지 기묘한 모형은, 스핀-1이며 질량이 1400GeV고 전하가 두 배인 게이지 보손 $Y^{\pm\pm}$의 존재를 예측한다. 그리고 이는 $Y^{--} \rightarrow \mu^- \mu^-$ 등과 같이 동일한 전하를 가진 렙톤의 쌍으로 붕괴한다.

과학적 진보의 한 가지 특징은 하나의 질문에 답할 때 보통 하나 이상의 새로운 질문이 생긴다는 것이다. 이 책에서 우리는 1장의 고대 그리스로부터 르네상스 시대를 거쳐 현재까지 입자이론의 다원적 진화에 대해 논의해 왔다. 지난 70년 동안의 입자이론과 지난 20년 동안의 이론 우주론이 이룬 진보는 정말로 놀라웠다. 새로운 지식을 얻는 속도는 계속 증가하고 있다.

이번 장에서는 이러한 두 가지 방향, 즉 매우 작은 방향과 매우 큰 방향에서 열린 질문들을 설명했다. 이 두 가지 방향은 초기 우주에서 직접적으로 관련되어 있기 때문에 둘 사이의 상호작용이 커지고 있다.

이 책을 통해 독자들에게 지금 현재가 특별히 흥미로운 시기라는 확신을 주었기를 바란다. 항상 그렇듯이 실험과 관측 데이터가 주된 원동력이고, 이로부터 이론을 만들고 테스트할 수 있는 실험을 가능하도록 하는 토대가 만들어진다.

마지막 장에서는 완전히 바꿔서, 윌리엄 셰익스피어(1564~1616)와 뮤즈의 글을 입자이론과 관련해 어떻게 해석할 수 있는지 생각해 볼 것이다. 루크레티우스가 그러했듯이 말이다. 보통의 과학과 관련은 없지만 셰익스피어는 영국의 세 번째 천재로서 뉴턴 그리고 다윈과 함께 묶일 수 있다.

10장

셰익스피어

여기에서 우리는 다윈과 셰익스피어에 대한 몇 가지 생각을 나열한다. 먼저 다윈의 진화론 중 몇 가지를 인용한 후에 셰익스피어를 인용할 것이다.

환경 변화가 있든 없든, 진화는 다양한 이유로 일어날 수 있다. 환경 변화가 있을 때, 물론 진화는 새로운 환경에서 더 나은 결과를 초래하는 변화를 선호할 것이다. 환경 변화가 없을 때일지라도 현실 세계에서 현상 유지는 일어나기 어려운 일이다.

Theories favoured by eminent physicists:

"Natural selection favors both extremes of continuous variation. Over time, the two extreme variations will become more common and the intermediate states will be less common or lost." (Disruptive selection)

Teaching excellent students:

"Sexual selection is a type of selection in which the forces deter-mined by mate choice act to cause one genotype to mate more frequently than another genotype." (Sexual selection)

Engineering a theory looking different from others:

"Males look different from females of the species. Some of the most obvious examples involve animals that attract mates by virtue of their appearance, such as peacocks with larger, more flamboyant tail fans. The male that is most attractive will win the right to mate with the female."

(Sexual diomorphism)

The band wagon effect among particle theorists:

"Over time the favored extreme will become more common and the other extreme will be less common or lost." (Directional selection)

Same transparencies among particle physicists' talks:

"Natural selection favors the intermediate states of continuous variation. Over time, the intermediate states become more common and each extreme variation will become less common or lost." (Stabilising selection)

Nominating the same group member to various prizes:

"Natural selection favors a trait that benefits related members of a group. Altruistic behaviors of the worker bees are a result of kin selection, and are best illustrated by animals with complex social behaviors." (Kin selection)

Choosing excellent speakers at big conferences:

"As with appearance, males that have the most attractive mating ritual potentially win the right to mate with the female." (Mating)

Big Bang versus stationary state of the universe:

"In species with males that battle over rights to mate with females, such as elephants and deer, the male that wins a fight because he is the strongest, most dominant, or most intelligent will win the right to mate with the female. Over time, the features that allow the males to win (larger tusks, larger antlers, larger body size) will become more common." (Dual fight)

셰익스피어가 영문학에서 가장 위대한 작가로 보통 여겨지는 점을 감안하면, 그의 희곡과 소네트가 자주 인용된다는 사실은 그다지 놀라운 것이 아니다. 여기에서 우리는 그가 쓴 것 중에서 엄선한 표현들을 입자이론의 매혹적인 주제에 적용했다.

Lack of a complete particle theory:

"There are more things in heaven and earth, Horatio, than are dreamt of in your philosophy." (Hamlet)

Darwin and Newton were both born in England, which has one percent of the total population:

"This royal throne of kings, this sceptred isle, this blessed plot, this earth, this realm, this England." (Richard II)

In favour of collaboration between particle theorists:

"Let me not to the marriage of true minds admit impediments." (Sonnet)

The difficult challenge of particle theory:

"Lord, what fools these mortals be!" (A Midsummer Night's Dream)

About naming particles:

"What's in a name? A rose by any name would smell as sweet."

(Romeo and Juliet)

On the future of particle theory:

"We know what we are, but know not what we may be." (Hamlet)

The quality of a particle theory paper:

"There is nothing either good or bad, but thinking makes it so."   (Hamlet)

So many parameters in the Standard Model:

"Now is the winter of our discontent."   (Richard III)

Quantum gravity:

"To be, or not to be: that is the question."   (Hamlet)

Atomism:

"It is as easy to count atomies as to resolve the propositions of a lover."

(As You Like It)

Understanding Nature:

"In nature's infinite book of secrecy, a little I can read."   (Antony and Cleopatra)

Aristotle:

"SIR TOBY BELCH: Does not our lives consist of the four elements?

SIR ANDREW AGUECHEEK:

Faith, so they say; but I think it rather consists of eating and drinking.

SIR TOBY BELCH:

Thou'rt a scholar; let us therefore eat and drink." (Twelfth Night)

Unimportance of fame:

"I would give all my fame for a pot of ale, and safety." (Henry V)

Becoming an established particle theorist:

"Men at some time are masters of their fates.

The fault, dear Brutus, is not in our stars,

But in ourselves, that we are underlings." (Julius Caesar)

Achieving greatness:

"Some are born great, some achieve greatness, and some have greatness

thrust upon them." (Twelfth Night)

Time:

"Come what come may, time and the hour runs through the roughest day." (Macbeth)

Self-unimportance:

"We are such stuff as dreams are made on; and our little life is rounded with

a sleep." (The Tempest)

Playwright's view of particle theorists:

"All the world's a stage and all the men and women merely players."

(As you like it)

A particle theory's superficial attractiveness:

"All that glisters is not gold."   (Merchant of Venice)

Persistence of time:

"When I do count the clock that tells the time,

And see the brave day sunk in hideous night;

When I behold the violet past prime,

And sable curls all silver'd o'er with white;

When lofty trees I see barren of leaves

Which erst from heat did canopy the herd,

And summer's green all girded up in sheaves

Borne on the bier with white and bristly beard,

Then of thy beauty do I question make,

That thou among the wastes of time must go,

Since sweets and beauties do themselves forsake

And die as fast as they see others grow;

And nothing 'gainst Time's scythe can make defence

Save breed, to brave him when he takes thee hence."   (Sonnet)

Waiting for the result of particle experiment:

"I am to wait, though waiting so be hell."   (Sonnet)

Asymptotic freedom:

"How heavy do I journey on the way,

When what I seek, my weary travel's end,

Doth teach that ease and that repose to say, Thus far the miles are

measured from thy friend!

The beast that bears me, tired with my woe,

Plods dully on, to bear that weight in me,

As if by some instinct the wretch did know

His rider lov'd not speed, being made from thee:

The bloody spur cannot provoke him on,

That sometimes anger thrusts into his hide,

Which heavily he answers with a groan,

More sharp to me than spurring to his side;

For that same groan doth put this in my mind,

My grief lies onward, and my joy behind."   (Sonnet)

Effect of tiredness:

"Is this a dagger which I see before me,

The handle toward my hand? Come, let me clutch thee!

I have thee not, and yet I see thee still.

Art thou not, fatal vision, sensible

To feeling as to sight? or art thou but

A dagger of the mind, a false creation

Proceeding from the heat-oppressed brain?"   (Macbeth)

Music inspires particle theorists:

"If music be the food of love, play on.

Give me excess of it that, surfeiting,

The appetite may sicken, and so die."   (Twelfth Night)

When a theoretical result is suspicious:

"Something is rotten in the state of Denmark."   (Hamlet)

Quantum gravity, longer version:

"To be, or not to be, that is the question,

Whether 'tis nobler in the mind to suffer

The slings and arrows of outrageous fortune,

Or to take arms against a sea of troubles,

And by opposing end them? To die: to sleep;

No more; and by a sleep to say we end

The heart-ache and the thousand natural shocks

That flesh is heir to, 'tis a consummation

Devoutly to be wish'd. To die, to sleep;

To sleep: perchance to dream: ay, there's the rub;

For in that sleep of death what dreams may come

When we have shuffled off this mortal coil,

Must give us pause: there's the respect

That makes calamity of so long life;

For who would bear the whips and scorns of time,

The oppressor's wrong, the proud man's contumely,

The pangs of despised love, the law's delay,

The insolence of office and the spurns

That patient merit of the unworthy takes,

When he himself might his quietus make

With a bare bodkin? who would fardels bear,

To grunt and sweat under a weary life,

But that the dread of something after death,

The undiscover'd country from whose bourn

No traveller returns, puzzles the will

And makes us rather bear those ills we have

Than fly to others that we know not of?

Thus conscience does make cowards of us all;

And thus the native hue of resolution

Is sicklied o'er with the pale cast of thought,

And enterprises of great pith and moment

With this regard their currents turn awry,

And lose the name of action. — Soft you now!

The fair Ophelia! Nymph, in thy orisons

Be all my sins remember'd."   (Hamlet)

Becoming established, longer version:

"Why, man, he doth bestride the narrow world

Like a Colossus, and we petty men

Walk under his huge legs and peep about

To find ourselves dishonourable graves.

Men at some time are masters of their fates:

The fault, dear Brutus, is not in our stars,

But in ourselves, that we are underlings.

Brutus and Caesar: what should be in that 'Caesar'?

Why should that name be sounded more than yours?

Write them together, yours is as fair a name;

Sound them, it doth become the mouth as well;

Weigh them, it is as heavy; conjure with 'em,

Brutus will start a spirit as soon as Caesar.

Now, in the names of all the gods at once,

Upon what meat doth this our Caesar feed,

That he is grown so great? Age, thou art shamed!

Rome, thou hast lost the breed of noble bloods!

When went there by an age, since the great flood,

But it was famed with more than with one man?

When could they say till now, that talk'd of Rome,

That her wide walls encompass'd but one man?

Now is it Rome indeed and room enough,

When there is in it but one only man.

O, you and I have heard our fathers say,

There was a Brutus once that would have brook'd

The eternal devil to keep his state in Rome

As easily as a king."

(Julius Caesar)

About great scientists being born in England:

"Once more unto the breach, dear friends, once more;

Or close the wall up with our English dead.

In peace there's nothing so becomes a man

As modest stillness and humility:

But when the blast of war blows in our ears,

Then imitate the action of the tiger;

Stiffen the sinews, summon up the blood,

Disguise fair nature with hard-favour'd rage;

Then lend the eye a terrible aspect;

Let pry through the portage of the head

Like the brass cannon; let the brow o'erwhelm it

As fearfully as doth a galled rock

O'erhang and jutty his confounded base,

Swill'd with the wild and wasteful ocean.

Now set the teeth and stretch the nostril wide,

Hold hard the breath and bend up every spirit

To his full height. On, on, you noblest English.

Whose blood is fet from fathers of war-proof!

Fathers that, like so many Alexanders,

Have in these parts from morn till even fought

And sheathed their swords for lack of argument:

Dishonour not your mothers; now attest

That those whom you call'd fathers did beget you.

Be copy now to men of grosser blood,

And teach them how to war. And you, good yeoman,

Whose limbs were made in England, show us here

The mettle of your pasture; let us swear

That you are worth your breeding; which I doubt not;

For there is none of you so mean and base,

That hath not noble lustre in your eyes.

I see you stand like greyhounds in the slips,

Straining upon the start. The game's afoot:

Follow your spirit, and upon this charge

Cry 'God for Harry, England, and Saint George!'." (Henry V)

Requesting divine intervention:

"Slave, I have set my life upon a cast,

And I will stand the hazard of the die:

I think there be six Richmonds in the field;

Five have I slain to-day instead of him.

A horse! a horse! my kingdom for a horse!" (Richard III)

입자이론은 마치 장례식장에서 브루투스에게 반대하고 율리우스 카이사르를 위해 행해지는 웅변처럼 공개적으로 논의되곤 한다.

Brutus:

"Be patient till the last.

Romans, countrymen, and lovers! hear me for my

cause, and be silent, that you may hear: believe me

for mine honour, and have respect to mine honour, that

you may believe: censure me in your wisdom, and
awake your senses, that you may the better judge.
If there be any in this assembly, any dear friend of
Caesar's, to him I say, that Brutus' love to Caesar
was no less than his. If then that friend demand
why Brutus rose against Caesar, this is my answer: —
Not that I loved Caesar less, but that I loved
Rome more. Had you rather Caesar were living and
die all slaves, than that Caesar were dead, to live
all free men? As Caesar loved me, I weep for him;
as he was fortunate, I rejoice at it; as he was
valiant, I honour him: but, as he was ambitious, I
slew him. There is tears for his love; joy for his
fortune; honour for his valour; and death for his
ambition. Who is here so base that would be a
bondman? If any, speak; for him have I offended.
Who is here so rude that would not be a Roman? If
any, speak; for him have I offended. Who is here so
vile that will not love his country? If any, speak;
for him have I offended. I pause for a reply.
Then none have I offended. I have done no more to
Caesar than you shall do to Brutus. The question of

his death is enrolled in the Capitol; his glory not

extenuated, wherein he was worthy, nor his offences

enforced, for which he suffered death.

Here comes his body, mourned by Mark Antony: who,

though he had no hand in his death, shall receive

the benefit of his dying, a place in the

commonwealth; as which of you shall not? With this

I depart, — that, as I slew my best lover for the

good of Rome, I have the same dagger for myself,

when it shall please my country to need my death."   (Julius Caesar)

And, the response:

Antony:

"Friends, Romans, countrymen, lend me your ears;

I come to bury Caesar, not to praise him.

The evil that men do lives after them;

The good is oft interred with their bones;

So let it be with Caesar. The noble Brutus

Hath told you Caesar was ambitious:

If it were so, it was a grievous fault,

And grievously hath Caesar answer'd it.

Here, under leave of Brutus and the rest —

For Brutus is an honourable man;

So are they all, all honourable men —

Come I to speak in Caesar's funeral.

He was my friend, faithful and just to me:

But Brutus says he was ambitious;

And Brutus is an honourable man.

He hath brought many captives home to Rome

Whose ransoms did the general coffers fill:

Did this in Caesar seem ambitious?

When that the poor have cried, Caesar hath wept:

Ambition should be made of sterner stuff:

Yet Brutus says he was ambitious;

And Brutus is an honourable man.

You all did see that on the Lupercal

I thrice presented him a kingly crown,

Which he did thrice refuse: was this ambition?

Yet Brutus says he was ambitious;

And, sure, he is an honourable man.

I speak not to disprove what Brutus spoke,

But here I am to speak what I do know.

You all did love him once, not without cause:

What cause withholds you then, to mourn for him?

O judgment! thou art fled to brutish beasts,

And men have lost their reason. Bear with me

My heart is in the coffin there with Caesar,

And I must pause till it come back to me."   (Julius Caesar).

England as the birthplace of Newton and Darwin:

"Methinks I am a prophet new inspired

And thus expiring do foretell of him:

His rash fierce blaze of riot cannot last,

For violent fires soon burn out themselves;

Small showers last long, but sudden storms are short;

He tires betimes that spurs too fast betimes;

With eager feeding food doth choke the feeder:

Light vanity, insatiate cormorant,

Consuming means, soon preys upon itself.

This royal throne of kings, this scepter'd isle,

This earth of majesty, this seat of Mars,

This other Eden, demi-paradise,

This fortress built by Nature for herself

Against infection and the hand of war,

This happy breed of men, this little world,

This precious stone set in the silver sea,

Which serves it in the office of a wall,

Or as a moat defensive to a house,

Against the envy of less happier lands,

This blessed plot, this earth, this realm, this England,

This nurse, this teeming womb of royal kings,

Fear'd by their breed and famous by their birth,

Renowned for their deeds as far from home,

For Christian service and true chivalry,

As is the sepulchre in stubborn Jewry,

Of the world's ransom, blessed Mary's Son,

This land of such dear souls, this dear dear land,

Dear for her reputation through the world,

Is now leased out, I die pronouncing it,

Like to a tenement or pelting farm:

England, bound in with the triumphant sea

Whose rocky shore beats back the envious siege

Of watery Neptune, is now bound in with shame,

With inky blots and rotten parchment bonds:

That England, that was wont to conquer others,

Hath made a shameful conquest of itself.

Ah, would the scandal vanish with my life,

How happy then were my ensuing death!"   (Richard II)

Dark matter:

"O, then the earth shook to see the heavens on fire,

And not in fear of your nativity.

Diseased nature oftentimes breaks forth

In strange eruptions; oft the teeming earth

Is with a kind of colic pinch'd and vex'd

By the imprisoning of unruly wind

Within her womb; which, for enlargement striving,

Shakes the old beldam earth and topples down

Steeples and moss-grown towers. At your birth

Our grandam earth, having this distemperature,

In passion shook."   (Henry IV)

Eclipses of the Sun and Moon:

"These late eclipses in the sun and moon portend

no good to us: though the wisdom of nature can

reason it thus and thus, yet nature finds itself

scourged by the sequent effects: love cools,

friendship falls off, brothers divide: in

cities, mutinies; in countries, discord; in

palaces, treason; and the bond cracked 'twixt son

and father. This villain of mine comes under the

prediction; there's son against father: the king falls from bias of nature; there's father against child. We have seen the best of our time: machinations, hollowness, treachery, and all ruinous disorders, follow us disquietly to our graves. Find out this villain, Edmund; it shall lose thee nothing; do it carefully. And the noble and true-hearted Kent banished! his offence, honesty! 'Tis strange."

(King Lear)

Imperfections in a particle theory:

"Roses have thorns, and silver fountains mud:
Clouds and eclipses stain both moon and sun,
And loathsome canker lives in sweetest bud."

(Sonnet)

Permanent contribution to particle theory:

"Not marble, nor the gilded monuments
Of princes, shall outlive this powerful rhyme."

(Sonnet)

Big bang or cyclic bounce:

"The hour's now come;
The very minute bids thee ope thine ear;

Obey and be attentive. Canst thou remember

A time before we came unto this cell?

I do not think thou canst, for then thou wast not

Out three years old."   (The Tempest)

Fate of the universe:

"These our actors,

As I foretold you, were all spirits, and

Are melted into air, into thin air,

And, like the baseless fabric of vision,

The cloud-capped towers, the gorgeous palaces,

The solemn temples, the great globe itself,

Yea, all which it inherit, shall dissolve

And, like this insubstantial pageant faded,

Leave not a rack behind. We are such stuff

As dreams are made on, and our little life

Is rounded with sleep."   (The Tempest)

Abandoning a failed particle theory:

"I will have none on't. We shall lose our time

And all be turned to barnacles, or to apes

With foreheads villainous low."   (The Tempest)

Dark energy:

"This thing of darkness I Acknowledge mine."   (The Tempest)

Creativity:

"Thought is free."   (The Tempest)

Eschewing materialism:

"Me, poor man, my library

Was dukedom large enough."   (The Tempest)

Knowledge:

"They say miracles are past;

and we have our philosophical persons,

to make modern and familiar, things supernatural and causeless.

Hence is it that we make trifles of terrors,

ensconcing ourselves into seeming knowledge,

when we should submit ourselves to an unknown fear."

(All's Well That Ends Well)

The standard model:

"Age cannot wither her,

nor custom stale her infinite variety."   (Antony and Cleopatra)

Lunar eclipse:

"Alack, our terrene moon

Is now eclipsed; and it portends alone

The fall of Antony!" (Antony and Cleopatra)

Playwright's view of particle theorists, longer version:

"All the world's a stage,

And all the men and women merely players;

They have their exits and their entrances,

And one man in his time plays many parts,

His acts being seven ages. At first, the infant,

Mewling and puking in the nurse's arms.

Then the whining schoolboy, with his satchel

And shining morning face, creeping like snail

Unwillingly to school. And then the lover,

Sighing like furnace, with a woeful ballad

Made to his mistress' eyebrow. Then a soldier,

Full of strange oaths and bearded like the pard,

Jealous in honor, sudden and quick in quarrel,

Seeking the bubble reputation

Even in the cannon's mouth. And then the justice,

In fair round belly with good capon lined,

With eyes severe and beard of formal cut,

Full of wise saws and modern instances;

And so he plays his part. The sixth age shifts

Into the lean and slippered pantaloon,

With spectacles on nose and pouch on side;

His youthful hose, well saved, a world too wide

For his shrunk shank, and his big manly voice,

Turning again toward childish treble, pipes

And whistles in his sound. Last scene of all,

That ends this strange eventful history,

Is second childishness and mere oblivion,

Sans teeth, sans eyes, sans taste, sans everything."   (As You Like It)

Speed of light:

"Time travels at different speeds for different people.

I can tell you who time strolls for, who it trots for,

who it gallops for, and who it stops cold for."   (As You Like It)

Teaching:

"It is far easier for me to teach twenty what were right to be done, than be

one of the twenty to follow mine own teaching."   (As You Like It)

Action:

"Action is eloquence."   (Coriolanus)

Elegant theory:

"O, why should nature build so foul a den, Unless the gods delight in

tragedies?"   (Titus Andronicus)

Time:

"Time hath, my lord, a wallet at his back,

Wherein he puts alms for Oblivion,

A great-siz'd monster of ingratitudes.

Those scraps are good deeds past, which are devour'd

As fast as they are made, forgot as soon

As done"   (Troilus and Cressida)

Greatness:

"Be not afraid of greatness."   (Twelfth Night)

Comets:

"When beggars die there are no comets seen;

The heavens themselves blaze forth the death of princes."   (Julius Caesar)

Life and death:

"Ay, but to die, and go we know not where;

To lie in cold obstruction, and to rot;

This sensible warm motion to become

A kneaded clod; and the delighted spirit

To bathe in fiery floods, or to reside

In thrilling region of thick-ribbed ice;

To be imprison'd in the viewless winds,

And blown with restless violence round about

The pendant world; or to be worst than worst

Of those lawless and incertain thought

Imagine howling? 'tis too horrible!

The weariest and most loathed worldly life

That age, ache, penury, and imprisionment

Can lay on nature is a paradise

To what we fear of death."   (Measure for Measure)

Coloured quarks:

"LEPIDUS: What colour is it of?

ANTONY: Of its own colour, too."   (Antony and Cleopatra)

Physic(s)

"Throw physic to the dogs; I'll none of it."   (Macbeth)

Philosophy of physics:

"For there was never yet philosopher

That could endure the toothache patiently,

However they have writ the style of gods,

And made a push at chance and sufferance."   (Much Ado About Nothing)

Music and mathematics:

"I do present you with a man of mine

Cunning in music and the mathematics

To instruct her fully in those sciences."   (Taming of the Shrew)

Philosophy about particle theory:

"It goes so heavily with my disposition that this goodly frame,

the earth, seems to me a sterile promontory.

This most excellent canopy the air, look you,

this brave o'erhanging, this majestic roof

fretted with golden fire —

why, it appears no other thing to me

than a foul and pestilent congregation of vapours.

What a piece of work is a man.

How noble in reason, how infinite in faculty,

in form and moving,

how express and admirable, in action, how like an angel!

in apprehension, how like a god —

the beauty of the world,

the paragon of animals! And yet to me,

what is this quintessence of dust?

Man delights not me?

no, nor woman neither,

though by your smiling you seem to say so." (Hamlet)

Choice of research project:

"Music and poesy use to quicken you;

The mathematics and the metaphysics?

Fall to them as you find your stomach serves you.

No profit grows where is no pleasure ta?en:

In brief, sir, study what you most affect." (Taming of the Shrew)

Impossibility to predict the future:

"Not from the stars do I my judgement pluck,

And yet methinks I have astronomy.

But not to tell of good or evil luck,

Of plagues, of dearths, or season's quality;

Nor can I fortune to brief minutes tell,

Pointing to each his thunder, rain, and wind,

Or say with princes if it shall go well?"   (Sonnet)

Astronomical query:

"And teach me how

To name the bigger light, and how the less,

That burn by day and night?"   (The Tempest)

Properties of time:

"Love is begun by time, And time qualifies the spark and fire of it" (Hamlet)

Infinity:

"My bounty is as boundless as the sea,

My love as deep; the more I give to thee,

The more I have, for both are infinite"   (Romeo and Juliet)

Stars and Sun:

"Doubt thou the stars are fire;

Doubt that the sun doth move;

Doubt truth to be a liar;

But never doubt I love."   (Hamlet)

Blaming the Sun, Moon and Stars:

"We make guilty of our disasters the sun,

the moon, and the stars;

as if we were villians by compulsion."   (King Lear)

Higher authority:

"You here shall swear upon this sword of justice,

That you, Cleomenes and Dion, have

Been both at Delphos, and from thence have brought

The seal'd-up oracle, by the hand deliver'd

Of great Apollo's priest; and that, since then,

You have not dared to break the holy seal

Nor read the secrets in't."   (Winter's Tale)

Introspection in solitude:

"Now I am alone.

O, what a rogue and peasant slave am I!

Is it not monstrous that this player here,

But in a fiction, in a dream of passion,

Could force his soul so to his own conceit

That from her working all his visage wann'd,

Tears in his eyes, distraction in's aspect,

A broken voice, and his whole function suiting

With forms to his conceit? and all for nothing!

For Hecuba! What's Hecuba to him, or he to Hecuba,

That he should weep for her? What would he do,

Had he the motive and the cue for passion

That I have? He would drown the stage with tears

And cleave the general ear with horrid speech,

Make mad the guilty and appal the free,

Confound the ignorant, and amaze indeed

The very faculties of eyes and ears. Yet I,

A dull and muddy-mettled rascal, peak,

Like John-a-dreams, unpregnant of my cause,

And can say nothing; no, not for a king,

Upon whose property and most dear life

A damn'd defeat was made. Am I a coward?

Who calls me villain? breaks my pate across?

Plucks off my beard, and blows it in my face?

Tweaks me by the nose? gives me the lie i' the throat,

As deep as to the lungs? who does me this? Ha!

'Swounds, I should take it: for it cannot be

But I am pigeon-liver'd and lack gall

To make oppression bitter, or ere this

I should have fatted all the region kites

With this slave's offal: bloody, bawdy villain!

Remorseless, treacherous, lecherous, kindless villain!

O, vengeance! Why, what an ass am I! This is most brave,

That I, the son of a dear father murder'd,

Prompted to my revenge by heaven and hell,

Must, like a whore, unpack my heart with words,

And fall a-cursing, like a very drab,

A scullion!. Fie upon't! foh! About, my brain! I have heard

That guilty creatures sitting at a play

Have by the very cunning of the scene

Been struck so to the soul that presently

They have proclaim'd their malefactions;

For murder, though it have no tongue, will speak

With most miraculous organ. I'll have these players

Play something like the murder of my father

Before mine uncle: I'll observe his looks;

I'll tent him to the quick: if he but blench,

I know my course. The spirit that I have seen

May be the devil: and the devil hath power

To assume a pleasing shape; yea, and perhaps

Out of my weakness and my melancholy,

As he is very potent with such spirits,

Abuses me to damn me: I'll have grounds

More relative than this: the play's the thing

Wherein I'll catch the conscience of the king." (Hamlet)

Memories of a late colleague:

"Alas, poor Yorick! I knew him, Horatio: a fellow

of infinite jest, of most excellent fancy: he hath

borne me on his back a thousand times; and now, how

abhorred in my imagination it is! my gorge rims at

it. Here hung those lips that I have kissed I know

not how oft. Where be your gibes now? your

gambols? your songs? your flashes of merriment,

that were wont to set the table on a roar? Not one

now, to mock your own grinning? quite chap-fallen?

Now get you to my lady's chamber, and tell her, let

her paint an inch thick, to this favour she must

come; make her laugh at that. Prithee, Horatio, tell

me one thing." (Hamlet)

Confusion:

"Confusion now hath made his masterpiece."   (Macbeth)

More confusion:

"O, full of scorpions is my mind!"   (Macbeth)

Permanence of the Pole Star:

"I am constant as the northern star,

Of whose true-fixed and resting quality

There is no fellow in the firmament."   (Julius Caesar)

Mystery of comets:

"By being seldom seen, I could not stir

But like a comet I was wondered at."   (Henry IV)

Passage of time:

"And so, from hour to hour, we ripe and ripe.

And then, from hour to hour, we rot and rot;

And thereby hangs a tale."   (As You Like It)

All particle theorists are equivalent:

"I think the King is but a man, as I am.

The violet smells to him as it doth to me.

The element shows to him as it doth to me.

All his senses have but human conditions.

His ceremonies laid by,

in his nakedness he appears but a man."   (Henry V)

Dangerous to think too much:

"Let me have men about me that are fat;

sleek-headed men and such as sleep o?night.

Yon Cassius has a lean and hungry look.

He thinks too much.

Such men are dangerous."   (Julius Caesar)

Crazy ideas may be correct:

"Though this be madness, yet there is method in't."   (Hamlet)

Lack of diplomacy:

"My lord Sebastian,

The truth you speak doth lack some gentleness,

And time to speak it in — you rub the sore

When you should bring the plaster."   (The Tempest)

Preference for a dream world:

"Sometimes a thousand twangling instruments

Will him about mine ears; and sometime voices,

That if I then had waked after long sleep,

Will make me sleep again, and then in dreaming

The clouds methought would open and show riches

Ready to drop upon me, that when I waked

I cried to dream again."   (The Tempest)

Past may not determine future:

"She that is Queen of Tunis; she that dwells

Ten leagues beyond man's life; she that from Naples

Can have no note, unless the sun were post?

The Man i' th' Moon's too slow? till new-born chins

Be rough and razorable; she that from whom

We all were sea-swallow'd, though some cast again

(And by that destiny) to perform an act

Whereof what's past is prologue; what to come,

In yours and my discharge."   (The Tempest)

Can the Moon influence particle theory:

"Therefore the moon, the governess of floods,

Pale in her anger washes all the air,

That rheumatic diseases do abound;

And through this distemperature we see

The seasons alter: hoary-headed frosts

Fall in the fresh lap of the crimson rose."   (A Midsummer Night's Dream)

Only humans, not animals, do particle theory:

"There's nothing situate under heaven's eye

But hath his bond in earth, in sea, in sky.

The beasts, the fishes, and the winged fowls

Are their males' subjects and at their controls.

Man, more divine, the master of all these,

Lord of the wide world and wild wat'ry seas,

Indu'd with intellectual sense and souls,

Of more pre-eminence than fish and fowls,

Are masters to their females, and their lords;

Then let your will attend on their accords."   (The Comedy of Errors)

Relation of Earth to Outer Space:

"The poet's eye, in a fine frenzy rolling,

doth glance from heaven to Earth, from Earth to heaven;

and as imagination bodies forth the forms of things unknown, the poet's pen turns them to shape,

and gives to airy nothing a local habitation

and a name; such tricks hath strong imagination." (A Midsummer Night's Dream)

Anthropic principle:

"And nature must obey necessity" (Julius Caesar)

Collaboration, longer version:

"Let me not to the marriage of true minds

Admit impediments. Love is not love

Which alters when it alteration finds,

Or bends with the remover to remove.

O no, it is an ever-fixed mark

That looks on tempests and is never shaken;

It is the star to every wand'ring barque,

Whose worth's unknown, although his height be taken.

Love's not Time's fool, though rosy lips and cheeks

Within his bending sickle's compass come;

Love alters not with his brief hours and weeks,

But bears it out even to the edge of doom.

If this be error and upon me proved,

I never writ, nor no man ever loved." (Sonnet)

A good particle theory lasts:

"Shall I compare thee to a summer's day?

Thou art more lovely and more temperate:

Rough winds do shake the darling buds of May,

And summer's lease hath all too short a date:

Sometimes too hot the eye of heaven shines,

And too often is his gold complexion dimm'd:

And every fair from fair sometimes declines,

By chance or natures changing course untrimm'd;

By thy eternal summer shall not fade,

Nor lose possession of that fair thou owest;

Nor shall Death brag thou wander'st in his shade,

When in eternal lines to time thou growest:

So long as men can breathe or eyes can see,

So long lives this and this gives life to thee."   (Sonnet)

Advantages of education:

"Educated men are so impressive!"   (Romeo and Juliet)

Happiness:

"My Crown is in my heart, not on my head:

Not deck'd with Diamonds, and Indian stones:

Nor to be seen: my Crown is call'd Content,

A Crown it is, that seldom Kings enjoy"   (Henry VI)

A good question:

"I can call spirits from the vasty deep.

Why so can I, or so can any man.

But will they come when you do call for them?"   (Henry IV)

War and Peace:

"Let me have war, say I:

it exceeds peace as far as day does night;

it's spritely, waking, audible, and full of vent.

Peace is a very apoplexy, lethargy;

mulled, deaf, sleepy, insensible;

a getter of more bastard children

than war's a destroyer of men."   (Coriolaus)

The passage of particles through time:

"When I do count the clock that tells the time,

And see the brave day sunk in hideous night;

When I behold the violet past prime,

And sable curls all silver'd o'er with

When lofty trees I see barren of leaves

Which erst from heat did canopy the herd,

And summer's green all girded up in sheaves

Borne on the bier with white and bristly beard,

Then of thy beauty do I question make,

That thou among the wastes of time must go,

Since sweets and beauties do themselves forsake

And die as fast as they see others grow;

And nothing 'gainst Time's scythe can make defence

Save breed, to brave him when he takes thee hence."   (Sonnet)